U0256819

中国社会科学院院际合作系列成果·厦门

顾问: 李培林 黄 强 主编: 马 援 张志红

INNOVATION FOR
LOW-CARBON DEVELOPMENT
IN XIAMEN CITY

厦门市低碳城市创新发展研究

潘家华 庄贵阳 等 著

社会科学文献出版社
SOCIAL SCIENCES ACADEMIC PRESS (CHINA)

中国社会科学院和厦门市人民政府科研合作项目组

顾　问

　　李培林　中国社会科学院副院长

　　黄　强　厦门市委常委、常务副市长

丛书编委会主任

　　马　援　中国社会科学院科研局局长

　　张志红　厦门市发展和改革委员会主任

中国社会科学院总协调组

　　组　长：王子豪　中国社会科学院科研局副局长

　　成　员：孙　晶　中国社会科学院科研局科研合作处处长

　　　　　　任　琳　中国社会科学院科研局科研合作处干部

厦门总协调组

　　组　长：傅如荣　厦门市发展和改革委员会副主任

　　成　员：戴松若　厦门市发展研究中心副主任

"厦门市低碳城市创新发展研究"
课题组

课题组组长

马　援（中国社会科学院科研局）

王志红（厦门市发展和改革委员会）

潘家华（中国社会科学院城市发展与环境研究所）

课题组副组长

王巧莉（厦门市发展和改革委员会）

庄贵阳（中国社会科学院城市发展与环境研究所）

课题组成员

戴若松（厦门市发展研究中心）

林　红（厦门市发展研究中心）

严偲齐（厦门市发展研究中心）

李碧莲（厦门市发展和改革委员会）

董世钦（厦门市发展和改革委员会）

李　萌（中国社会科学院城市发展与环境研究所）

张　莹（中国社会科学院城市发展与环境研究所）

罗栋燊（中国社会科学院城市发展与环境研究所）

薄　凡（中国社会科学院城市发展与环境研究所）

沈维萍（中国社会科学院城市发展与环境研究所）

序　言

厦门是一座美丽而富含文化底蕴的城市，素有"海上花园""海滨邹鲁"之称。作为我国改革开放最早的四个经济特区之一，三十多年来，厦门人民始终坚持先行先试，大力推动跨岛式发展，加快城市转型和社会转型，深化两岸交流合作，努力建设"美丽中国"的典范城市和展现"中国梦"的样板城市，造就了厦门今天经济繁荣、文明温馨、和谐包容的美丽景象。

2014 年 11 月，按照习近平总书记密切联系群众、密切联系实际、向地方学习、向人民学习的要求，中国社会科学院院长、党组书记、学部主席团主席王伟光率中国社会科学院学部委员赴厦门调研。在这次调研中，中国社会科学院和厦门市人民政府签订了《战略合作框架协议》和《2015 年合作协议》，合作共建了"中国社会科学院学部委员厦门工作站"和"中国社会科学院国情调研厦门基地"。中国社会科学院与厦门市的合作在各个层级迅速、有序和高效地开展。

中国社会科学院和厦门市具有持续稳定的良好合作关系。此次双方继续深化合作，是中国社会科学院发挥国家级综合性高端智库优势作用，为地方决策提供高质量智力服务的一个体现。通过合作，厦门市可以为中国社会科学院学者提供丰富的社会实践资源和科研空间，能够使专家学者的理论研究更接地气，更好地推进我国社会科学理论的创新和发展，也能为厦门市科学、民主、依法决策提供科学的理论指导，使双方真正获得"优势互补"的双赢效果。

习近平总书记在哲学社会科学工作座谈会上指出：坚持和发展中国特色社会主义，需要不断在实践和理论上进行探索、用发展着的理论指导发展着的实践；广大哲学社会科学工作者要坚持人民是历史创造者的观点，树立为人民做学问的理想，尊重人民主体地位，聚焦人民实践创造。实践是创新的不竭源泉，理论的生命力也正在于创新。只有以我国实际为研究起点，才能提出具有主体性、原创性的理论观点。正是厦门人民在全国率先推动"多规合一"立法、在全国率先实施"一照一码"等许多创新性实践，为我们这套丛书中的理论闪光点提供了深厚的社会实践源泉。在调研和写作过程中，我们自始至终得到厦门市委、市政府、发改委、发展研究中心、自贸片区管委会、金融办、台办、政务中心管委会、社科院、海沧区政府等许多单位的支持和帮助，得到许许多多厦门市专家和实际工作部门同志的指点。在此，向他们表示由衷的感谢和真诚的敬意。

祝愿中国社会科学院和厦门市在今后的合作中更加奋发有为、再创佳绩，推出更多更好的优秀成果。

中国社会科学院副院长

2016 年 8 月 23 日

前　言

为了应对全球气候变化和能源危机，加快转变发展方式，走出一条低碳、节能、绿色、高效的新型城镇化道路，国家发改委于 2010 年起开展了国家低碳省区和低碳城市试点工作，探索城市低碳发展实践路径。厦门市自成为国家首批低碳试点城市以来，认真贯彻落实国家和福建省各项决策部署，以实施"美丽厦门"战略规划为抓手，按照全国低碳城市试点工作的要求，率先将低碳发展理念融入城市规划，在创新低碳发展模式上可圈可点。厦门市经济较发达、产业结构较均衡、生态文明建设基础良好。但面对与日俱增的减排压力和日新月异的经济形势，厦门市如何进一步挖掘减排空间、落实"达峰"目标、提炼低碳城市治理亮点、形成一套独具特色的低碳城市发展模式，值得我们不断发问和继续探索。

作为中国社会科学院和厦门市政府合作开展的院地合作项目成果，"厦门市低碳城市创新发展研究"项目旨在助力厦门总结"厦门模式"，突出低碳试点城市建设的特色与亮点，挖掘增长动力，强化示范效应，明确发展定位，创新发展思路与路径，打造低碳城市的靓丽名片。

承接"厦门市低碳城市创新发展研究"项目的研究任务以后，中国社会科学院城市发展与环境研究所迅速成立了研究团队，潘家华所长任课题组长，庄贵阳研究员为课题执行组长。根据项目研究计划要求，项目团队明确了研究进度及关键时间节点，要求团队成员全身心投入。研究团队先后三次赴厦门开展实地调研，进行资料的收集整理和分析工作，并多次组织团队成员及相关专家进行讨论，举办了包括中期研讨会在内的多次研讨会。同时，项目组积极与厦门市发展和改革委、厦门市发展研究中心以及中国社会科学院科研局保持联系，就项目总报告和智库专报的撰写进行沟通，认真听取和总结专家意见，力求总结出低碳发展的厦门模式，为厦门市的低碳城市创新发展提供具有战略性、针对性和建设性的思路与对策。在研究团队的共同努力下，按时完成了预定的研究任务，达到了预期目标。项目组通过国家智库专报提交给中宣部两篇报告供决策参考，还向厦门市政府提交了促进厦门低碳城市创新发展的政策建议。

作为我国首批低碳试点城市，厦门市根据自身发展特点不断探索低碳发展模式与实现路径，低碳发展令人瞩目。经过多年发展，城市低碳发展已经成为全国的排头兵，但要继续深化低碳发展、实现减排目标面临着很多严峻的挑战，例如，从产业结构实现减碳的潜力缩小、从能源结构实现减碳的难度增加、针对性的低碳政策仍待完善等，同时，在认知减碳、管理减碳和结构减碳过程中还面临着一些有待突破的瓶颈问题。为了深化城市低碳发展，突破低碳转型瓶颈，亟须以创新性思维，推动厦门市的低碳发展创新。

"厦门市低碳城市创新发展研究"项目总结了厦门低碳城市建设的七个方面经验,对厦门市低碳城市建设自评估报告进行了很好的提炼,有助于厦门市对自身低碳城市发展的认识和定位,也有助于今后低碳城市建设经验的总结和问题聚焦。项目分析了低碳城市创新发展的国内外背景和基础条件,并从产业、能源、交通、建筑、消费和管理六个方面阐述了厦门市低碳城市创新发展的重点领域,介绍了芝加哥、哥本哈根、新加坡、台湾等城市的低碳发展经验和对厦门的启示,最后从方向和路径、重点项目、保障措施等方面提出了推进厦门市低碳城市创新发展的建议与对策。

项目列举了大量低碳发展国际(地区)案例,既有从城市层面推进低碳发展的案例,也有从具体领域对标和总结的经验,为厦门市低碳城市建设提供了"百科全书"式的经验借鉴。项目借助数据图表等量化指标对厦门和国际(地区)城市在低碳领域的建设情况进行了对比分析,有助于厦门市了解其相关领域在国际上的定位和水平。项目还提出了今后厦门市低碳城市建设可开展的创新项目,如"街区制""低碳诊断系统""低碳标准化建设""快速慢行系统科学规划""低碳细胞工程""低碳 + 工程"等,可以结合厦门市正在大力推进的岛外新城建设、碳排放智能管理云平台建设和国际化城市建设等项目进行落地和推进,可操作性强。

站在新起点上,推动厦门市低碳城市创新发展,对深化低碳工作、形成独具特色的"厦门低碳发展模式"、发挥低碳城市试点示范效应和增强国际影响力的意义非凡。这有助于厦门率先探索中国城市在推动低碳发展和生态文明建设进程中的模式,提升国际地位，也有助于实现中国在《巴黎协定》中承诺的"国家自主决定贡献"（INDC）目标，激励更多城市提出更具雄心的减排目标，提升中国全球气候治理的软实力。

评审专家指出，福建省是国家生态文明试验区，厦门作为国家低碳试点城市，如何发挥试点引领作用至关重要。"厦门市低碳城市创新发展研究"项目全面系统地梳理了厦门市低碳城市建设情况，提炼出了低碳发展的"厦门模式"，总结出了低碳发展的"厦门经验"，供其他城市参考借鉴和学习。项目成果内容充实，分析问题较深入，对于推动厦门市低碳发展创新、深化低碳工作、发挥低碳城市试点示范效应具有重要意义。

厦门市创建低碳创新城市，是一个全新的综合、集成、创新性的工程，需要从生态、科技、社会等领域全方位、多角度地进行整体考虑与谋划，为了继续打造"厦门低碳模式"，应进一步强化问题导向、需求导向和目标导向，结合国家重大战略进行规划和分析，强化深化引领低碳城市建设工作。

问题导向型创新：针对目前厦门市低碳城市建设的理论研究和实践活动中面临的各种问题，建立和完善厦门市低碳城市发展框架，出台更多支持低碳发展的针对性立法，明确政府各部门的减排责任，将低碳城市创新发展的各项任务分解落实到有关部门和相关单位；针对当前低碳发展过于依赖行政力量的问题，进一步引入非政府背景的各种力量，形成多元多层推动低碳城市创新发展态势；推动政府由管理、审批型向服务、监管型转变；加快低碳项目审批制度改革，使厦门成为低碳创新发展资源的集聚地。

需求导向型创新：福建省是国务院确定的全国第一个生态文明

先行示范区，在其战略定位中，建设绿色循环低碳发展先行区是重要的任务之一。厦门市生态环境基础优良，低碳工作开展较早，应该积极发挥在省内的引领作用，将一些先进的经验进一步强化并加以复制和推广。作为全省乃至全国的制度创新高地，厦门市应当进一步建立能够促进低碳发展的评价考核体系，为相关的制度建设提供有益借鉴，树立低碳城市创新发展的旗帜，发挥厦门市对全国低碳城市建设的示范效应。

目标导向型创新：厦门市有望在 2020～2022 年实现二氧化碳排放"达峰"。为了完成这些具体的目标，厦门市还应完善关于减排战略的数据收集、更新和信息分享机制，并将厦门市的碳排放峰值目标上升到立法层面，通过行政力量确保该目标的顺利实现。

本书由中国社会科学院城市发展与环境研究所项目团队撰写。潘家华承担了项目研究报告的整体框架设计，带队前往厦门进行实地调研和座谈，组织专家评审讨论，并完成写作大纲、前言和部分报告的撰写，以及全书三次统稿与再修改工作。庄贵阳细化和丰富了写作大纲，负责整个项目的组织协调工作，全书第一、二、三章由薄凡、庄贵阳撰写；第四章由薄凡撰写，第五章由李萌撰写，第六、八章由罗栋燊撰写，第七、九章由张莹撰写；第十章由薄凡撰写，第十一章由张莹撰写，第十二章由李萌撰写，第十三章由沈维萍撰写；第十四、十五、十六章由罗栋燊、庄贵阳和潘家华撰写。沈维萍做了大量的技术支撑工作。

在项目研究和本书写作过程中，中国社会科学院科研局给予全程指导，厦门市发展和改革委员会及厦门市发展研究中心在调研、座谈和资料提供等方面给予大力支持。蒋兆理、徐华清、邹骥、周宏春、黄全胜、康艳兵、王遥、陈莎、张丽峰、王文军等参加了项目专家咨询会，对书稿修改和完善提出了宝贵意见。社会科学文献出版社的张超编辑在出版过程中认真负责，确保项目成果的高质量出版，在此一并表示衷心感谢！

目　录

第四篇　推进厦门市低碳城市创新发展的建议与对策

第一篇
厦门市低碳城市创新发展的内涵、意义和基础条件

第一章 低碳城市建设的概况与内涵

一 国内低碳城市试点建设概况

2010 年至今，我国已设立三批低碳试点省区和城市，在低碳转型发展上先行先试，发展低碳经济，建立低碳社会，形成低碳生产方式和生活方式。低碳试点城市开创了顶层设计和试点示范相结合的治理模式，不仅成为检验气候变化政策的"试验田"，也为新型城镇化建设注入了新活力。

（一）低碳城市试点建设进展

2009 年 11 月 25 日国务院常务会议提出，到 2020 年，我国单位国内生产总值二氧化碳排放比 2005 年下降 40%～45%，非化石能源占一次能源消费比重达到 15% 左右，成为国民经济和社会发展的约束性指标。为了落实国家控制温室气体排放的行动目标，国家发改委于 2010 年 7 月 19 日发布了《关于开展低碳省区和低碳城市试点工作的通知》（发改气候〔2010〕1587 号），把广东、辽宁、湖北、陕西、云南五省和天津、重庆、深圳、厦门、杭州、南昌、贵阳、保定八市列为低碳试点省市①，开启了国家顶层设计与试点示范相结合的低碳工作模式。

根据 2010 年《关于开展低碳省区和低碳城市试点工作的通知》要求，试点城市应提出温控目标、编制低碳发展规划、创新体制机制、制定支撑低碳绿色发展的配套政策、建立低碳产业体系、建立温室气体排放数据统计和管理体系、倡导低碳生活方式和消费模式，等等。

党的十八大报告首次将"生态文明"纳入"五位一体"总体布局，提出着力推动绿色发展、循环发展、低碳发展。"十二五"规划中明确要求大幅降低能源消耗强度和二氧化碳排放强度，有效控制温室气体排放。② 国务院印发"十二五"控制温室气体排放工作方案的通知（国发〔2011〕41 号），指出到 2015 年全国单位国内生产总值二氧化碳排放比 2010 年下降 17% 的目标，指明布局低碳试验试点，形成一批各具特色的低碳省区和城市。

在全面推进生态文明建设部署下，2012 年 11 月，国家发改委开展了第二批国家低碳省区和低碳城市试点工作。第二批试点城市和地区包括北京、上海、海南、石家庄、秦皇岛、晋城、呼伦贝尔、吉林、大兴安岭地区、苏州、淮安、镇江、宁波、温州、池州、南平、景德镇、赣州、青岛、济源、武汉、广州、桂林、广元、遵义、昆明、延安、金昌、乌鲁木齐。③ 与第一批试点城市相

---

① 《关于开展低碳省区和低碳城市试点工作的通知》，国家发改委应对气候变化司，http://qhs.ndrc.gov.cn/dtjj/201008/t20100810_365271.html，2010 年 7 月 19 日。

② 《国民经济和社会发展第十二个五年规划纲要》，中央政府门户网站，http://www.gov.cn/2011lh/content_1825838_4.htm，2011 年 3 月 16 日。

③ 《关于开展第二批国家低碳省区和低碳城市试点工作通知》，国家发展和改革委员会应对气候变化司，http://qhs.ndrc.gov.cn/dtjj/201008/t20100810_365271.html，2012 年 12 月 6 日。

比，本次试点工作增加了全面落实"五位一体"现代化建设的总体要求，强调要建立控制温室气体排放目标责任制，明确减排任务的分配和考核。

自此，国家发改委在全国范围内挑选了 6 个省份、36 个城市开展低碳试点工作。前两批的低碳城市试点是以自下而上的方式进行的，在国家不给试点城市设定统一目标、不给予财政金融的特殊倾斜的情况下，试点城市结合自身发展情况在公平公正公开的环境开展自发探索，寻找适合本地的低碳发展路径，正是十八大以来党中央所提倡的，通过市场化、法治化的手段推进国民经济社会生活各个方面改善的具体体现，这样的绿色低碳发展道路更加可持续，对其他城市也更加公平。① 不同类型城市起点不一样，所处的工业化和城镇化阶段不同，每个城市都有自己的特点和路径，将有助于积累对不同地区和行业分类指导的工作经验。

2017 年 1 月，国家发改委下发《关于开展第三批国家低碳城市试点工作的通知》，确定了在全国 45 个城市（区、县）中开展第三批低碳城市试点，② 列出每个试点地区的峰值年和创新重点领域，目的在于鼓励更多的城市积极探索和总结低碳发展经验，将试点城市的成功经验向全国铺开。按照工作要求，各试点城市将结合本地区自然条件、资源禀赋和经济基础等方面情况，探索适合本地区的低碳绿色发展模式和发展路径，加快建立以低碳为特征的工

---

① 公欣：《低碳城市"路线图"未来还需落得更实》，《中国经济导报》2017 年 2 月 24 日。

② 《发展改革委关于开展第三批国家低碳城市试点工作的通知》，国家发改委网站，http://www.gov.cn/xinwen/2017−01/24/content_ 5162933. htm，2017 年 1 月 24 日。

业、能源、建筑、交通等产业体系和低碳生活方式。

"十三五"时期,低碳城市试点将进入"示范阶段",需要总结前两批试点城市经验,逐步推广先进发展模式。本次试点工作通知中拟定了大致时间路线,即第一阶段 2017 年 2 月前启动第三批试点;第二阶段为 2017~2019 年,总结试点任务取得的阶段性结果,形成可复制、可推广的经验;第三阶段到 2020 年,在全国范围推广试点地区先进经验。第三批试点城市在前两批探索的基础上,吸收了一定经验,工作模式更为成熟,地域分布较前两批更为均衡,除了提出先进性低碳发展目标之外,还要求有创新的体制机制和举措,探索不同层次的低碳发展实践形式,进而从宏观规划的角度对全经济领域乃至国家的发展模式产生影响①,带动全国范围的绿色低碳发展。

(二) 低碳城市试点工作评价

中国低碳城市试点是中国气候战略的重要支柱,让中国应对气候变化的政策有了可以检验效果的"试验田"。中国通过设立气候目标倒逼改革,采取顶层设计和试点示范相结合的模式,实现了控制温室气体排放的阶段性成功。各低碳试点城市在落实发展理念、创新发展模式、建立长效机制等方面展开一系列先行探索,取得了积极成效。例如,因地制宜提出碳排放峰值目标,倒逼低碳发展路径、实行低碳数据基础管理、协同推动实施低碳发展规划、推动地方立法强化低碳发展的法律保障等,在各方面发挥了

---

① 公欣:《低碳城市"路线图"未来还需落得更实》,《中国经济导报》2017 年 2 月 24 日。

良好的示范作用。

中国低碳城市建设不仅是中国绿色发展战略的重要组成部分，也是中国对于全球气候治理模式转型的有益探索。《巴黎协定》首次明确了民间社会、私营部门、金融机构、社区、城市和其他次国家级主管部门等非国家行为体的全球气候治理主体地位，并确立了国家自主贡献的减排模式。中国低碳城市试点正体现了城市以治理主体的身份肩负起应对气候变化的责任，有力地证明了城市可以在应对气候变化、推动低碳发展中发挥领导力。

从国家发改委对于前两批低碳试点省市总结评估的情况来看，当前中国低碳城市试点尚处于探索阶段，仍存在许多不足。

一是有些试点城市对低碳的理解还有偏差，造成在实际建设过程中缺乏系统的战略规划，过于注重产业节能减排方面的要求，而对交通、建筑等生态基础设施缺乏统筹考虑，尤其是对低碳消费的治理力度不明显。

二是现有低碳城市建设或只关注先进技术的研发和引进，或过分注重重大项目的影响力和形象工程，而缺乏项目成本效益的分析，尤其忽视本地适宜技术的运用。

三是低碳城市建设中较多使用强制性政策工具，政策工具类型较为单一，对市场化手段的应用不足，如碳税的缺乏、碳排放交易市场尚处于初步探索阶段，而国外城市在政策工具的选择和组合上更加灵活。

四是在低碳城市建设保障方面，国外案例大多通过立法和引入专门标准等手段实现，而国内城市的保障手段显得比较匮乏。尤其是城市能源和碳排放的统计核算基础较弱，低碳规划所需数据支撑不足，无法为低碳城市的规划和监测提供依据，也使低碳发展目标设定的科学性受到质疑。

五是试点城市低碳发展目标的先进性还需要加强，碳排放峰值目标的可达性有待进一步论证。各试点均提出了峰值目标，但实施路径不够清晰。不少试点城市在重大项目中尚有不少不符合低碳发展方向的高投资、高能耗项目。

六是在体制机制创新方面，没有找到更好的切入点，发改部门与其他政府部门的政策合力还未形成，政府的重视、表率和引导力度不够，更缺乏政府、企业和社区相互之间的联动机制。

为此，在低碳试点城市扩容的同时，更应注重城市治理质量的提高，着眼于减排目标的落实，将低碳发展的理念转化为各地区、各行业的切实行动，提高低碳工作力度，助力国家层面全面气候治理目标的完成。

二 低碳城市建设国际合作动态

中国在推动国内低碳城市建设的同时，先后与美国、德国等国家和国际组织展开国际合作，对低碳理念、治理技术和管理经验进行广泛交流，以更广阔的视角和不同的侧重点引领低碳城市建设，为国内低碳试点工作的推进积累了宝贵经验。

（一）气候组织的"低碳城市领导力"项目

2004 年，来自英国、澳大利亚、北美及欧洲国家的 20 位商业精英和政府领袖发起成立气候组织（The Climate Group），致力于应对气候变化和发展低碳经济，并于 2007 年建立了中国工作站，旨在跟踪气候变化政策趋势、引领低碳政策热点探索、推动中国低碳经济发展进程。[①]

2008 年，气候组织推出"城市低碳领导力"项目，促进政府、企业、科研机构和新闻媒体等利益相关方广泛参与，共同构建中国城市低碳领导力体系，一方面致力于推动低碳能源和技术在城市中的市场化应用和发展，希望为城市经济发展带来新的撬动力量；另一方面特别注重对城市低碳发展的经验总结和理论研究，希望为城市的决策者提供智囊作用。[②] 此外，气候组织倡导由 15~20 个城市组成低碳城市联盟，通过建立合作伙伴关系、提高城市低碳领导力、探索低碳解决方案，推动低碳城市发展。

（二）世界自然基金会的"中国低碳城市发展项目"

世界自然基金会（World Wide Fund for Nature）成立于 1961 年，总部位于瑞士格朗，以遏制地球自然环境的恶化为使命，致力于保护世界生物多样性、确保可再生自然资源的可持续利用、推动降低污染和减少浪费性消费的行动，与超过 100 个国家保持合作关系，是全球最大的独立性非政府环保组织之一。1996 年世界自然基金会开展与中国的合作项目，涉及物种保护、海洋生态系统保护、森林保护、可持续发展教育、气候变化和能源、野生物贸易、科学发展与国际政策等多个领域。

2008 年 1 月 28 日，世界自然基金会在北京正式启动"中国低碳城市发展项目"，先后将保定、上海、湖南和深圳等省市选为试

---

① 气候组织，http：//www.theclimategroup.org.cn/。
② 气候组织：《国际视角的城市低碳发展——国际城市气候变化行动综述》，2010 年 8 月。

点，在低碳政策和机制、低碳城市能力建设和国际经验交流等方面
展开合作，探索城市减排和低碳转型的实践路径。[①] 在资金安排
上，世界自然基金会的英国、荷兰、瑞典、挪威和丹麦分会将资助
60%，另外 40% 来自汇丰银行。根据其项目概念框架，中国低碳
城市发展的主要推动力来源于低碳发展的政策研究与实施、节能及
可再生能源能力建设及示范项目建设、低碳技术转让与合作、节能
及可再生能源产业中的新型投资工具应用及贸易促进、公众宣传及
意识提高等。[②]

（三）中美低碳智慧城市峰会

中国和美国占全球温室气体排放量的 40%，其低碳政策举措
对推进全球气候治理意义非凡。为了携手推进应对气候变化合作，
2015 年 9 月 15 日，第一届中美气候智慧型/低碳城市峰会（简称
"中美气候领导峰会"）在洛杉矶召开，为促进两国绿色低碳发展
领域的交流和合作、共同推进低碳发展行动搭建了重要的平台。会
上，北京、洛杉矶等 14 个中美城市（省、州）的政府领导就推动
绿色低碳发展的进展、成效和经验做了主题发言，联合签署了
《中美气候领导宣言》，郑重宣布各自积极应对气候变化的决心，
以及将在各自所在城市和地区采取的行动，例如设定富有雄心的
目标、报告温室气体排放清单、建立气候行动方案以及加强双边
伙伴关系与合作等。尤为瞩目的是，中国北京、深圳、广州、四
川等 11 个省市共同发起成立"率先达峰城市联盟"，北京、广州

---

① 世界自然基金会，http://www.wwfchina.org/。
② 薛冰：《中国低碳城市试点计划评述与发展展望》，《经济地理》2012 年第 1 期。

等地更承诺将提前 10 年达峰，支持中国在 2030 年前后达峰目标的落实。峰会还围绕低碳城市规划、碳市场、低碳交通、低碳建筑、低碳能源和适应气候变化等主题组织举办了 6 个分论坛，探讨低碳实现路径，推动了中美在低碳城市发展领域的务实交流与合作。①

2016 年 6 月 7 日，第二届中美气候智慧型/低碳城市峰会在北京召开。中美地方政府、研究机构、非政府组织和企业等在开幕式期间签署了 27 项低碳发展合作协议或谅解备忘录。峰会围绕城市达峰和减排最佳实践、绿色金融与低碳城市投融资、构建气候韧性城市、碳排放权交易等主题举办了多场分论坛，邀请政府、企业、研究机构等社会各界人士深入探讨气候智慧型/低碳城市建设相关问题。中方还举办了"低碳城市成就展"和"低碳技术与产品展"，全面展示了中国在低碳城市建设和技术领域的突出成果，标志着两国携手应对气候变化的合作机制逐步走向常态化，为构建中美新型大国关系、推动两国可持续发展和全球气候变化多边进程做出了积极贡献。②

（四）中欧低碳生态城市合作项目

欧盟历来是全球气候治理舞台上的积极倡导者，在低碳经济、清洁能源等方面积累了众多先进经验。2012 年 11 月 20 日，"中欧低碳生态城市合作项目"（Europe-China Eco-Cities Link，EC - LINK）

---

① 《第一届中美气候智慧型/低碳城市峰会成功召开》，国家发展与改革委员会应对气候变化司子站，http://www.sdpc.gov.cn/gzdt/201509/t20150922_751764.html，2015 年 9 月 22 日。
② 暨佩娟、倪涛：《推动低碳城市发展领域务实合作——第二届中美气候智慧型/低碳城市峰会综述》，《人民日报》2016 年 6 月 10 日。

正式启动招标程序。该项目是"中欧低碳、城镇化和环境可持续项目"的子项目[①]，通过建立低碳生态城市工具箱、搭建知识平台、选取城市试点示范、完善投融资机制、制定低碳城市规划等内容，实现中欧低碳城市政策、技术和经验的共享，为相关领域从业者提供专业化培训，从而全面提高中国建设低碳生态城市的能力。

迄今，珠海和洛阳被列为中欧低碳生态城市合作项目综合试点城市，常州、合肥、青岛、威海、株洲、柳州、桂林和西咸新区沣西新城等被列为中欧低碳生态城市合作项目专项试点城市。试点城市将借助该项目支持，围绕城市紧凑发展、清洁能源利用、绿色建筑、绿色交通、水资源和水系统、垃圾处理、城市更新与历史文化风貌保护、城市建设投融资机制、绿色产业等领域，进行试点项目的规划与建设，推广低碳技术应用，为我国低碳生态城市建设树立典范。[②]

三 低碳城市创新发展的依据和内涵

低碳城市试点政策实际上起的是"抛砖引玉"的作用，通过顶层设计为中国城市的低碳转型确立了框架，更需要各城市结合自身发展条件，创新发展模式，寻求适合的低碳发展路径。低碳城市要求城市的发展彻底打破传统的高碳锁定路径，将城市建设为低碳经济、低碳社会、低碳生态、低碳文化和低碳政治的包络体，其转

---

① 《中欧低碳生态城市合作项目启动招标》，住房和城乡建设部网站，http://www.mohurd.gov.cn/zxydt/201211/t20121126_212100.html，2012 年 11 月 26 日。

② 《中欧低碳生态城市合作项目城市试点启动》，《建设科技》2015 年第 7 期。

型的根本动力在于创新，既包括生产方式的创新，还包括生活方式、价值观念和治理模式的创新。

（一）低碳城市创新发展的理论依据

党的十八大报告中首次将"生态文明"提升到国家战略高度，指出应当着力推进绿色发展、循环发展和低碳发展，因而低碳发展是生态文明建设的基本内涵和重要的实现途径。党的十九大报告进一步将"建立绿色低碳循环发展的经济体系""构建清洁低碳的能源体系""倡导绿色低碳的生活方式"作为低碳发展的主要内容。低碳城市作为低碳发展的承载体，城市向低碳化转型实质上是发展模式的全面创新，具有深刻的理论根源和现实必要性。

1. 低碳经济

"低碳"这一概念最早源于 2003 年英国政府能源白皮书 *Our Energy Future：Creating a Low Carbon Economy* 中提到的"低碳经济"，号召英国在 2050 年将温室气体排放量在 1990 年的水平上减排 60%，转变为低碳经济国家。[①] 此后，"低碳经济"作为一项应对气候变化的重要措施在国际社会上受到广泛关注，联合国环境规划署 2008 年世界环境日的主题为"戒除嗜好！面向低碳经济"，呼吁全球低碳经济转型。[②]

目前学界对"低碳经济"的概念界定大致可归结为以下两大类。

---

① Department of Trade and Industry，"Energy White Paper：Our Energy Future – Creating a Low Carbon Economy"，2003，https：//www.gov.uk/government/publications/our – energy – future – creating – a – low – carbon – economy.

② 潘家华、庄贵阳、朱守先：《低碳城市：经济学方法、应用与案例研究》，社会科学文献出版社，2012。

从狭义上讲，"低碳经济"是指一种以低能耗、低污染、低排放和高效率为特征的经济形式。刘志林将"低碳经济"的定义归结为以低碳为发展方向，以节能减排为发展方式，以碳中和技术为发展方法，强调产出效率，以最少量的温室气体排放换取最大化的社会产出，实质是提高能源效率和清洁能源结构。[①]潘家华、庄贵阳等认为，"低碳经济"是指在一定碳排放的约束下，碳生产力和人文发展均达到一定水平的一种经济形态，具有"低碳排放"、"高碳生产力"和"阶段性"三个核心特征，旨在实现控制温室气体排放的全球共同愿景（Shared Global Vision）；评价一个经济体低碳转型的基础则要综合考虑资源禀赋、技术进步、消费模式和发展阶段等四个核心要素。[②]

从广义上讲，"低碳经济"是一种包含生产、生活、生态多个维度的发展模式或引领生态文明建设的发展道路。中国科学院中国可持续发展战略报告中提出，"低碳经济"代表的是高能效、低能耗、低排放的发展模式，改善能源开发、生产、输送、转化、利用过程中的效率并减少能源消耗，从而降低经济发展必不可少的碳排放。[③]罗勇也指出，低碳发展与可持续发展具有一致性，低碳正是符合可持续原则的经济发展道路，从经济效率、社会和谐和生态保护三方面，从社会各要素配置的角度，取得综合发展效益，为城市实现更高层次的发展做出贡献。[④]王洁则从低碳推动社会文明形态

---

① 刘志林：《低碳城市理念与国际经验》，《城市发展研究》2009年第6期。
② 潘家华、庄贵阳、郑艳等：《低碳经济的概念辨识及核心要素分析》，《国际经济评论》2010年第4期。
③ 中国科学院可持续发展战略研究组：《2009中国可持续发展战略报告：探索中国特色的低碳道路》，科学出版社，2009。
④ 罗勇：《低碳创新——我国可持续城市化的新契机》，《学习与实践》2012年第1期。

演进的角度，提出"低碳经济"是经济发展方式、能源消费方式和人类生活方式的一次新变革，推动建立在化石燃料基础上的现代工业文明转向更高级的生态文明。[①]

此外，还有学者将低碳经济与低碳社会联系起来，认为低碳经济不仅要促进生产方式的转型，并且还需要改变发展理念和价值观念，促进整个社会向可持续的低碳消费方式转型。日本国家环境研究院倡导利用先进能源技术将日本打造为全球首个低碳社会，认为低碳社会的基本理念是争取将温室气体排放量控制在能被自然吸收的范围之内，为此需要摆脱以往大量生产、大量消费又大量废弃的社会经济运行模式。[②] 刘志林指明了低碳经济与低碳社会的融合性，低碳经济强调生产方式转变以及新技术和新产品带来的巨大商机，低碳社会更强调生活和消费范式的转变，低碳转型需要二者的双重转变。[③]

2. 低碳城市

气候组织早在 2009 年就提出要推动城市在低碳经济中发挥领导作用，并指出"低碳城市"就是在城市内推行低碳经济，实现城市的低碳排放甚至零排放，需要从经济发展、能源结构、消费方式、碳强度四个方面的转型入手。[④] 该组织在 2010 年的研究报告中进一步提出，需要通过合理的城市规划和土地利用规划、使用可再生等替代能源、提高建筑能效和交通现代化、建立以高能

---

① 王洁：《我国低碳创新面临的问题与对策分析》，《投资研究》2012 年第 3 期。
② National Institute for Environmental Studies, *Japan Scenarios and Actions towards Low-Carbon Societies*, http://2050. nies. go. jp/report/file/lcs_ japan/2050_ LCS_ Scenarios_ Actions_ English_ 080715. pdf, 2008.
③ 刘志林：《低碳城市理念与国际经验》，《城市发展研究》2009 年第 6 期。
④ 气候组织：《中国低碳领导力：城市》，http://www. doc88. com/p-256204322581. html，2009 年 1 月。

效和低排放为特征的产业布局使城市的经济增长与化石能源使用脱钩。[1]

国内对"低碳城市"内涵的界定主要基于转型过程和发展特征两个视角。诸大建综合了两个视角的观点，提出从发展特征来看，低碳城市是最终达到经济增长及能源消耗增长与二氧化碳排放脱钩；从具体过程来看，低碳城市转型体现为可再生能源替代化石能源，实现能源利用效率的提高，同时凭借碳捕捉和碳储存等技术手段吸收经济活动所排放的二氧化碳。[2] 夏堃堡将低碳城市的目标定义为通过实行低碳经济，包括低碳生产和低碳消费，而形成一个良性的、可持续的能源生态体系。[3] 郝文升则从转型过程的角度，将低碳城市视为自然环境生态化、经济发展低碳化、社会生活幸福化的协同可持续发展演进过程，最终形成以低碳发展为中轴的自然—经济—社会复合生态系统。[4]

关于低碳城市转型的手段，谭志雄、陈德敏认为低碳城市建设应注意控制碳源，注重能源替代和提高能源效率；同时要增加碳汇，增加绿化面积，加强碳吸收和碳冲抵。[5] 卢婧强调低碳城市要以低碳经济、低碳生活和低碳社会等理念为指导，通过低碳生产、低碳生活、低碳管理等途径，减少碳排放，培养健康、节约、低碳、和谐的生产方式和生活方式。[6]

关于低碳城市的实践模式，仇保兴将低碳生态城市的发展模式

---

[1] 气候组织：《国际视角的城市低碳发展——国际城市气候变化行动综述》，2010 年 8 月。
[2] 诸大建：《低碳经济能成为新的经济增长点吗》，《解放日报》2009 年 6 月 22 日。
[3] 夏堃堡：《发展低碳经济——实现城市可持续发展》，《环境保护》2008 年第 2 期。
[4] 郝文升：《低碳生态城市过程创新与评价研究》，天津大学博士学位论文，2012。
[5] 谭志雄、陈德敏：《中国低碳城市发展模式与行动策略》，《中国人口·资源与环境》2011 年第 9 期。
[6] 卢婧：《中国低碳城市建设的经济学探索》，吉林大学博士学位论文，2013。

归纳为技术创新型、适用宜居型、逐步演进式、灾后重建改造型四类。[1] 林姚宇和吴佳明经过梳理世界大城市气候领导联盟的低碳城市建设案例，总结出五种低碳城市发展模式：基底低碳，强调的是城市能源的低碳化；结构低碳，依靠循环经济产业和低碳生产方式的推广实现低碳经济结构转型；形态低碳，通过低碳城市空间规划来塑造紧凑的城市形态、促进适度混合的土地利用，提高交通效率，降低机动车交通需求，优化微气候促进街区和建筑的被动调节与节能，形成合理布局的城市生态网络；支撑固碳，即通过绿色交通体系和低碳技术应用等手段控制碳排放源；行为低碳，主张宣传低碳理念，形成低碳行为方式。[2] 崔博等从低碳产业布局、低碳公共交通系统、可再生能源利用、碳汇系统布局、低碳城市空间结构和低碳空间管制六个方面提出厦门的低碳城市规划，构筑了厦门低碳城市空间布局的框架。[3]

3. 区域低碳创新系统

区域低碳创新能力是促进区域低碳转型的动力，区域低碳创新系统则是培养区域创新能力的源泉。梁中等指出区域低碳创新能力包括区域创新资源投入能力、区域低碳科技开发能力、区域低碳经济产出能力和区域低碳政策环境支撑能力。[4] 陆小成和刘立较早提出低碳创新系统的概念，指出区域低碳创新系统由低碳创新主体、低碳创新资源和低碳创新环境三大要素组成，分为政

---

[1] 仇保兴：《我国低碳生态城发展的总体思路》，《建设科技》2009 年第 15 期。
[2] 林姚宇、吴佳明：《低碳城市的国际实践解析》，《国际城市规划》2010 年第 25 期。
[3] 崔博、李金卫、郑仰阳、钟杨燕：《低碳城市理念在城市规划中的应用与实践——以厦门市为例》，《城市发展研究》2010 年第 11 期。
[4] 梁中、李小胜：《欠发达地区区域低碳创新能力评价研究》，《地域研究与开发》2013 年第 2 期。

府低碳创新和企业低碳创新两类网络结构，系统的要素特征和结构方式作用于系统功能的发挥，系统功能也反作用于结构的变化。① 随后，陆小成进一步指出低碳创新发展主要体现为低碳技术创新和低碳制度创新。② 杨洁单独研究了区域低碳产业协同创新体系的形成机理，在宏观创新体系中，政府结合市场需求对区域低碳产业创新起引导作用；在微观创新体系中，企业是区域低碳产业创新的依托者和主导者，科研机构则推动着低碳产业的创新发展。③

霍明连、李知渊等不同于以往单纯地研究低碳创新系统的组成结构和运行机制，而是深入探究了创新系统的动态演化特征。他们认为，区域低碳创新系统是在各种与低碳创新相关联的主体要素和环境要素的相互作用下，为创造、储备、使用和转让低碳创新技术、产品、工艺和服务提供平台，以实现经济、社会和生态价值为目标的复杂适应系统。低碳创新系统在孕育、成长、成熟和衰退不同阶段演化的特征和发展模式，需要创新主体及时调整策略与之相适应。④

（二）低碳城市创新发展的现实依据

1. 低碳城市创新发展是应对气候变化的客观要求

IPCC 第五次评估报告指出，温室气体排放以及其他人为驱动

---

① 陆小成、刘立：《区域低碳创新系统的结构－功能模型研究》，《科学学研究》2009 年第 7 期。
② 陆小成：《低碳创新是建设美丽中国的战略选择》，《中国国情国力》2013 年第 5 期。
③ 杨洁：《区域低碳产业协同创新体系形成机理及实现路径研究》，《科技进步与对策》2014 年第 4 期。
④ 霍明连、李知渊、王新澄：《区域低碳创新系统自组织演化过程研究》，《科技与管理》2017 年第 4 期。

因子已成为自 20 世纪中期以来气候变暖的主要原因。[①] 而城市既是人类社会经济活动的聚集地，又是承载产业、交通、建筑等经济发展的主体，消耗了大部分的能源和资源，排放了全球约 80% 的温室气体，因此，城市肩负着应对气候变化、减排温室气体的重大责任。

2015 年 12 月，第 21 次缔约方会议巴黎气候变化大会召开，近 200 个缔约方达成《巴黎协定》，为 2020 年后全球应对气候变化行动做出安排，确定了把"全球气温控制在升高 2℃ 以内"的目标，明确各国以"自主贡献"的方式参与全球应对气候变化行动。中国立足于全球视角，在解决全球气候变化问题中扮演着引领者的角色，会前中国便向大会秘书处提交《强化应对气候变化行动——中国国家自主贡献》，提出将于 2030 年前后使二氧化碳排放达到峰值并争取尽早实现，2030 年单位国内生产总值二氧化碳排放比 2005 年下降 60%～65%，非化石能源占一次能源消费比重达到 20% 左右，森林蓄积量比 2005 年增加 45 亿立方米左右。[②]

"十三五"规划纲要中提出能源消费总量控制在 50 亿吨标准煤以内；[③] 能源发展"十三五"规划中又明确要求在"十三五"时期，非化石能源消费比重提高到 15% 以上，天然气消费比重力争达到 10%，煤炭消费比重降低到 58% 以下。减排、达峰的国内外

---

① IPCC：《IPCC 第五次评估报告：气候变化 2014 综合报告》，http：//www.ipcc.ch/report/ar5/syr/，2014。

② 习近平：《携手构建合作共赢、公平合理的气候变化治理机制——在气候变化巴黎大会开幕式上的讲话》，新华网，http：//news.xinhuanet.com/world/2015－12/01/c_1117309642.htm，2015 年 11 月 30 日。

③ 《中华人民共和国国民经济和社会发展第十三个五年规划纲要》，新华社，http：//news.xinhuanet.com/politics/2016lh/2016－03/17/c_1118366322.htm，2016 年 3 月 17 日。

目标，对城市发展形成了硬性约束，倒逼城市转变发展方式，优化能源结构，发展先进产能，逐步减缓能源约束压力，增强气候适应能力。

2. 低碳城市创新发展是顺应可持续发展潮流的必然趋势

2015 年，联合国可持续发展峰会通过成果文件《改变我们的世界：2030 年可持续发展议程》，以"5P"理念（People，Planet，Prosperity，Peace，Partnership）为指导，提出包含 17 项目标和 169 项行动领域的可持续发展目标体系。其中，目标 11 特别指出，建设包容、安全、韧性、可持续的城市和人类聚居地，为城市的可持续发展指明了方向。会后，中国向联合国提交了《中国落实 2030 年可持续发展议程国别方案》，并出台了《中国落实 2030 年议程行动方案》，在落实 2030 年可持续发展议程目标方面发挥了模范作用，充分展现了大国担当。

2016 年 10 月 17 ~ 20 日，第三届联合国住房和城市可持续发展大会（人居三）在厄瓜多尔首都基多举行，会议通过了《新城市议程》，为未来二十年城市可持续发展设定了全球标准和发展路径。《新城市议程》由宣言、行动纲要和实施手段三大部分组成，突出了城市生态环境保护和消除贫困的理念，强调改进城市规划、改善城市治理模式、发挥政府在城市可持续发展中的主导作用，从社会、环境、经济、治理结构和空间规划五个方面提出转变城市发展范式，发挥城市永续发展的潜力，最终构建起"全人类的可持续城市和住所"。其中，生态环境保护城市作为大会讨论的重点领域之一，涉及城市适应性、城市生态系统和资源管理、应对气候变化和城市危机管理等议题，提出了可持续的交通、健康的生态系统、构建绿色公共空间、制定环境友好的城市和土地规划、促进自然资源的可持续管理等有效的治理手段。①

中国的低碳城市发展是全球可持续发展进程中的重要组成部分，是以控制碳排放为突破口，解决能源消耗、经济发展、气候变化和生态安全等可持续发展的关键议题，有助于将可持续发展议程转化为切实行动，引领全球落实《改变我们的世界：2030 年可持续发展议程》。

3. 低碳城市创新发展是"五化"同步建设的集中体现

随着我国资源环境约束趋紧、生态环境破坏严重、发展空间不断被压缩，传统的"先污染后治理"的工业化发展道路和"先破坏后改造"的城市化发展道路难以为继，必须转而寻求新的发展模式和发展动力。《中共中央国务院关于加快推进生态文明建设的意见》提出将"绿色化"归为"五化"协同建设的重要内容，绿色化与新型工业化、城镇化、信息化、农业现代化相融合，意味着使环境保护理念渗透到社会经济生活的各个领域，让绿色成为现代化建设的"新底色"。

低碳城市创新发展与绿色化所倡导的经济发展和环境保护相协同的要求相一致，是"五化"同步建设的集中体现。一方面，低碳城市创新发展强调消除高碳理念的根植性，升级城市的生产方式和生活方式，营造宜居宜业的城市环境；另一方面，低碳城市创新发展要求打破高碳路径的依赖性，将低碳"基因"嵌入工业、农业、建筑和交通等城市发展的重点领域，激活城市发展的内生动力，引领我国走出一条清洁、高效、绿色、安全的新型城镇化道

①　《新城市议程（New Urban Agenda）草案》，中国城市规划网，http：//www. planning. org. cn/ news/view？id ＝5270，2016 年 10 月 13 日。

路，不断提高城镇化的质量。

4. 低碳城市创新发展有助于加快经济新常态下的转型发展

中国经济已进入新常态，经济增速放缓，资源环境问题严峻，需要转变发展方式，全面提升要素生产率。然而中国仍然是世界上最大的能源消费国，煤炭在能源消费中占比 64%，[①] 节能减排的压力重大，低碳工作的强度不能降低。

低碳城市创新发展，强调以低碳为发展方向，优化资源配置、调整产业结构和能源结构，这一理念正是供给侧结构性改革的应有之义。城市在低碳发展理念的指导下，逐步淘汰高碳产业，依靠清洁节能技术培育新业态，构建循环利用、生产高效、产品附加值高的低碳产业链；依靠清洁能源技术，促进化石能源的高效利用，加快太阳能、风能和地热能等新能源的开发利用，实现能源消费结构的升级。此外，城市的低碳发展还涉及居民消费、交通、建筑和能源等领域的改革，与当前经济新常态下稳增长、调结构、保民生、防风险等政策息息相关。要以低碳为"纽带"将新型城镇化建设、新能源发展、环境治理工程等政策相连接，形成政策合力，加快新常态下转型发展的步伐。

5. 低碳城市创新发展是创新驱动发展战略的拓展

党的十八大提出实施创新驱动发展战略，强调将创新作为引领发展的第一动力，将科技创新与制度创新、管理创新、商业模式创新、业态创新和文化创新相融合，推动经济向形态更高级、分工更精细、结构更合理的阶段演进。党的十九大将创新驱动发展战略作为全面建成小康社会决胜期的重大战略。因此，创新成为经济新常

---

① 《BP 世界能源展望（2016 年版）》，www.bp.com。

态下，挖掘新发展动力、打造新发展引擎、提高社会生产力和综合国力的战略支撑。

低碳城市创新发展是创新驱动发展战略在城镇化建设领域的应用。低碳城市建设实质上是城市发展模式的创新，需要以科技创新为先导，以制度创新作保证，以文化创新为"催化剂"，以业态创新为支撑，带动城市经济增长方式由要素驱动转向创新驱动，减少能源消耗、提高经济效率，引导居民价值观念、消费习惯、出行方式等的全面改变。因此，将创新与低碳相结合，使低碳发展战略能够由发展理念转变为发展路径，真正渗透到城市的社会经济生活中，促进经济发展与生态环境保护相协调。

（三）低碳城市创新发展的基本内涵

结合上述理论和实践分析可知，低碳城市创新发展是一项系统推进的工程，实质上是推动城市发展模式由"高碳低效"向"低碳高效"转变。城市作为低碳发展的载体，以节能减排和提高能源利用率为核心内容，凭借理念、技术、制度和组织结构等方面的创新，优化资源要素配置，不断提升城镇化质量，为应对气候变化、保持城市的持续发展能力提供新机遇。

在宏观层面上，城市应以"低碳＋"战略为抓手，把低碳的"作用力"从经济延伸至环境、社会、文化、政治等领域。"低碳＋经济"是低碳发展路径的核心领域，"低碳＋社会"是低碳发展路径的社会基础，"低碳＋文化"是低碳发展路径的内生动力，"低碳＋政治"是低碳发展路径的制度保障。"低碳＋"战略从多角度渗透，将掀起一场生产方式、生活方式、价值理念和政治制度的全面变革，一方面打造城市的低碳经济硬实力，另一方面培育城市的低碳文化软实力，同时以低碳社会为蓝图改善城市治理模式，加强政府的统筹引导作用，通过精巧的制度与政策设计，提高政策执行力，吸引企业及社会公众等利益相关者的自主参与，共同推动低碳目标的实现。

在微观层面上，实施"低碳细胞工程"，依托园区、单体建筑、设施和个人等能源需求单元实现减碳、低碳、近零碳乃至于负碳，单体数量虽小，但整体数量巨大，积少成多形成低碳聚合体。科学的低碳发展规划不仅包含城市交通、能源、供排水、供热、污水、垃圾处理等基础设施，也要细化到城市居民、城市家庭、城市任何一个或大或小的行为主体。在城市规划设计阶段，就注重从基本的计量与管理单元做起，进行精细化的减排管理，通过建筑和交通的建设和布局，把各个低碳细胞单元有效地组合起来，使整个社会的生产与生活构成低碳的能源消费网络，进而实施个性化的精细管理，就有望把社会上的各种资源和能源浪费通过这个精细化的管理网络消减掉。

在发展路径上，推进低碳化转型全覆盖。一是要建立低碳生产方式，强化低碳产业支撑，加快低碳技术对传统行业的改造提升，大力发展服务业和新兴节能环保产业，创造新的经济增长点，带动新的就业机会；同时加快开发清洁能源、推动分布式能源发电，尽早实现城市经济增长与能耗的脱钩。二是要培养低碳生活方式，树立低碳消费观，培养节约环保意识，发挥公民在旧物改造、循环利用方面的创造力；打造以公共交通为主体的城市交通体系，采用新能源交通工具，倡导低碳出行；推广低碳建筑，加快旧建筑改造，应用环保材料，提高节能标准，逐步从公民个人日常起居中形成低碳生活态度。三是要打造低碳空间布局，合理优化农业、工业、居住和生态保护等方面的土地利用结构，注重建筑和交通体系的紧凑式布局，通过高密度住宅格局和以公共交通工具为主的通勤方式，最大限度地实现节能节地；同时，建设绿色廊道，提升城市的连通性，形成城市绿色空间网络。四是完善低碳管理体系，贯彻绿色、集约、循环、低碳、智慧的发展理念，集合政府、企业、社会团体和公民等利益相关者的力量，形成多元主体参与的低碳城市治理体系，充分调动各方积极性，全面落实低碳政策，不断提高低碳城市的治理能力。

在动力培育上，以"低碳创新"为发力点，打破高碳锁定效应，为低碳发展模式的建立开发新技术、利用新能源、培育新业态、培养新人才，使低碳成为促进生产、生活、生态发展的动力源泉。在创新主体上，构建以政府为主导、企业为主体、研发机构为源泉的低碳创新体系，产学研相融合加速低碳技术的产业化应用。在创新技术上，加强低碳、循环、绿色技术创新，打造横向纵向交叉延伸的低碳产业链；加快节能技术研发，促进清洁能源的开发利用。在创新环境上，健全低碳体制机制，促进城市建设、环保、农林、交通、住房保障等部门管理的协同，为低碳创新提供制度保障；完善多层次资本市场，以绿色金融支撑低碳创新发展；建立低碳科技服务平台，为创新创业提供咨询、监测和评估等一体化服务，以良好的创新环境吸引要素和聚集人才。

第二章 厦门市低碳城市创新
发展的意义和愿景

一 厦门市低碳城市创新发展的基本情况和意义

改革开放以来，厦门市始终走在我国对外开放的前沿，以"先富地区"的身份带动中国经济的发展。"十二五"期间，厦门市在经济建设和环境保护方面均取得了较为瞩目的成绩，温室气体排放初步得到控制，为低碳工作的推行奠定了良好的基础。

(一) 厦门市低碳城市创新发展的基本情况

1. 厦门市的地理概况和经济发展沿革

厦门市又称鹭岛，地处我国东南沿海，位于福建省东南部、九龙江入海处。背靠漳州、泉州平原，构成"厦漳泉"闽南金三角经济区；濒临台湾海峡，面对金门诸岛，与台湾宝岛和澎湖列岛隔海相望，是我国东南沿海著名的海滨城市、港口风景旅游城市、海峡西岸重要中心城市。厦门市现辖思明、湖里、集美、海沧、同安和翔安6个区，2016年全市常住人口392万，本岛思明、湖里两区人口占到60.3%，所辖土地面积1699.39平方公里，海域面积

300 多平方公里，总体来看，土地面积较小而人口密度大。①

厦门市处于亚热带海洋性季风气候区，全年温和多雨，气候宜人。厦门市地形由西北向东南倾斜，以低丘、台地类型为主，占土地总面积的 62.5%，西北部多为丘陵和阶地，东南部多为海积平原和滩涂，厦门本岛的地形则与之相反，呈现南高北低的特征。在资源方面，厦门市淡水资源匮乏，人均水资源占有量 513 立方米，仅为全国平均水平的 38%；海洋生物资源丰富，花岗岩、砂料等非金属矿产资源储量大而经济价值高，但金属矿产资源、化石能源较贫乏。

厦门市东南沿海海岸线蜿蜒曲折，全长 234 公里，港阔水深，终年不冻，是条件优越的海峡性天然良港，自古以来就是我国重要的通商口岸。20 世纪初，厦门凭借港口和侨乡优势，成为我国重要的航运贸易、金融中心以及侨汇集中地，是福建最大的金融贸易中心。改革开放之初，厦门市凭借其区位优势被设立为我国四个经济特区之一，吸引资本和技术流入，发展对外贸易，成为我国对外开放的窗口，对拉动全国经济增长发挥着重要作用。2011 年，国务院批复厦门作为深化两岸交流合作综合配套改革试验区，厦门市成为新时期的"新特区"。2014 年，国务院设立中国（福建）自由贸易试验区，厦门市作为三个片区之一，继续深化两岸经济合作。2015 年"一带一路"行动方案落地，厦门作为中国国际航运中心之一，被确定为国际性综合交通枢纽和"海上丝绸之路"战略支点城市，在加强国际交流与合作中发挥着不可替代的作用。

---

① 《厦门市 2016 年国民经济和社会发展统计公报》，厦门市统计局网站，2016 年 3 月 22 日。

2. 厦门市低碳发展的基础条件

厦门市环境质量优良，以海岛为核心、以海湾为背景的城市空间结构，宜居优良的自然生态环境，是厦门市建设生态市、生态文明建设示范市的战略性资源，也是厦门发挥核心竞争力的载体。秉持"国际知名的花园城市""联合国宜居城市"等光荣称号，厦门扎实推进生态文明建设，积累了良好的生态基础。从"十二五"时期迈入"十三五"开局之年，厦门在低碳试点工作的引领推动下，经济总量保持较高增长，能源消耗和碳排放增幅呈现下降趋势。

一是经济实力平稳增强，而岛内外发展水平不均衡。厦门市地区生产总值由 2010 年的 2060.07 亿元增长到 2016 年的 3784.25 亿元，按常住人口计算的年人均地区生产总值达到 97282 元，居东部地区先进城市前列。从各区的地区生产总值来看，岛内岛外发展水平差异较大：思明区 1161.38 亿元，比上年增长 8.4%；湖里区 820.61 亿元，增长 7.5%；海沧区 543.66 亿元，增长 7.0%；集美区 551.04 亿元，增长 8.7%；同安区 313.72 亿元，增长 7.9%；翔安区 393.85 亿元，增长 7.5%。全市年财政总收入 1083.34 亿元。产业体系逐步健全，产业结构进一步优化，"5+3+10"现代产业体系初步建立，第三产业比重居福建省首位。高新技术产业产值占工业总产值比重达 65.9%，科技创新能力不断提升，全社会研发投入占地区生产总值比重 3%，位于全国前列。城镇化水平较高，常住人口城镇化率达 89%。

二是绿色低碳发展成效明显，能源利用效率不断提高。厦门市能耗强度不断下降，万元 GDP 能耗从 2010 年的 0.523 吨标准煤下降到 2015 年的 0.437 吨标准煤，在全国大中城市中处于较低水平；

2016 年全市万元地区生产总值耗电 607.68 千瓦时，比上年减少1.94 千瓦时；万元地区生产总值耗水 9.92 吨，比上年减少 0.56吨。能源结构不断优化，煤炭占全社会能源消费比重由 2010 年的32.75% 下降到 2015 年的 24.33%。城市宜居度不断提升，建成区绿化覆盖率达到 41%，人均公园绿地面积 11.4 平方米，饮用水源水质达标率达 100%，城市环境空气质量优良率位居全国 74 个大中城市第二位，获得"国家森林城市"称号，城市环境质量居全国前列。

三是社会发展水平提升，民生建设持续推进。城镇居民人均可支配收入和农村居民可支配收入分别由 2010 年的 2.93 万元和 1 万元增长到 2016 年的 4.62 万元和 1.89 万元，城乡居民收入差距由3∶1 缩小为 2.44∶1。科教文卫事业成果丰硕，全市人口平均期望寿命 80.2 岁；每万人大专以上学历达 2576 人，社区、居家养老服务实现全覆盖，统一城市、城镇最低生活保障标准，基本建成全民社保城市，构建分层次、广覆盖的住房保障体系。营商环境和创新社区建设、"多规合一"的空间规划和治理体系、共同缔造等社会治理创新取得显著成效。城市文明程度持续提升，获评"全国和谐社区建设示范城市"、"全国文明城市"四连冠等荣誉称号。

四是温室气体排放增速趋缓，人均碳排放量较低。2010~2014年，厦门的温室气体排放量逐年增加。在不计入外调电力排放的情况下，本地排放总量从 2010 年的 1872.08 万吨二氧化碳当量上升到 2014 年的 2351.00 万吨二氧化碳当量，年均增长 6.4%。在计入外调电力排放的情况下，总排放量从 2010 年的 2227.80 万吨二氧化碳当量上升到 2014 年的 3108.09 万吨二氧化碳当量，年均增长9.90%，增长较为迅速。能源活动是最大的排放部门，平均占到

85.27%。2010 年能源活动二氧化碳排放量（包括外调电力）为 2099.99 万吨，到 2014 年达到 2773.72 万吨，增速逐渐趋缓（见图 2-1）。人均二氧化碳排放只有 7.2 吨，与欧盟的平均水平相当。

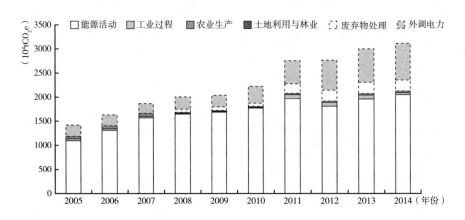

图 2-1　厦门市历年温室气体净排放量（计入外调电力）

（二）厦门市低碳城市创新发展的意义

"十三五"时期是厦门市继续推动生态文明建设，实行绿色、循环、低碳发展，全面建成小康社会的关键时期。加快转变发展方式，努力推动碳排放总量和强度双向控制，是厦门市落实 2030 年达峰目标、推进"美丽厦门"战略规划、建设国家低碳城市试点和生态文明先行示范区的一项重要任务。厦门经济较发达、产业结构较为均衡、生态文明建设基础良好，站在新起点上，推动厦门市低碳城市创新发展，对深化低碳工作、形成独具特色的"厦门低碳发展模式"、发挥低碳城市试点示范效应和增强国际影响力的意义非凡。

第一，提高产业层次，积蓄发展后劲。目前厦门处于后工业化发展阶段，产业发展将处于重要转型期，单纯通过调整三大产业结构实现节能减排的潜力有限，要寻求通过各产业内部的升级、新业态新经济形式的培育，来实现能源强度的降低。推动厦门低碳产业创新发展，就是要逐步淘汰高碳产业，依靠清洁节能技术促进新兴产业发展，最终建立起循环利用、生产高效、产品附加值高的低碳产业链，降低城市经济活动的碳排放强度，增强产业竞争力。此外，按照低碳理念规划建设城市交通、能源、供排水、供热、污水、垃圾处理等基础设施，有助于增强城市抵御风险灾害的韧性，提高公共服务水平，以强劲的经济增长点、良好的生态环境、完善的城市管理水平，全面推动经济、社会与环境协调发展，保持城市的可持续发展能力。

第二，破解能源约束，挖掘增长动力。厦门市自然资源和化石能源较为缺乏，成为城市发展一大制约因素。预计到"十三五"末，2020年厦门GDP或达6100亿元，常住人口达500万，经济的持续扩张和城镇化的快速推进，对能源消费提出了更高的要求。同时，随着第三产业比重和人均收入水平的提高，城市碳排放中居民生活部分的比重无疑将快速增加，并通过影响产品与服务的供给行为，由居民生活品质改善引致的碳排放需求也会继续增加，给城市减排增添了压力。因此，推动化石能源的高效利用与清洁能源开发，加快太阳能、风能和地热能等新能源的开发利用，实现能源消费结构的升级，是厦门破解能源约束、维持长期发展的客观要求。此外，新能源的开发利用，也为新兴产业的发展和传统产业的升级带来机遇，例如以清洁电力推进"煤改电"，既有利于加快对一次能源消耗的替代，又能通过合理开发风电、光电，带动光伏产业、环保产业发展。

第三，优化城市布局，拓宽发展空间。厦门市地域面积相对狭小，城市发展空间有限。盲目强调规模扩张的城市建设模式导致"摊大饼式"的城市布局，过度拓宽街道、大力修建广场、硬化路面等工程项目，不仅造成交通拥堵、通勤距离增加等问题，还使大量林地、湿地等原始生态环境遭到破坏，城市生态环境承载力逼近上限，进一步压缩了城市的发展空间。低碳城市创新发展主张优化城市布局，打破传统功能组团思维局限，转而采用"紧凑式"布局形式，一方面提高交通的通达性，尽可能地减少远距离通勤，提高出行效率，从而减少交通领域的碳排放。另一方面增加城市绿地面积，借助篱笆、绿地、花坛等自然景观，做成天然的隔离带，划分城市功能分区，维护城市生态系统，营造和谐人居城市。

第四，深化低碳工作，发挥示范效应。厦门市生态环境基础优良，低碳工作开展较早，生态环境保护在国内城市中居于领先地位。然而经过两次低碳试点评估工作，厦门与深圳的低碳科技城市、杭州的低碳社区建设、武汉的低碳国际合作等创新措施相比，显得亮点不足，缺乏成熟的低碳发展模式可用于推广。因此，强调低碳城市创新发展，目的在于促进厦门市深入挖掘减排潜力、深化推进低碳工作，确定节能减排的重点领域，明确低碳创新的优先事项，据此制定先进的达峰目标和清晰的达峰技术路线图，不断提升城市发展水平，逐步向"零碳"迈进；同时梳理当前低碳工作，围绕优势领域总结经验、树立低碳发展的典范，逐步向同类城市推广先进模式，发挥厦门市对全国低碳城市建设的示范效应。

第五，提升发展层次，树立国际地位。厦门作为滨海城市，面向东南亚，与台湾隔海相望，特殊的区位优势决定了厦门特殊的经济形式和多元的文化体系，因而，厦门市的低碳工作必然有其特殊性，需要更多地着眼于临港临空经济、对外交流、低碳消费和信息技术等领域。为此，推动厦门低碳创新，有利于形成具有厦门特色的低碳发展模式，完善低碳交通和建筑，培育具备国际水准的基础设施、信息技术等硬件环境；树立低碳价值观念，弘扬生态文明建设思想，营造与国际接轨的开放包容文化等软件环境；发展低碳产业，凭借低碳技术形成产业核心竞争力，提升产业在全球价值链的层次；伴随着"一带一路"、自贸区和跨岛发展等对外交流活动，传播低碳发展理念，全面提升国际影响力。

二　厦门市低碳城市的发展定位和发展目标

（一）厦门市低碳城市发展定位

在经济发展层面上，强化低碳产业的支撑作用，大力推进低碳生产方式和消费方式，从生产端、消费端双侧发力，使厦门市成为引领全国、辐射全球的低碳经济增长极。对内以太阳能光伏、汽车制造、软件信息等重大项目为龙头，构建低碳产业链，大力发展高新技术产业、现代服务业和战略性新兴产业，逐步发挥低碳产业集群对周边城市的辐射带动功能，将厦门市建设成为中国的绿色制造业中心、区域性金融服务中心和现代服务业中心，形成对接长三角、珠三角，辐射中西部和台湾的东南沿海经济增长极；在全社会倡导低碳消费、低碳出行、循环利用、节约集约的生活方式，倒逼企业提高低碳产品和服务的质量，形成生产与消费的良性循环，将厦门打造成为知名的低碳消费城市。对外依靠清洁能源开发技术、节能环保技术、二氧化碳捕捉与封存等低碳技术形成经济发展的核心竞争力，抢占世界经济制高点，依靠优质项目、核心技术和便捷交通等成为国际经贸往来的大通道；加强低碳空港建设，推广自动化控制技术，结成综合多式联运和一体化服务的物流网络，将厦门打造成为国际枢纽港和国际航运中心。

在创新驱动层面上，发挥科技创新的引领作用，使厦门市成为孕育新能源、新业态、新产品价值的低碳技术孵化区和集合创新要素的区域创新创业高地。搭建产学研一体化平台，围绕海洋经济、新能源开发、节能技术等关键议题，结合企业、高校和研发机构力量，进行技术攻关，加速专利技术应用，建成低碳技术"硅谷"；以产能合作、会展服务、文化交流项目等形式引进国际先进的低碳技术和管理经验，形成自由、开放、活力、优质的区域创新高地；依靠低碳产业园区、高新技术产业基地、软件园区，吸引人才、资金等要素流入，营造良好的创新创业环境，健全创新创业的体制机制，推动大众创业万众创新，建设先进人才、低碳技术、新兴产业的孵化区。

在城市建设层面上，促进低碳城市与智慧城市、创新城市建设相结合，营造宜居宜业的城市环境，使厦门市成为国家低碳示范城市。将智慧和低碳元素融入城市规划，使城市具有智慧控制、全面感知功能，以信息技术为支撑，有效整合城市低碳建筑、低碳交通、低碳能源等领域，健全城市基础设施建设，提升城市公共服务功能；发动全社会参与，推进低碳社区建设，探索自下而上的低碳城市治理模式，使居民成为美好环境与和谐社会的共同缔造者，营造美好人居环境与和谐社会；倡导低碳生活方式，形成低碳节约的社会风尚、文明大方的市民素养、清洁宜人的城市环境、功能完备的幸福家园；以低碳为转型方向，立足区域资源禀赋，划分功能分区，形成都市农业功能区、低碳制造业基地、高端服务业聚集区等多层次的城市发展格局，缩小岛内岛外差距，促进区域均衡发展，营造宜居宜业的城市环境，激发城市发展的内在活力。

在生态环境层面上，形成紧凑优质的城市空间格局、功能完整的生态系统、特色魅力的城市景观，使厦门市成为人与自然和谐共生的海上花园城市。改善城市自然生态环境，充分保护森林、水库、溪流、湿地，保护海洋生态环境，保护生物多样性，构建科学合理的生态安全格局，维护好城市赖以生存的生态基底，保持城市生态功能的完整性；依托山海城市别致的自然地理风貌，塑造"城在海上、海在城中、山海相连、城景相依、花团锦簇"的城市景观，加强岸线保护，布局沿岸绿带，形成曲折蜿蜒、尺度多样的魅力湾区，打造名扬四海的海上花园城市；将城市建设与自然环境有机结合，按照人口资源环境相均衡、经济社会生态效益相统一的原则，建设环境友好、资源节约、低碳高效的现代化城市。

在两岸连通层面上，使厦门市成为两岸"三通"的便捷通道、经贸往来的重要平台、携手治理的生态命运共同体和促进统一的战略支撑点。发挥对台优势，以低碳转型为契机健全城市基础设施建设、改善城市治理体系，凭借完备的交通体系、健全的政策措施，为两岸直接往来夯实基础条件，建成促进两岸"三通"的便捷通道；抓住低碳经济的新机遇，加强两岸在开辟新经济领域的投资贸易双向开放、绿色金融创新合作，加快低碳技术转移和联合攻关，吸引台胞来大陆创业，实现经济项目共建、资源服务共享；促进两岸文化交流，使天人合一、绿色低碳、关爱地球等理念成为两岸共同的价值观，合力打造文化产业基地，提高科学、教育、文化、卫生、体育等领域的合作层次；两岸携手推进城市生态治理，尤其是在海洋保护、新能源开发、低碳社区建设方面加强合作，发挥民间基层组织的作用，共同应对气候变化，建设绿色家园；建设两岸政策沟通、经济合作的"试验田"，切实发挥厦门市在推动两岸和平发展和祖国统一进程中的战略支点作用。

在国际交流层面上，以良好的生态环境和发展环境为"名片"，促进国际经贸往来、弘扬生态文明理念，使厦门市成为享誉全球的国际性大都市。改革开放之初，厦门市被设立为沿海开放区（口岸），扛起了改革开放的大旗；如今，厦门市应肩负起经济转型的使命，在低碳发展的道路上探索出独具特色的经验，延续其引领国内发展、沟通国内国外历史的地位。发展低碳经济，将旅游会展、航运物流和新能源开发作为连接国内外经济往来的"纽带"；培育低碳文化，形成富有东方智慧的生态价值观，融入开放包容的城市文化，凸显中西文化交融、民俗与高雅共生、传统与现代并存、国际性与地方性共荣的文化内涵；维护城市生态系统，增加碳汇项目，探索沿海地区抵御风暴潮灾害、保护海岸线的经验，与国际社会携手共同应对气候变化；统筹规划"三生格局"（生产、生活、生态），凭借蓬勃的生产活力、和谐的生活氛围、优质的生态环境，树立起良好的国际形象，成为在经济、文化、旅游、人居环境等方面兼具影响力的国际性大都市。

（二）厦门市低碳城市发展目标

1. 到 2020 年，厦门市低碳城市试点工作稳步推进、卓有成效，完成国家和福建省下达的减排任务，实现厦门市"十三五"规划的主要指标

低碳产业转型成效显著，低碳经济蓬勃发展。第三产业占GDP 比重达到 60% 以上，形成以服务型经济为主导的产业格局，以航运物流、旅游会展、高新技术产业为抓手结成低碳产业链，建立起符合自然承载力要求的产业体系。以高端服务业、密集的科技创新、完善的公共服务辐射内陆，带动闽南金三角地区经济发展。

能源强度大幅下降，能源消费结构得以优化。单位 GDP 能耗降至 0.3 吨标准煤/万元，单位 GDP 能耗下降率达 9.48%；一次能源消费比重下降，煤炭比例降至 23.07%，清洁能源比例达到49.1%；推进热电联产和"煤改气"工程，外调电力比例提高至34.91%；经济效率显著提高，单位工业增加值新鲜水耗低于 11.7立方米/万元。

二氧化碳总量和强度均得到有效控制。力争实现万元生产总值二氧化碳排放比 2005 年下降 45% 以上，单位 GDP 温室气体排放量达到 0.75 吨/万元，比 2005 年下降 0.08 个百分点。

低碳消费理念成为全社会的共识。低碳消费理念通过学校教育、家庭教育、社区教育、协会教育以及大众传播媒体等形式得以广泛宣传，在全社会普及；低碳产品认证制度基本建立，低碳产品和服务层次大幅提高；低碳文明社区"遍地开花"，城市生活垃圾分类管理全面推行。

低碳交通系统基本完善，居民绿色出行率显著提高。市内基本建成以大运量轨道交通和以 BRT（快速公交系统）为主、常规公交为辅的公共交通格局；自行车道和人行道等慢行交通系统持续完善，形成流水休闲步行系统、山体健身路径等一批精品项目；新能源交通工具广泛使用，居民绿色出行率达 70% 以上。

低碳建筑面积增加，建筑领域减排取得明显成效。完成新建绿色建筑 800 万平方米，城镇新建绿色建筑比例达到 50%，完成 300 万平方米公共建筑节能改造，新增可再生能源建筑应用面积 300 平方米，实现约 30 万吨 CO_2 的减排量，其中居住建筑减排 11 万吨，商业及公共建筑减排 16 万吨，建筑业减排 3 万吨。

生态环境质量持续改善，构建起科学合理的生态安全格局。城市绿地面积大幅增加，环境污染显著减少，生态功能明显改善。其中，受保护地区占国土面积比例高于 57.7%，耕地土壤环境质量和近岸海域水环境质量不降低，地表水环境质量水质达到或优于Ⅲ类的比例达到 70% 以上，空气环境质量优良天数比例提高到 95.7%，危险废物安全处置率达到 100%，森林覆盖率达到 40%，城镇人均公园绿地面积 15 平方米/人，城镇污水处理率达 95%。

2. 到 2030 年，碳排放达到峰值并逐步下降，全面建立起低碳发展方式

形成低碳生产方式。经济发展模式完成向低碳化的转型，经济实力迈上新台阶，航运物流产业、新能源产业、高新技术产业和生产性服务业竞争力显著增强，纵向拓展之余形成产业横向关联，组合为低碳产业网络；低碳技术的扩散、应用便捷迅速，建成区域性创新城市、低碳技术研发中心，为绿色"一带一路"提供绿色产能和先进技术。

形成低碳生活方式。低碳消费观念在全社会牢固树立，生态文明意识显著提高，低碳消费纳入文化价值观，构成社会认同感的重要组成部分，建成低碳消费城市。岛内岛外发展差距缩小，实现区域优势互补、城乡一体化发展。人民生活水平实现新提升，城市可持续基础设施建设得以完善，城市韧性不断升级，基本公共服务均等化程度居东部发达城市前列，基本建成与国际都市相匹配的现代公共服务体系。

形成低碳城市建设方式。城市能源、建筑、交通等重点发展领域的低碳转型工作取得重大突破，紧凑式城市空间布局基本形成，城市治理能力显著提高；既有建筑改造基本完成，全面实施岛内岛外新建商品住房精装修；综合运输通道能力提升，建成辐射国内对接国外的综合交通枢纽，实现智能交通系统全覆盖；三网融合取得重大突破，实现城市信息通信网络全覆盖，智慧楼宇、智慧运输等技术广泛应用，移动宽带网络实现全覆盖；形成紧凑式空间布局，促进自然景观与人文景观相互融合；公共文明程度大为提高，企业、公众、社会组织在推动低碳消费、弘扬低碳文化、构建低碳社会中的参与度提升，社会治理体系和治理能力现代化位居全国先进行列。

形成低碳社会管理方式。建立起完备的低碳政策体系，实现低碳管理制度创新。城市碳排放核算体系不断完善，建立起一套细化的部门碳排放指标，碳排放统计、监测和评价工作趋于成熟，科学客观的评价程序和奖惩机制得以健全，城市低碳管理能力明显提升；地方低碳发展立法法案初步形成，成为指导低碳城市建设的纲领性文件，强化了厦门市低碳发展的目标责任；碳信用、碳金融、碳排放权交易等多样化的市场手段发挥积极作用，低碳转型资金、新能源补贴等政策手段得以应用，共同引导低碳社会管理方式的形成。

形成低碳生态系统。依托低碳试点城市、国家生态文明建设先行示范区和生态文明示范市建设，生态质量大幅提高，城市发展的系统性、协调性、生长性、承载力和辐射力显著增强。生态环境质量保持全国领先，建设成为以"天蓝、地绿、水净"为常态的资源节约型、环境友好型"大海湾""大山海""大花园"城市，建成满足社会自然协调发展的生活、生产、生态的"三生空间"。

第三章　厦门市低碳城市试点工作的成效与挑战

一　厦门市低碳发展理念

改革开放以来，在福建省委、省政府的关心和领导下，厦门历届市委、市政府始终秉承"发展与保护并重，经济与环境双赢"的原则，坚持"生态立市、文明兴市"，特别是党的十八大以来，厦门认真贯彻落实习近平总书记关于生态文明建设的一系列指示以及来闽的讲话精神，将生态文明建设融入经济建设、政治建设、文化建设、社会建设的各方面和全过程，绿色发展已成为指导"美丽厦门"建设的重要发展理念，成为推进特区科学发展、转型发展的重要抓手。以加强顶层设计，实施"多规合一"，突出规划引领，强化组织领导等措施，不断完善绿色可持续的低碳发展理念。

一是加强顶层设计。厦门市委、市政府高度重视低碳城市试点工作。2011 年成立了由市主要领导担任组长的低碳试点工作领导小组，领导小组办公室挂靠市发改委，各部门、各区明确低碳试点工作相关责任人，建立了市、区及各部门多层次协同推动低碳试点的工作机制。2013 年以来，厦门市围绕贯彻党的十八大提出的

"两个百年"奋斗目标和建设美丽中国的战略部署，贯彻"五位一体"总体布局，立足厦门发展阶段和转型发展需要，编制并实施了《美丽厦门战略规划》，并且已经市人大会议审议通过，有效保障了规划的严肃性和权威性。该规划明确了到2021年建党100周年时，将厦门建成美丽中国的典范城市，到2049年新中国成立100周年时，在全国率先成为集中展示国家富强、民族振兴、人民幸福的"中国梦"的样板城市。具体要立足于国际知名的花园城市、美丽中国的典范城市、两岸交流的窗口城市、闽南地区的中心城市、温馨包容的幸福城市五大定位，提出实施大山海、大海湾、大花园的城市发展战略，着力构建"一岛一带多中心"的城市空间格局，为厦门市促进绿色低碳发展做好顶层设计。

二是实施"多规合一"。厦门在全国率先实践经济社会发展规划、城市建设规划、土地利用总体规划等"多规合一"，摸清城乡资源、环境、空间条件，明确城市绿道、农田、水系、湿地、山体、林地边界坐标，协调统一12.4万个原先"互相打架"的规划图斑，进一步完善城市空间规划体系，优化城市布局，打造城市理想空间，保障"一张蓝图干到底"。同时，利用信息化手段，构建全市统一的空间信息管理协同平台，实现各部门业务的协同办理，推动行政审批流程再造和简政放权，有效保障经济、社会、环境协调发展。"多规合一"工作明确生态控制线内各类自然生态空间，制定从严管控的管控规则，为建立权责明确的自然资源产权体系和管理体制、完善严格的耕地保护制度、推动土地节约集约利用等奠定了基础；逐步打通十大山海通廊，推动全市溪流流域的综合整治，不断修复海岸线，是对山水林田湖系统治理要求的充分落实，推动"山、海、城"相融的城市空间格局的形成，改善人居环境质量，形成人与自然和谐发展的城市建设新格局。

三是突出规划引领。根据国务院 2014 年发布的《关于支持福建省深入实施生态省战略加快生态文明先行示范区建设的若干意见》，中共厦门市委、厦门市人民政府将推动低碳城市试点工作纳入厦门国民经济和社会发展规划及实施"美丽厦门"战略规划中，编制完成《厦门市低碳城市试点工作实施方案》《厦门市低碳城市建设规划》《美丽厦门生态文明建设示范市规划（2014～2030）》《厦门市"十二五"低碳经济发展专项规划》，并每年制定低碳城市试点工作行动计划。在厦门市"十三五"规划纲要中，厦门市提出了争当"五大发展"示范市、建成美丽中国典范城市的目标要求，将"以绿色低碳推进可持续发展"作为规划中一节单独阐述，提出坚定走生产发展、生活富裕、生态良好的文明发展道路，着力实施"青山碧海、红花白鹭"的大花园城市战略；实施低碳社区示范工程，开展重点企业温室气体排放报告、碳排放权配额分配等工作，增加森林、绿地等生态系统碳汇，建立健全温室气体排放基础统计制度，以推动低碳城市建设。厦门市通过强化规划的引领作用，为低碳城市建设指明了方向和道路。

四是创新生态文明建设机制。把生态文明作为主体功能区建设的突出重点，以资源环境承载力和环境宜居度为依据，综合考虑自然生态状况、区位特征、环境容量、现有开发密度、经济结构特征等因素，按照生态保护区、协调发展区、重点发展区、优化提升区四类功能，以区为单位，划定全市主体功能区，并细分到每个镇（街），明确核心功能及近期建设重点，从而促进统筹发展、差异发展，实现"让该干什么的地方干什么"。同时，为了确保各区域主体功能定位切实得到有效实施，厦门探索建立了与主体功能区相一致的政绩和干部综合考核评价机制，树立"以主体功能发挥好坏论英雄"的导向。通过细化主体功能区划分，厦门确定了各区域的发展定位和考核依据，为推进生态文明建设明确了目标任务。

五是不断丰富低碳发展内涵。近年来，厦门市将低碳发展理念与城市发展总体目标结合起来，通过加强对全民生态文明意识的教育宣传、倡导低碳生产和消费、优化产业结构、增加森林碳汇、推动低碳交通体系建设、推广可再生能源建筑、探索废弃物的无害化处理和资源化利用、实施建筑节能改造等措施，实现了单位 GDP 二氧化碳排放强度的大幅下降，并促进了人民生活水平的改善，体现了"机制活、产业优、百姓富、生态美"的建设方向和转型成果，城市的宜居程度不断提高。先后获得"全国文明城市"四连冠、"国家森林城市"、"首批国家级海洋公园"、"全国首批海洋生态文明示范区"等荣誉称号，成为全国首批低碳城市试点、国家绿色低碳交通城市区域性项目试点、全国可再生能源建筑应用示范试点、国家第五批餐厨垃圾资源化利用和无害化处理试点城市和全国唯一一个获得国家地下综合管廊和海绵城市双试点的城市。

六是强化峰值目标倒逼机制。经深入研究和多情景分析，厦门市提出将于 2020~2022 年实现二氧化碳排放达峰，碳排放将在 2021 年前后达到峰值，约为 4014 万吨 CO_2（见图 3-1），届时厦门市常住人口约 550 万，人均 CO_2 排放量约 7.2 吨。为落实这一目标，厦门市将实施碳排放达峰计划，现已启动《厦门市二氧化碳排放达峰和减排路线图》研究制定工作。拟通过对厦门市经济发展趋势、能源结构调整趋势、人口增长趋势和能源强度下降趋势分析，预测全市未来的二氧化碳排放趋势、排放峰值和峰值年份，提

出减少二氧化碳排放的技术对策、管理对策，并明确未来一段时间
应采取的具体路线。

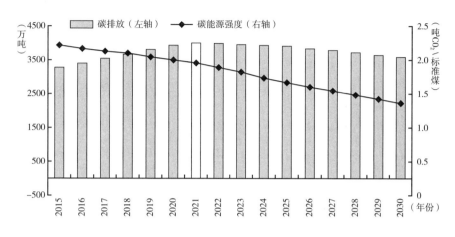

图 3 - 1　厦门市碳排放变化趋势预测（2015～2030 年）

二　厦门市低碳发展任务落实与成效

自成为国家首批低碳试点城市以来，厦门市认真贯彻落实国家
和福建省各项决策部署，以实施"美丽厦门"战略规划为抓手，
按照全国低碳城市试点工作的要求，不断探索绿色低碳发展之路，
取得了较好成效。

（一）产业结构低碳化成效明显

作为低碳经济的核心内容与载体，产业结构低碳化是发展低碳
城市的必要条件。产业结构低碳化的本质是通过升级产业结构，转
变能源结构，提高能源效率，发展低碳技术、产品及服务，确保经
济稳定持续增长的同时削减温室气体的排放量。

一是加快产业结构升级。"十二五"期间，厦门市积极应对经济下行和转型升级双重压力，通过加快产业结构调整布局，产业结构进一步优化。三次产业结构从 2010 年的 1.1∶50∶48.9 调整为 2016 年的 0.6∶41.2∶58.2，第一、二产业占比持续下降，第三产业占比持续上升且占主导地位。"十二五"期间，厦门市工业经济规模稳步扩大，2015 年规模以上工业完成工业总产值 5030.81 亿元，首次突破 5000 亿元大关，比上年增长 8.1%，比 2010 年增加了 1359.99 亿元；工业实现增加值 1254.1 亿元，增长 7.9%，比全国平均水平高出 2 个百分点；工业对全市 GDP 的贡献率达 48.9%。规模以上工业产值超 10 亿元的企业有 74 家。高新技术产业加速发展，2015 年规模以上工业高新技术产业实现产值 3315.86 亿元，占全市规模以上工业总产值的 65.9%，增长 11.6%，高新技术产业中的规上工业企业共有 546 家。

二是强化创新驱动。大力推进创业创新工程，2015 年 7 月，厦门成功入选国家首批小微企业创业创新基地试点城市，为全面推进创新创业打造了良好的基础。创新项目策划招商工作机制，全年实际直接利用外资 20.9 亿美元，总量居全省第一位，新开工电气硝子、天马 TFT 二期等 12 个超 10 亿元以上项目。创建国家信息消费示范城市，深入推进"三网"融合和智慧厦门建设，网络零售增长 60%。半导体照明成为全国两个 A 类基地之一，生物医药产业入选国家战略性新兴产业区域集聚发展试点。2015 年，全市高新技术企业突破 1000 家，占全省一半，高新技术企业产值占规模以上工业产值的 65.9%。

三是大力发展绿色低碳经济。严把企业环保准入关，制定建设项目环保审批准入特别限制措施（负面清单），对可能造成污染的产业项目实行"一票否决"。实施倒逼机制,大力压减、淘汰过剩和落后产能,着力提升产业发展的品质和质量。通过整合工业园区用地,盘活建设用地存量,积极探索工业用地租赁制,尝试工业用地"先租后让、租让结合"的供地方式,最大限度地提高土地资源的利用率。严格执行水资源"三条红线"管理和最严格水资源管理制度,荣获"中国人居环境水环境治理优秀范例城市奖"和"全国节水型城市"称号。高标准完成"十二五"节能减排任务,较好实现了有质量、有效益、可持续的发展。

（二）能源结构不断优化

通过控制高排放能源使用、推进清洁可再生能源利用等手段措施,全市煤炭占全社会能源消费比重由 2010 年的 32.75% 下降到 2015 年的 24.33%,太阳能光伏、垃圾发电等使用比重稳步提升,能源结构进一步优化。

一是控制高排放能源使用。厦门不再建设新的燃煤电厂,现有燃煤电厂积极采用节能减排技术,鼓励以 LNG 替代燃煤,降低碳排放。在已建和规划建设的热电联产集中供热范围内,不再单独新建锅炉。出台关于锅炉（工业窑炉）整治和清洁能源替代改造的通知,加快高污染燃料锅炉淘汰、更新进程。制定大力推进集中供热项目建设细化方案、厦门市集中供热项目管道建设工程资金补助和管理办法等措施,积极推动华夏电力、银鹭工业园区等集中供热项目建设。启动实施一批煤改电、煤改气、油改气项目。

二是推进清洁可再生能源利用。开展重大资源能源项目建设,电力进岛第四通道成功送电,完成柔性直流输电工程,加快推进西气东输工程,同安抽水蓄能电站启动项目前期工作。积极引导企业有序开发利用新能源和清洁能源，大力推动分布式光伏发电项目落地。已备案分布式光伏发电项目装机量已达到 83.84 兆瓦，其中由华电（厦门）能源公司投资建设的分布式光伏发电项目，项目总投资近 1.6 亿元，装机规模 22.8 兆瓦，项目建成后预计年发电量达 2406 万度，每年节约标准煤 7800 吨，减排二氧化碳 1.95 万吨，节能减排效益显著。2015 年，全市分布式光伏发电量 1200 万度，垃圾发电 1.1 亿度，两项合计比 2014 年增长 28.2%，非化石能源占能源消费总量比重也逐年提升。

（三）节能和提高能效工作开展顺利

通过推动工业企业节能降碳，开展节能减碳技术创新等工作，节能和提高能效工作成效显著。2015 年，厦门市万元 GDP 能耗 0.437 吨标准煤，下降 16.5%，超额完成"十二五"节能下降 10% 的目标。

一是推动工业企业节能降碳。大力发展节能环保产业，加快实施产业园区循环化改造，集美台商投资区获批国家园区循环化改造试点。大力发展循环经济，推动三立（厦门）汽车配件有限公司等全国循环经济试点示范建设。严格实行固定资产投资项目节能评估与审查制度，从源头把好节能关。实施重点工业用能企业节能监察、重点耗能设备节能监测、单位产品能耗限额、高耗能落后设备专项检查等节能执法活动。组织实施重点节能工程，大力推进合同能源管理。2015 年，厦门市六大高耗能行业能耗占全市规模以上工业能耗的比重为 57.4%，比 2014 年下降 6.4 个百分点。

二是开展节能减碳技术创新。发展和推广能源清洁高效利用、垃圾无害化填埋沼气利用等有效控制温室气体排放的新技术，开展海洋碳汇技术研究和推广，厦门大学成立了海洋碳汇研究机构。积极推广节能技术和节能产品，编制厦门市节能技术和产品推荐目录。加大对节能减排科技攻关的扶持力度，2015年，市科技计划共立项支持节能科技项目29项，资助资金2655万元，带动社会科技投入6.14亿元。重点开展了"大功率LED膜组化照明关键技术攻关""新能源汽车专用高压直流继电器的开发"等重大节能减碳技术。

（四）低碳建筑大力推行

一是贯彻落实绿色建筑行动方案。按照国家《绿色建筑行动方案》和福建省《绿色建筑行动方案》工作要求，2014年1月市政府办公厅发布《厦门市绿色建筑行动实施方案》，将强制实施绿色建筑范围扩大到所有民用建筑。方案中明确要求从2014年起新立项的政府投融资项目、安置房、保障性住房，通过招拍挂、协议出让等方式新获得建设用地的民用建筑全部执行绿色建筑标准；2016年起办理施工许可的存量土地的民用建筑项目全部执行绿色建筑标准。

二是将绿色建筑纳入法制范畴。2014年10月31日，厦门市十四届人大常委会第22次会议通过《厦门经济特区生态文明建设条例》，2014年11月6日，厦门市人民代表大会常务委员会公告第18号公布，2015年1月1日开始施行。条例的第四十条、第四十二条及第四十三条列入了利废节能建材、建筑碳排放权交易机制、太阳能集中供热、建设绿色建筑、一次装修到位等内容。其中第四十三条明确规定：新建政府投融资项目、安置房、保障性住房，以招拍挂、协议出让的方式新获得建设用地的民用建筑应当按照绿色建筑的标准进行建设，以一星级绿色建筑为主，鼓励建设二星级及以上等级的绿色建筑。推广建筑产业化发展模式和工业化方式建造建筑。通过立法强制执行绿色建筑标准，在国内尚属首次。

三是加大财政奖励力度。充分落实财政部、住房和城乡建设部"绿色建筑奖励要让购房者受益"的精神要求。对主动执行绿色建筑标准并取得运行标识的存量土地的民用建筑，实施财政奖励（从 2014 年 1 月 1 日起有明文要求和从 2016 年 1 月 1 日起有强制性要求的项目除外）。2011 年 11 月 11 日，市建设局、市财政局联合发布《厦门市绿色建筑财政奖励暂行管理办法》，明确了财政奖励标准。一是对开发建设绿色建筑的建设单位给予市级财政奖励。奖励标准为：一星级绿色建筑（住宅）每平方米 30 元；二星级绿色建筑（住宅）每平方米 45 元；三星级绿色建筑（住宅）每平方米 80 元；除住宅、财政投融资项目外的星级绿色建筑每平方米 20 元。二是对购买二、三星级绿色建筑商品住房的业主给予返还契税的奖励。对购买二星级绿色建筑商品住房的业主给予返还 20% 契税，购买三星级绿色建筑商品住房的业主给予返还 40% 契税的奖励，契税奖励实行先征后奖原则。

四是逐步扩大绿色建筑评价标识规模。2015 年，厦门市获得绿色建筑评价标识项目 15 个，总建筑面积 202.46 万平方米，其中三星级 1 个，二星级 5 个，一星级 9 个。厦门市至今获得绿色建筑评价标识（含设计标识和运营标识）的项目共有 31 个，总建筑面积 471.70 万平方米，其中三星级 6 个，二星级 9 个，一星级 16 个；同时有 3 个项目获得 LEED – CS 金级预认证。

五是重点推进绿色保障性住房建设。2011 年 8 月，厦门市建设与管理局出台了《关于我市保障性住房按照绿色建筑标准建设的通知》（厦建科〔2011〕21 号），要求本市新建保障性住房应按绿色建筑标准进行建设，以一星级绿色建筑为主，鼓励建设二星级绿色建筑。3 年来，厦门市的绿色保障性住房政策得到较好的贯彻实施。2012 年，洋唐居住区保障性安居工程 A09 地块（24.9 万平方米）获得二星级设计评价标识、建发厦门翔城国际限价房项目（面积 20.59 万平方米）获得了一星级设计评价标识。2014 年，洋唐居住区保障性安居工程 A11 地块（16.04 万平方米）获得二星级设计评价标识。2015 年上半年，后溪花园、滨海保障性住房项目绿色建筑（41.7 万平方米）获得一星级设计评价标识，另有洋唐居住区 B13 地块、B17 地块多个保障性住房已完成绿色建筑专项设计。

（五）交通体系不断完善

"十二五"以来，厦门市已初步建成以铁路、高速公路为主骨架，海空港为主枢纽，集多种运输方式于一体的现代化综合交通网络。"十二五"期间，社会经济的发展、城镇人口的快速增长以及城市的扩展，促使城市居民出行需求总量的快速增加和城市交通运量的快速上涨，厦门市交通运输 CO_2 排放当量总量增势明显，由 2011 年的 514.00 万吨上涨到 2014 年底的 704.17 万吨（见图 3 - 2）。其中，私家车和货运是交通运输能源活动碳排放不断增加的重要原因。

目前，公共交通为厦门市出行的主要方式，其中公交和出租车又占很大比重。越来越多的人选择常规公交、BRT 以及农村客运线等交通方式出行，而步行、自行车和电动车等慢行交通方式比重也有所上升。但相对于国内其他同规模城市的交通结构而言，厦门市

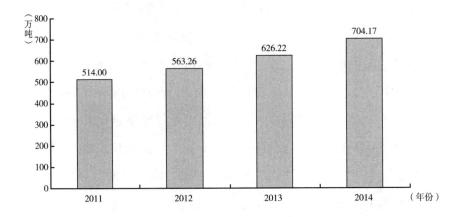

图 3 - 2　2011～2014 年厦门市交通部门 CO_2 排放当量

居民的出行方式结构相对较合理。

　　一是提高交通运输体系的信息化智能化水平。信息化智能化水平是衡量交通运输现代化发展水平的重要标志。厦门是东南沿海重要的中心城市，也是城市规模较小的经济发达城市，在绿色低碳交通城市的建设过程中，有智能公交系统升级改造项目、交通运输云计算平台、建设节能与新能源车辆监管等示范工程、物流配送智能化调度管理系统、港口物流智能化公共信息系统、智慧停车场联网管理系统及行业智能化系统应用项目等多项信息化项目，体现了科技创新对行业节能减排发展的意义。其中，厦门远海全自动化集装箱码头是我国第一个全智能、零排放、安全、环保、拥有全部自主知识产权的全自动化集装箱码头，以该码头为依托的交通运输部科技项目"自动化集装箱码头系统"荣获中国创新设计产业战略联盟"中国好设计奖"银奖。

　　二是推进以公共交通为导向的城市交通发展模式，引导市民绿色出行。BRT 运营成效良好，轨道交通一、二、三、四号线开工

建设，建成智能交通系统"停车便民交通信息服务系统"，集灌
路、马青路等"两环八射"快速路网工程建设进展顺利。厦门市
大力推广步行与自行车系统示范项目，建设环筼筜湖步行系统完善
工程、老铁路带状公园步行系统完善工程、湖里高新技术园步行与
自行车系统工程等。

三是打造绿色港口。实施厦门远海集装箱码头设备"油改电"
项目、厦门嵩屿集装箱码头 RTG "油改电"项目、厦门远海全自
动化集装箱码头改造示范项目，减少港口在货物装卸过程中的碳排
放。仅嵩屿码头实施"油改电"后，年节约能源超过 1800 吨标准
煤；同时，引入 LNG 撬装站设备满足 LNG 拖车的供气需求，正努
力实现"全电码头"的目标。2014 年 8 月，国际领先、国内首个
全自动化远海码头正式运营，节能 20%、碳减排 16%，成为我国
航运史上的里程碑。

四是积极推广节能产品应用。通过实施航空港绿色低碳物流园
区项目，国际货柜码头场地照明、设备灯 LED 节能改造项目、隧
道 LED 灯改造项目等，不断拓宽 LED 灯的应用范围。此外，新能
源汽车方面，2014～2015 年，累计推广新能源汽车 2311 辆，任务
完成率全省第一。全市清洁能源和新能源公交车占全部公交车辆比
例的 31.53%，油气双燃料出租车已占全部出租车的 99% 以上，全
市核发机动车环保标志 104 万枚（含换发），其中绿标 102 万枚，
核发率超过 90%。

（六）废弃物处置不断增强

通过完善生活垃圾分类收集和无害化处理设施建设，规范工业
固体（危险）废物环境监管等手段措施，厦门市废弃物处置能力

不断增强，逐渐实现变废为宝，循环发展。

一是完善生活垃圾分类收集和无害化处理设施建设。按照"减量化、资源化、无害化"和"建设、管理、运行一体化"的要求，在鼓浪屿、思明区瑞景社区等开展垃圾分类和"垃圾不落地"试点工作，不断扩大试点范围。深入开展"农村家园清洁行动"，建立了"村收集、镇转运、区处理"的垃圾处理模式。大力推进垃圾处理设施建设，厦门reCulture生活垃圾资源再生示范厂，厦门市生活垃圾分类处理厂，后坑、东部、西部三个垃圾发电厂等一批已建或在建项目加大生活垃圾资源化利用力度。2015年，厦门市获批第五批餐厨废弃物资源化利用和无害化处理试点城市，垃圾发电达到1.1亿千瓦时，日处理生活垃圾能力3700吨，生活垃圾无害化处理率达100%。

二是规范工业固体（危险）废物环境监管。严格执行危险废物经营许可证制度、危险废物转移联单制度、年度管理计划制度和排污申报等制度，明确企业管理的主体责任。开展废弃电器电子产品拆解审核，加强对电器电子产品生产、无害化处置利用、去向等的全过程监管。要求产生工业固体废物的企业达到"六有"（有管理台账、有排污申报、有签订回收合同、有规范的储存场所、有明显的警示标识牌、有专人管理）。2015年，全市工业固体废物综合利用率达到97%，危险（医疗）废物处置率达到100%。

（七）城市碳汇持续增加

大力推进生态控制线落地，划定981平方公里生态控制区，面积占到厦门陆域面积的57.6%。同时，细化生态控制区内容，将全市981平方公里生态控制线又细分为基本农田103平方公里、生态林地 682 平方公里、水源保护区等 75 平方公里、其他用地 121 平方公里，维护高水平城市生态安全格局。构建绿道慢行系统，编制《厦门市绿道与慢行系统总体规划》，形成山海联通、全长 848 公里的绿道网络。全面推进"四边"重点绿化项目，严守林地生态红线，推动林地占补平衡工作。大力推进海域环境整治，出台厦门近岸海域水环境污染治理方案，集杏海堤开口改造工程、高集海堤及马銮海堤开口工程基本完成，五缘湾、马銮湾等海域清淤治理工作进展顺利，下潭尾湿地公园启动完成一期建设，海洋碳汇能力进一步提升。2015 年，全市建成区绿化覆盖率 41.87%；森林覆盖率保持在 40% 以上。

（八）绿色消费模式初步形成

一是宣传引导和示范，营造低碳绿色发展氛围。出版《厦门市中小学环境教育知识读本》，中小学环境教育普及率达到 90% 以上。加快建设大屿岛白鹭自然保护区、厦门海洋馆、厦门科技馆等生态文明宣传教育示范基地。岛内、海沧等公共自行车系统示范工程正式运营，成效良好。大力推进"创绿"活动，已建成各级绿色学校 100 多所，各级绿色社区 40 多个。推进绿色旅游饭店评定，开展"绿色饭店引导绿色消费月活动"。通过厦门国际马拉松平台，开展"绿跑在行动"等公益活动，呼吁更多民众投身绿色环保。结合"全球熄灯一小时""4·22 地球日""6·5 世界环境日"以及全国节能周和全国低碳日等主题纪念日开展系列活动，大力倡导绿色生活方式和消费模式，并通过报刊、互联网、电视等各种媒体广泛宣传，使节能低碳理念进企业、进社区、进学校、进机关，形成了全社会关注、参与和支持低碳发展的浓厚氛围。

二是"厦门蓝"成为生态厦门耀眼底色。2015 年，厦门空气质量指数（AQI）优良率高达 99.1%，空气质量居全国第二位。"五大保障机制"使"厦门蓝"成了生态厦门最耀眼的城市底色。市区协作工作机制：建立全市空气质量月分析、环保部门空气质量提升周分析和月调度制度，市长召开动员部署大会，副市长每月调度，在此基础上各区也相应建立分析调度制度，市区联动、统筹协调、齐抓共管。全民参与机制：将空气质量提升工作纳入网格化社会治理体系，建立市—区—街道—城乡社区网格四级监管模式，有效联动、督促、落实，解决好"最后一公里"难题。责任追究机制：将各责任单位完成环境空气质量提升工作情况纳入年度绩效考评，修改完善生态文明建设和环境保护目标责任考核制度，将高污染燃料锅炉整治、扬尘污染防治、道路一体化保洁、餐饮油烟整治、市容考评等重点工作完成情况纳入生态文明建设和环境保护目标责任制考核。分析预警机制：充分运用科研、环境监测力量，加大空气质量状况分析及预警，实行全市空气质量周分析及周通报、月通报，对空气污染问题提出对策建议。督办约谈机制：由市府办发督办通知，由市环委办发协调督办函，初步建立了督查督办机制；由市环委办牵头对扬尘考评成绩落后的市直部门和空气质量落后的区进行约谈，对存在的空气质量问题进行分析、协调；建立问题企业约谈机制，由各区政府和市直部门约谈问题突出的企业负责人，落实企业主体责任。

三 厦门市低碳发展基础工作与能力建设

通过开展碳排放清单编制，实施低碳城市建设考核，启动企业温室气体排放报告工作，加大低碳发展资金支持力度，突出低碳试点示范建设，扎实推进基础工作，不断提高低碳发展的能力。

第一，开展碳排放清单编制。完成 2005～2010 年厦门市碳排放清单编制工作，着手开展 2011～2014 年碳排放清单编制工作，为摸清碳排放基本情况，制定相应的低碳规划和政策，落实国家减排目标任务提供科学依据和基础。

第二，实施温室气体排放报告制度。率先于福建省各市出台《厦门市单位地区生产总值二氧化碳排放降低目标责任考核评估办法（试行）》，并将各区低碳城市建设情况作为区长生态文明建设和环境保护目标责任制考核，促动各区开展低碳城市建设工作。

第三，健全低碳城市建设考核体系。组织了 6 批次厦门市重点碳排放企业参加企业温室气体排放报告专题培训，并完成全市 66 家重点企业 2011～2014 年温室气体排放报告工作。

第四，设立节能低碳专项资金。设立规模百亿元的厦门市产业引导基金，投向拟重点打造的十大千亿产业，促进经济社会向绿色低碳转型。市财政每年安排节能低碳专项资金 2500 万元。2015 年，通过市基建计划累计下达低碳资金 160 万元，支持厦门市"十三五"碳减排目标及实施路径研究、厦门市碳排放智能管理云平台试点研究、厦门市鼓浪屿省级低碳示范社区试点工作方案等课题研究工作。

第五，突出低碳试点示范建设。大力推进软件园二期等产业园区打造绿色低碳产业园区。充分发挥"十城万盏"LED 应用试点工程、"十城千辆"节能与新能源汽车示范推广试点工程、LED 照明两岸产业合作搭桥项目工程等一批典型工程的示范带动作用，推动低碳城市试点加快建设。2015 年，厦门市鼓浪屿龙头、内厝社区获评首批福建省省级低碳示范社区试点。

四　厦门市低碳发展体制机制创新

厦门市在推进低碳城市建设过程中，通过强化法制约束、实施政策驱动、加强对台合作等推进体制机制创新工作。

第一，强化法制约束，保障低碳发展动力。发挥特区立法优势先行先试，推进生态文明建设立法，《厦门经济特区生态文明建设条例》于 2014 年 11 月通过市人大正式立法并率先全省于 2015 年 1 月开始实施，成为全国第二部关于生态文明建设的地方法，为加快生态文明建设、推进绿色低碳发展提供坚实的法律保障。

第二，实施政策驱动，引领低碳发展方向。先后制定实施了《厦门市绿色建筑行动实施方案》《厦门市新能源汽车推广应用实施方案》《厦门市市级节约能源和发展循环经济专项资金管理办法》《厦门经济特区机动车排气污染防治条例》《厦门市集中供热项目管道建设工程资金补助和管理办法》《中共厦门市委厦门市人民政府关于加快推进生态文明建设的实施意见》等一批政策措施，通过发挥机制调节作用，调动企业、公众参与的积极性、主动性和创造性，引导低碳发展。

第三，加强对台低碳交流与合作，巩固对台战略支点地位。通过建立两岸低碳发展合作促进机制、政策协调与创新性融资机制等，打造了两岸低碳产业合作基地，推动了两岸低碳技术交流。通过承接台湾平板显示、现代照明等低碳产业转移，推进 LED 照明两岸产业合作搭桥项目，完成"两岸搭桥"计划 LED 路灯示范项目第一阶段工程建设，成为该计划进展速度最快的城市。围绕项目实施，双方开展了 LED 芯片、照明设计等关键性技术协同创新攻关。达到原定两岸搭桥"打造中华牌、代表两岸最高水平"的目标，同时验证了厦门 LED 照明的芯片、封装、设计等关键技术，带动了厦门 LED 产业的发展。

第四，率先实施生态问责，强化考核的导向机制。在全国率先开展生态文明建设评价考核试点，出台《厦门市各区、市直部门党政领导班子综合考核评价办法（试行）》，全面推行生态文明建设"一票否决"和表彰奖励制度，生态文明建设政绩考核权重从4% 提高到 22% 以上；生态建设投入达到 GDP 的 3.5% 以上，居于全国先进水平。目前，正在制定《生态文明建设评价考核办法》，将进一步明确生态文明建设和环保目标任期责任制、主要领导干部离任环境审计制度、生态环境损害责任终身追究制度，使之成为推进生态文明建设的重要导向和约束。

第五，鼓励市民参与，培育绿色市民。厦门市委、市政府结合深入开展党的群众路线教育实践活动，以全面开展美丽厦门共同缔造行动为载体，充分发挥市民群众在生态文明建设中的主人翁作用，从政府唱主角变为群众唱主角，从单向管理转向多元治理。越来越多的市民群众从房前屋后、身边小事做起，自觉参与到献计献策、投工投劳、认捐认养、义务监督中去，共建美好家园。广大市民群众的生态文明意识更加牢固、践行低碳生活方式更加自觉，有效夯实了生态保护基础。

第六，全面试点，全方位打造低碳城市。近年来，厦门市积极抓住国务院支持福建省深入实施生态省战略加快生态文明先行示范区建设的重要机遇，以实施"美丽厦门"战略规划为抓手，率先探索走出了一条机制活、产业优、百姓富、生态美的绿色发展之路。在绿色交通、新能源与可再生能源、绿色建筑、园区循环化改造、餐厨垃圾无害化处理等领域开展了卓有成效的试点工作。2015 年，厦门市在全国率先开展生态文明建设评价考核试点，岛外四区获得国家级生态区命名；顺利通过国家生态市考核验收，成为全国第二个通过验收的副省级城市；100% 的镇获得国家生态镇命名，100% 的行政村获得省级生态村命名。

五 厦门市低碳发展的重要经验

历经 7 年的低碳城市建设，"厦门低碳发展模式"初具雏形：一是确立"多规合一"战略规划，以低碳理念为指导，统筹城市建设，推动应对气候变化政策、绿色低碳发展政策纳入城市经济社会发展的整体战略之中，实现低碳发展与城市各项工作之间的有机融合；二是打造集低碳、智慧、创新为一体的综合型城市，三者互为支撑，依靠智慧技术升级城市产业结构、优化城市布局形态、改进城市管理体制，以科技创新、制度创新、文化创新等将低碳理念落实到城市建设中；三是以维护生态体系完整性为着眼点，建立生态文明城市，以服务业、高新技术产业为支撑，保证经济与环境协调发展；四是全面建设绿色低碳消费城市，以低碳产品和服务倒逼能源结构和产业结构升级，大力推动低碳建筑和低碳交通的发展；五是形成全民参与的低碳治理体系，积极发挥政府、企业、社会团体、公民个人的力量，通过义工活动、社区推广等普及低碳理念宣传，凝聚低碳发展共识。

（一）多规合一，一张蓝图干到底

厦门市各级领导高度重视绿色低碳发展，市长亲任全市应对气候变化及节能减排工作领导小组组长，形成领导亲抓落实、部门强力执行、社会广泛参与的齐抓共管格局，有力地推动了低碳试点工作各项目标任务的圆满完成。在低碳试点工作推进过程中，厦门市重视加强顶层设计，通过编制《美丽厦门战略规划》、实施"多规合一"等强化低碳发展统筹作用。在制定实施《美丽厦门战略规划》的基础上，厦门在全国率先实践经济社会发展规划、城市建设规划、土地利用总体规划等"多规合一"，并且通过生态文明条例等法治保障一张蓝图干到底。同时，利用信息化手段，构建了全市统一的空间信息管理协同平台，实现建设项目、规划、国土资源管理信息，以及环保、海洋、林业、水利、交通、农业等部门规划信息资源共享，实现各部门业务的协同办理，推动行政审批流程再造和简政放权，有效保障经济、社会、环境协调发展。通过划定生态控制红线，厦门形成了山区的绿色生态屏障和近海的蓝色海洋生态屏障，为推进生态文明建设奠定了扎实基础。

（二）社会参与，美丽厦门共同缔造

建设"美丽厦门"，要靠全市人民共同缔造，充分发挥群众的积极性、主动性、创造性，让人民群众更多更公平地共享发展成果。共同缔造，核心是共同，基础在社区，群众为主体。在建设中，厦门坚持以群众参与为核心，以培育精神为根本，以奖励优秀为动力，以项目活动为载体，以分类统筹为手段，从群众身边的小事做起，从与老百姓生产生活息息相关的项目做起，从房前屋后的实事做起，发动群众共办好事实事、共推改革发展，做到决策共谋、发展共建、建设共管、效果共评、成果共享，切实把群众和政府的关系从"你和我"变为"我们"，变"要我做"为"我要做""一起做"，变"靠政府"为"靠大家"，实现让发展惠及群众、让生态促进经济、让服务覆盖城乡、让参与铸就和谐、让城市更加美丽。

（三）智慧城市，打造低碳软实力

厦门市深入推进国家信息消费示范城市、信息惠民国家试点城市，获批国家数字家庭应用示范产业基地，入选宽带中国示范城市。三网融合试点工作取得成效，固定宽带接入超过 150 万户。智慧社区提供社会救助、家庭安防、劳动就业等公共服务，智慧交通带来更为便捷的创新服务，智慧教育实现宽带网络校校通，智慧医疗建成全市门诊预约统一平台和健康医疗云平台，智慧社保走在全国前列。全力支持软件信息产业做强做大。

（四）系统推进，健全低碳体制机制

推进低碳发展是一项系统工程，厦门市不断完善法律体系，让应对气候变化和绿色低碳发展工作在法治的轨道上运行，以生态文明建设条例引领、规范、促进和保障工作的顺利开展。构建低碳发展治理模式，充分发挥政府、市场、社会等多元主体在低碳发展中的协同协作、互动互补、相辅相成作用，充分发挥各级政府在低碳发展方面的主导作用和表率作用，着力增强企业在低碳发展中的主体作用，推动企业积极参与到低碳城市建设中。

（五）突出重点，培育低碳发展核心竞争力

根据国际经验，成熟的发达经济体，产业、建筑和交通的碳排放大约各占1/3。厦门市在"十二五"期间就已提出打造"5＋3＋10"现代产业支撑体系，推动产业转型升级，提升低碳发展的核心竞争力。此外，厦门市以绿色建筑和绿色交通为重点领域，大力推广绿色建筑、可再生能源建筑，发展新能源汽车、城市慢行系统建设等，不断丰富低碳建设内容。

（六）试点示范，凝聚低碳发展共识

以项目示范带动为支撑，实施完成"十城万盏""十城千辆"等重点低碳示范项目，不断推动绿色低碳发展。应对气候变化和绿色低碳发展工作需要全社会的投入和参与，需要营造良好的社会氛围。近年来，厦门市将办好中国（厦门）国际建筑节能博览会作为推动低碳试点工作的重要抓手，通过每年举办一届中国厦门人居环境展示会暨中国（厦门）国际建筑节能博览会，广泛吸引国内外政府机构、国际组织和跨国企业参与，宣传试点示范经验，营造低碳发展氛围，凝聚了低碳发展的共识，逐步成为展示我国应对气候变化行动、厦门市绿色低碳发展窗口和汇聚低碳国际资源的重要平台。

六　厦门市低碳发展面临的机遇与挑战

（一）厦门市低碳发展的机遇

1. 绿色发展成为世界潮流

在应对气候变化、生态失衡、环境污染、资源短缺等全球性问题的背景下，绿色转型、低碳发展已经成为全球可持续发展的新趋势。这必将对厦门市实现经济低碳转型产生深刻影响，也为厦门市借鉴发达国家的先进经验和以更高标准推进生态文明建设提供有利的基础条件。

2. 生态文明纳入总体布局

党的十八大把生态文明建设纳入中国特色社会主义事业"五位一体"总体布局；党的十九大强调加快生态文明体制改革，建设美丽中国。生态文明建设成为党的执政理念和国家建设方略的重要组成部分，其战略性地位和基础性作用日益凸显。随着生态文明建设的贯彻落实，全社会对生态文明的认识将更加统一，行动将更加自觉，生态文明相关制度将更加健全，必将为厦门市生态文明建设营造良好的社会氛围。

福建省第十一届人民代表大会常务委员会第十五次会议于2010年5月27日通过《福建省人民代表大会常务委员会关于促进生态文明建设的决定》。国务院也于2014年提出了《关于支持福建省深入实施生态省战略加快生态文明先行示范区建设的若干意见》，提出加大中央财政对福建省生态文明建设的支持力度，加大生态建设和环境保护力度。这些都为厦门市的生态文明建设提出了指导性和建设性的意见。

3. 深化改革释放新红利

厦门承担了经济特区、台商投资区、保税（港）区、两岸交流合作综合配套改革试验区、自贸试验区等一系列改革试点任务，是全国改革开放最早、承担改革试点最多、成果最为丰富的城市之一。通过全面改革创新，构建起具有地方特色的系统完备、科学规范、运行有效的制度体系，为实现加快发展、实现"两个百年"

目标，奠定了良好的制度基础。厦门设立特区以来积蓄了对外开放的多重优势，累计引进外资项目和利用外资、对外进出口贸易均在全国、全省占有一席之地。通过对标国际先进水平，引入国际通用的评价体系和管理标准，具备较好的营商环境，城市国际化水平不断提高，形成对外开放的独特优势，有利于推动产业转型升级和提升城市竞争力。

如今，中央支持福建、厦门进一步加快经济社会发展的政策措施，批准设立自贸试验区厦门片区，推进厦门深化两岸交流合作综合配套改革试验、确立厦门对台战略支点地位。2010 年厦门被纳入第一批国家试点城市；2016 年 2 月，国务院批复《厦门市城市总体规划》，要求厦门"要不断增强城市辐射带动能力，逐步把厦门市建设成为经济繁荣、和谐宜居、生态良好、富有活力、特色鲜明的现代化城市，在促进两岸共同发展、建设 21 世纪海上丝绸之路中发挥门户作用"，在当前加快开放、生态文明建设的背景下，为厦门推动低碳转型、加快发展迎来了新的历史机遇。

4. 对台交流展现新活力

厦门经济特区因台而设，促进两岸融合发展是厦门的历史使命。特区设立以来，立足于打造对台交流合作"五最"（两岸经贸合作最紧密区域、两岸文化交流最活跃平台、两岸直接往来最便捷通道、两岸同胞融合最温馨家园、两岸民间交往最亲密基地），形成了载体平台丰富、经贸合作紧密、人员往来频繁、交流交往密切、合作成果颇丰的新局面。当前，两岸关系格局发生了深刻变化，厦门更应以生态文明建设和低碳转型为契机，发挥好对台交流合作优势，抓住历史机遇，完成中央赋予厦门的历史使命。

5. 城市转型发展模式为提升厦门区域城市中心地位带来机遇

国家低碳城市试点工作推动下，要求加快低碳城市建设，提高生态综合承载力；厦门"十三五"规划提出优化本岛空间结构的同时持续推进跨岛发展，带动厦门整体功能的提升；经济新常态下，加快新型产业布局，加快现代服务业发展，完善交通设施网络，不断推进厦漳泉同城化进展，打造大湾区都市区；突破创新两岸深度融合发展，促进两岸在经济、文化、旅游等方面的合作；"一带一路"建设的推进，以厦门为枢纽城市推动国际合作交流、促进要素流动。这些城市转型发展模式为厦门打造闽南地区中心城市、建设两岸交流窗口城市、提升国际影响力带来难得的机遇。

（二）厦门市低碳发展的挑战

厦门市低碳城市建设虽然取得了一定的成绩，但在经济增速放缓、环境约束加大，百姓期望增加的大背景下，依然面临不小的挑战。全面建设低碳城市是一项复杂的系统工程，需要全社会的共同参与，具有工作量大、任务重、要求高的特点。在建设过程中还面临认识上、技术上、资金投入上等各方面的问题和困难。

1. 产业结构和能源结构优化潜力有限，碳排放达峰任务较为艰巨

首先，随着厦门市产业结构的不断优化，高耗能产业比重逐年递减，高新技术企业产值比重大，单位工业增加值能耗处于先进水平，通过进一步的调整优化产业结构来降低碳排放的难度加大。此外，低碳发展与产业转型之间的良性互动关系尚未形成。厦门市在绿色金融、碳交易等市场化碳减排机制培育方面，工作基础还十分薄弱，政府层面原有发展理念、工作方式亟待转变，企业碳减排、碳资产管理意识仍需引导。

其次，随着能源结构不断优化，煤炭占全社会能源消费比重已不足30%，处于国内先进水平，然而在电力生产上，厦门市仍以煤电为主，尽管有热电联产项目来提高能源的利用效率，但是电厂的煤炭消费仍是占据厦门市一次能源消费的较大比例，由此带来了大量的大气污染物和温室气体排放。而受区域能源禀赋和土地资源限制，厦门市不具备大力发展核电、风电、潮汐能、地热能等清洁能源条件，通过进一步调整优化能源结构降低碳排放的难度加大。受制于生态红线与环境保护约束，风力发电仍然开工困难；受制于地域面积和地热田分布，厦门市分布的地热田按勘查分类均属中低温地热田Ⅱ－2型，规模一般较小，不具备发电价值；受制于潮汐发电对航运可能产生不利影响，以及大型设备、水管、电缆及平台制作技术、铺设、维修不易等因素，潮汐发电的经济性差，短时期内无法利用。

最后，峰值目标实现仍有较大不确定性。重大产业项目布局对碳排放达峰影响最为直接，未来合计新增能耗约1400万吨标准煤，要确保2021年达峰，必须有序安排好重大产业项目布局。低碳旅游和低碳交通领域面临巨大挑战。厦门作为港口城市，客货运输增长速度快，交通运输业消耗了大量能源，随着厦门市旅游产业的进一步发展，旅游带来的短期流动人口的大量增加，必然导致交通、住宿、餐饮等行业的污染物和二氧化碳排放量随之增加。此外，游客及公众践行低碳旅游的理念仍未普及，浪费式消费现象普遍，需要通过完善旅游管理制度来加以引导。

2. 低碳政策、法规、规划体系亟待完善，能力建设需进一步加强

首先，厦门市的低碳法规和政策配套滞后于北京、上海、深圳等城市。峰值目标还未上升到立法层面，常规的行政强制和政策性资金补助等手段的作用空间越来越狭窄，专项规划尚未覆盖到县（市）区、园区层面。工作统筹协调和支撑机制有待进一步加强。

其次，统一有效的政府管理平台尚未建立。专业平台覆盖面不够，与不断提高的市场增值服务需求、政府统一管理需求不相适应。政府层面特别是基层政府专职干部配备明显不足，低碳智库建设有待加强。低碳基础存在薄弱环节，特别是低碳队伍建设滞后，不利于低碳工作深入开展。

最后，温室气体排放数据统计体系尚不健全。现有的能源统计体系与温室气体清单编制的需求差距较大，由此造成区域温室气体清单编制存在较大的不确定性，进而影响到政府对应对气候变化的决策。因此，需要按照国家层面的统一部署、建立完善温室气体排放数据统计体系，并将温室气体排放相关数据统计纳入各级政府日常统计工作中。

3. 岛内岛外发展层次不一，给低碳发展进程增加了难度

第一，岛内岛外经济发展水平差距较大。全市人口分布极不均衡，厦门岛思明、湖里两区占全市面积的 8.3%，而集中了全市51.6% 的人口，人口密度高对岛内环境承载力造成了威胁。工业化阶段不一，经济发展差距较大，岛内以第三产业为主，2016 年，思明区地区生产总值为 1161.38 亿元，湖里区为 820.61 亿元，合计占全市生产总值的 52.4%；而岛外以第二产业为主，工业总产值已占全市的六成以上，其中海沧区地区生产总值为 543.66 亿元，集美区 551.04 亿元，同安区 313.72 亿元，翔安区 393.85 亿元，需要根据各区发展条件和减排潜力设计不同的减排路线。

第二，岛内岛外公共资源分布不均，推行低碳工作的基础参差

不齐。行政、教育、医疗、文化、体育等高等级的服务功能和市场投资项目大多集中在厦门岛。岛外虽然工业、交通发展迅速，但公共服务未能及时跟进，城市核心服务功能培育滞后，目前还没有形成与厦门岛抗衡的新中心区。早在2014年，厦门市机动车突破百万辆，岛外车辆占比就已超过岛内，交通拥堵由"点""线"向"面"扩散，跨岛交通和厦门岛交通不堪重负。岛外教育、医疗、商业、娱乐、环境、公共交通发展落后于厦门岛，对建设惠及广大人民群众的生态文明社会形成挑战。

第二篇
厦门市低碳城市创新发展的重点领域

第四章 厦门市低碳产业创新发展

　　低碳产业是低碳经济的支柱，决定了低碳城市的发展模式和发展方向，是应对气候变化、缓解资源能源约束、培育经济发展新动力的必然选择。国内供给侧结构性改革将产业结构调整作为核心任务，随之出现的《中国制造2025》、"互联网＋"等一系列新政策、新业态，与低碳发展理念相契合，呼吁在产业规制中融合低碳理念，制定严格的产业能耗标准，迫使企业向低碳方向发展，促进传统产业向高端化转型升级。

　　厦门地处东南沿海，与台湾为邻，背靠闽浙赣内陆腹地，坐拥国内十大港口之一的厦门港和重要的航空枢纽厦门空港，是"一带一路"的战略支点城市。特殊的区位优势决定了厦门在促进人流、物流、信息流和资金流等要素流动中发挥着重要作用。自2009年起，厦门市政府提出培养平板显示、计算机与通信设备、机械装备、生物医药、新材料、旅游会展、航运物流、软件和信息服务、金融、文化创意十大千亿产业链，奠定了现代产业体系的基础。然而与深圳等发达城市相比，厦门产业的辐射带动能力仍然较弱，未能充分整合资源优势建立起低碳发展与产业转型的良性互动机制，不利于达峰目标的实现，急需在低碳产业创新发展上寻求突破。

一 低碳产业的理论基础及经验借鉴

"低碳产业"是针对"高碳产业"的划分，具有"低能耗、低排放、低污染"的特征，是伴随着低碳技术的创新、能源消耗方式的革新、消费需求的转变而不断再生的持续动态过程。[①] 学界主要将低碳产业划分为依托于低碳技术开发和应用的低碳拉动型产业，以及为低碳产业提供服务的低碳支撑型产业。[②] 低碳拉动型产业包括两类：一是本身为低能耗的产业，如高新技术产业、服务业等知识密集型或技术密集型产业；二是低碳技术创新带动下的新兴产业，如以清洁能源开发为核心的新能源产业、以节能减排为核心的环保产业等。低碳支撑型产业即由低碳拉动型产业所衍生的服务业，以及光伏设备制造、多晶硅制造业等自身为高耗能，但为新能源开发所依赖的产业。

低碳产业转型着眼于宏观层面的产业结构调整和产业布局优化，以及微观层面的产业自组织成长，[③] 实质是追求能源消耗的降低和全要素生产率的提高。低碳产业创新系统是区域低碳产业转型发展的载体，其功能在于为低碳产业提供技术创新、资金支持和制度保障，将要素重新组合引入生产体系，打破产业结构的高碳锁

---

① 卢晓彤：《中国低碳产业发展路径研究》，华中科技大学博士学位论文，2011。
② 郑瑶兵、王翠：《城市低碳发展的产业策略及政策措施》，《2010 中国可持续发展论坛 2010 年专刊》2010 年第 6 卷。
③ 周柯、曹东坡：《低碳经济下的产业创新及其形成机制研究》，《中州学刊》2013 年第 7 期。

定。一个完整的低碳产业创新系统由低碳创新主体、创新资源、创新环境等要素构成，[①] 核心环节在于运用系统性思维构建低碳产业链，以低碳技术和低碳产品为纽带，依托节点企业一方面进行纵向延伸，通过产业向上下游延展实现研发设计、原料供应、生产加工、包装运输、销售服务等全过程低碳控制，另一方面进行横向拓展，基于技术、信息、市场或地理等关联因素促进产业融合，创造新的产业链条。

深圳与厦门同为改革开放初期设立的经济特区，在创新创业上大胆尝试，优先一步围绕战略性新兴产业构建起低碳产业体系，成为我国低碳转型的"排头兵"。2010 年深圳提出"一条主线、四个导向"的发展思路，[②] 明确将低碳化作为推动产业发展和加快转变经济发展方式的主要方向。在产业结构调整上，深圳立足于技术创新和人力资源优势，将生物、新能源和互联网确立为优势产业，制定产业结构调整优化和产业导向目录，淘汰落后产能，严禁高耗能、高排放产业进入，实现了产业的全面升级。[③] 在产业布局上，深圳通过完善的交通网络串联起多个低碳产业园区，建立起东部低碳产业走廊，成为低碳产业链上下游联动的功能平台、"产城合一"的空间载体。在技术研发上，深圳集合深圳华大基因研究院、深圳特区建设发展集团、万科企业股份有限公司和深圳建筑科学研究院等力量组成低碳产业联盟，在循环经济、新农业发展、低碳城市建设等多个领域展开研究，促进了技术、资金和产业项目的有效

[①] 梁中：《低碳产业创新系统的构建及运行机制分析》，《经济问题探索》2010 年第 7 期。

[②] 吴重农：《为深圳经济的绿色、低碳转型提供标准化支撑——技术性贸易措施研究助力构建低碳化产业体系的两个着力点》，经济发展方式转变与自主创新——第十二届中国科学技术协会年会（第一卷），2010 年 11 月 1 日。

[③] 刘斯斯：《深圳：发力新兴产业促低碳试点》，《中国投资》2011 年第 4 期。

对接。经济新常态孕育着发展方式转型的新机遇，厦门要想抢占未来经济发展的优势地位，同样应树立创新思维，结合区位资源优势，以低碳为抓手升级产业链，真正成为引领内陆、辐射东南亚的经济发展引擎。

二 厦门市低碳产业发展状况评估

（一）厦门低碳产业的发展基础

产业结构持续优化，第三产业总量增加、工业质量提升，为建立现代化的产业体系奠定了良好基础。2015 年厦门第三产业比重高达 55.8%，持续位列全省首位。其中，高新技术产业产值占工业总产值比重达 65.9%，成为全市工业经济增长的主要源泉。制造业质量竞争力指数达 88.99，创历史新高，信息化与工业化融合指数高达 90.49，居于全国先进行列。[1] 立足于区域优势的现代化产业链，将成为低碳产业转型的主要方向。2014 年市委十一届八次全会上提出打造"5 + 3 + 10"现代产业体系，大力培育平板显示、计算机与通信设备、旅游会展、航运物流、软件和信息服务等十大千亿产业链，2015 年平板显示产业链总产值为 1153.02 亿元，成为全市首条突破千亿元的制造业产业链，[2] 彰显了低碳产业转型发展的强劲势头。

能源利用效率提高，经济对一次能源消耗的依赖程度逐渐减

---

[1] 厦门市统计局：《厦门经济转型升级稳中有进——2015 年厦门 GDP 运行情况分析》，2016 年 2 月 17 日。

[2] 2016 年《厦门经济特区年鉴》。

轻，碳排放得到初步控制。厦门万元 GDP 能耗从 2010 年的 0.523 吨标准煤下降到 2015 年的 0.437 吨标准煤，在全国大中城市中处于较低水平。经济领域的碳排放减少，万元 GDP 二氧化碳排放量从 0.937 吨下降到 0.776 吨，累计下降率超过 17%，超额完成"十二五"排放目标。①

工业重心向岛外转移，依托新城建设，布局产业园区，岛外工业化水平逐渐提升。火炬（翔安）产业区、同安工业集中区、集美机械工业区、海沧新阳工业区等一批产业示范园区建设持续推进，逐渐承接岛内工业的转移，目前岛外工业总产值已占全市的六成以上。② 岛内岛外产业分工明确，厦门岛主导功能为高端服务、金融商务、文化创意、旅游会展；海沧区主导功能为临港产业、航运物流、生物医药；集美区主导功能为教育科研、机械制造、软件信息；同安区主导功能为生态旅游、文化休闲、轻工食品；翔安区主导功能为临空产业、高端服务、光电子信息等，有力地促进了产业格局的优化和产业层次的提升。

产业转型资金投入稳步增加，企业自主科技创新能力不断提升。2015 年厦门创新投入和创新成果的进步指数分别为 102.93 和 110.99，均高于全省平均水平。开展研发活动的企业数量快速增长，占到全部企业的 29.2%；企业研发投入增幅较缓，全年实现 R&D 内部经费支出 88.0 亿元，增幅较上年回落 5.2 个百分点，规模以上制造业研发经费内部支出占主营业务收入比重为 1.97%，

① 《厦门市低碳城市试点创建自评估报告》。
② 2016 年《厦门经济特区年鉴》。

居全省第一位。[①] 此外，市政府设立规模百亿元的厦门市产业引导基金，投向拟重点打造的十大千亿产业，促进经济社会向绿色低碳转型，市财政每年安排节能低碳专项资金 2500 万元，为低碳产业转型提供了资金支撑。

(二) 厦门低碳产业发展的主要挑战

新能源利用率低，能源约束趋紧阻碍了工业化进程。厦门当前处于工业化中期，能源消费结构依然以煤炭和石油为主，短期内低碳技术未能突破，能源需求依然增长。[②] 而厦门能源对外依赖强，一次能源自给率不足 1%，非化石能源开发不足，受制于本土面积狭小、资源禀赋有限，核能、风能等新能源产业发展困难，能源供应问题突出，亟待开辟太阳能、生物质能等清洁能源发展路径。

服务业结构欠佳，新兴产业辐射带动能力较弱。服务业发展迅速但总量小，增长较慢，在 15 个副省级城市中排名末位，增速为 6.2%，只有处于第一位的宁波的一半；服务业增加值占 GDP 排名第七，与排名第一的广州相差 11 个百分点；2015 年在规模以上服务业企业 3800 家中，规模超百亿元的企业只有 7 家。就服务业内部结构而言，餐饮、住宿、仓储等生活性服务业比重较大，而金融、信息等生产性服务业体量小，也阻碍了工业前进的步伐。此外，生物医药、新材料、信息技术等新兴产业发展规模较小，龙头

---

① 厦门市统计局：《2015 年厦门生态文明建设评价报告》，http://www.statsxm.gov.cn/tjzl/tjfx/201701/t20170106_29155.htm。

② 郑少春：《发展低碳经济与福建省产业结构优化》，《中共福建省委党校学报》2012 年第 6 期。

企业偏少，难以发挥拉动产业升级的作用。

区域产业发展水平参差不齐，岛内岛外工业化进程差异显著，岛外新城经济增速不一。岛内产业基本实现现代化水平，2015 年，思明区第三产业比重高达 85.9%，岛外仍以第二产业为主导。产业定位的不同，导致岛外新城发展速度不同，翔安区和海沧区偏向高新技术产业的发展，以光电、生物医药和临港产业等高端产业为主导，经济增长速度最快，同安区以传统的建材、食品等为主导产业，经济增长速度最慢，集美区生产总值增长率高达 8%，同安区只有 5%，其余地区均在 7% 以上。翔安、同安规模以上工业产值大幅增加，海沧区却同比下降了 0.9%，区域产业规模差距明显。

研发投入覆盖面小且不均衡，全市有科研机构的企业集中在大型企业，不同行业的研发经费投入强度差异较大。2015 年设立科研机构的规模以上企业占全部规上企业的 55.2%，设立科研机构的中型企业占比 26.8%，设立科研机构的小型企业占比 10.6%，设立科研机构的企业比例总体偏小。研发投入严重依赖于企业自有资金，政府资金的引导作用较弱，2015 年来自政府的资金仅有 2.27 亿元，占企业 R&D 经费来源的 2.6%，限制了企业的竞争能力。2015 年全市规模以上工业研发经费投入强度超过 3% 的行业集中在医药、仪器仪表、化学纤维、专用设备和通用设备等制造业，以及废弃资源综合利用业，而木材加工等传统行业的研发投入不足，阻碍了传统产业的改造升级。

三 国外低碳产业发展的经验与启示

产业的结构和布局是构建产业体系的核心环节。旧金山的废弃物管理产业链与伦敦的绿色企业区和绿色基金为此提供了良好的借鉴，两所城市均结合城市自身的禀赋优势，有效运用科技、制度、资金的力量，将低碳发展理念融入城市产业发展和管理中。

（一）旧金山的废弃物管理产业链

生产生活废弃物是城市碳排放一大主要来源，城市垃圾回收处理方式、资源循环利用技术、垃圾处理厂的布局等，都对废弃物管理产业造成了困难。旧金山却从废弃物管理方面找到了商机，综合工业包装、废物处置基础设施、废物循环利用技术等环节建立起废弃物管理产业链，从 2007 年开始，推出"零废弃物管理计划"，旨在到 2010 年底实现 75% 的城市垃圾回收再利用，并提出到 2020 年实现零废弃物填埋的目标。[①]

旧金山废弃物管理产业的建立首先得益于制定完备的废弃资源再利用条例，为废弃物的回收利用提供了明晰的标准。一是制定了《资源保护条例》，为工业包装、货物或废物引入相关标准和限制，同时要求所有政府部门回收废弃物和购买可再生产品。二是发布了《餐饮垃圾管理条例》，明确强调"禁塑令"，禁止送餐行业使用聚苯乙烯泡沫餐盒，禁止在大型超市和零售药店使用塑料袋。三是提出强制性的废弃物回收和处理条例，促进居民推行生活垃圾分类回收再利用；强制性手段之余，旧金山还通过推广"自备购物袋"活动，鼓励人们在购买食品和商品时使用自带的购物袋，减少污染

---

① San Francisco Department of the Environment & San Franciscon Public Utilites Commission, "Climate Action Plan for San Francisco: Local Actions to Reduce Greenhouse Gas Emissions", https://pdfs.semanticscholar.org/0d70/a5738dcb9d1ade028749d206cd21f6d5f570.pdf, September 2004.

排放，增强居民循环节约意识。

旧金山的废油回收计划旨在回收全市范围内的餐馆废弃油脂，转变为混合生物柴油，形成了新兴生物制油产业。制成的柴油将作为汽车燃料提供给旧金山 1500 辆城市公交车和卡车车队，250 家餐馆参与该计划并建立了长期合作关系。项目头三个月已经收集 3 万加仑的废弃油脂用于制造混合生物柴油，相当于减少了 6 万磅的二氧化碳的排放，实现了废物回收循环利用、新兴产业发展和降低碳排放等多重目标。①

（二）伦敦绿色企业区和绿色基金

2009 年，伦敦开发署提出在城市东部布局绿色企业区（Green Enterprise District），通过建设绿色技术集群，示范新的低碳技术和方案，并借助高效的运输系统，推动绿色增长、城市再生和创造就业，使生态保护、经济发展与现代社会融为一体。园区内包括大学、可持续技术研究所、绿色技术展示中心以及游览中心等，专门从事清洁技术和绿色工业研究，并注重将具有生物多样性的绿色空间与工业景观相融合。同时科研机构为当地居民提供培训，使他们能服务于绿色产业。②

伦敦地区绿色企业区项目的建立依赖于伦敦绿色基金的支持。2007 年伦敦政府决定用市政府及 4 个职能机构（开发局、警察局、消防局和交通局）的节能项目中节约下的资金成立绿色基金，用

①　The United States Conference of Mayors, "Taking Local Action Mayors and Climate Protection Best Practices", https://pdfs.semanticscholar.org/0d70/a5738dcb9d1ade028749d206cd21f6d5f570.pdf, June 2009.

②　London Development Agency, "Green Enterprise District – A concept for east London", http://lda.odgers.com/docs/090511_GED_Booklet.indd, February 2009.

于推动未来的节能项目。[①]"绿色基金"采用周转信贷的方式运营，即投资产生的节能盈余回到资金池用于其他项目的投资。先期资金由市政府投入的 400 万英镑的种子资金，以及欧盟委员会和欧洲投资银行设立的"欧洲共同资助的城市领域可持续投资"贷款所提供，以吸引私营部门的资金，资金流稳定后可用商业基金的模式运营，通过贷款、股票、担保等形式取得收益。除绿色企业区外，还对低碳社区项目、废物处理基础设施改善项目、资源利用效率项目，以及一系列针对建筑的能效改造项目提供了资助。

（三）对厦门的经验启示

第一，立足于产业发展基础和区域资源禀赋，寻找产业间的共生性，找到低碳经济的关键性领域，延伸产业链。低碳经济涉及广泛的领域，均衡式同步推进各类产业的低碳化转型缺乏可行性和必要性，需要找到区域的优势产业，以此作为经济转型发展的突破口。厦门的优势体现在优越的区位和较雄厚的技术基础上，可考虑从物流业、高新技术产业入手，推动工业、信息产业、物流产业的融合。与旧金山的生物制油相类似，厦门作为一个人口密集的海湾城市，可通过城市生活垃圾分类处理、垃圾焚烧发电，开辟新兴环保产业，缓解资源能源供应压力，塑造城市清洁风貌。

第二，健全配套制度，为低碳产业发展提供全面支撑。旧金山生物制油的推进离不开强制性条例的约束；伦敦的绿色企业园区需要完备的园区规划，将居民、企业与研发机构结成一体化关系，保

---

① Greater London Authority, "Action Today to Protect Tomorrow: the Mayors Climate Change Action Plan", http://www.doc88.com/p2837307346684.html, Februray 2007.

证技术的产业化应用，同时，绿色基金的设立有利于将资金投向回收周期长、风险高的绿色经济项目。因此，建立包含顶层设计、资本市场、技术研发等完整的产业配套制度，才能保证低碳生产得到必要的低碳技术、高素质人力和专项资金的投入。

四　厦门市低碳产业创新发展的战略设计

（一）发展思路

建立低碳产业体系需要运用系统性思维打造低碳产业链，依托节点企业进行纵向延伸、横向拓展，实现生产、加工、运输、销售和服务等经济活动全过程的低碳控制。

针对厦门低碳产业发展在能源供应、产业结构、技术投入、产业布局等方面的主要挑战，推动产业低碳创新，需要树立系统性思维（见图 4-1），重点从产业结构、产业布局"两大环节"，和低碳产业创新系统"一个载体"取得突破，打破产业发展的"高碳锁定效应"，开辟低碳经济发展路径。

在产业结构上，利用"面向东南亚、依托厦漳泉经济区、港口水深浪小终年不冻"等口岸优势，依据岸上物流作业、临港工业、物流服务上下游企业的关联性，打造低碳物流产业链，以低碳物流沟通起生产、销售和服务，促进三次产业的有机融合；利用"通信、钨材料、软件、半导体照明、电力电器、生物与新医药等特色产业基地"集聚创新要素而带来的信息优势，依据"光能、热能、电能相互转化，电子商务向工农业领域渗透，设备、软件和服务一体化"等技术的关联性，打造电子信息产业链，引

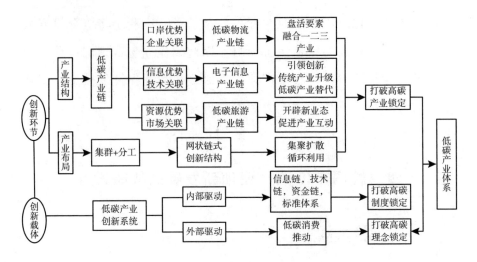

图 4 - 1　厦门产业低碳创新发展思路

导传统产业的低碳化改造，推动新兴产业对高碳产业的替代；利用山海交融、气候宜人和多元人文等资源优势，依据旅游与会展、农业和工业间市场的关联性，打造低碳旅游产业链，充分发掘旅游会展、休闲农业等新业态，通过资源共享、优势互补实现产业融合。

在产业布局上，分工与集群相结合，既要把握资源禀赋特征，明确各区域、各园区的功能定位，又要加强已有产业园区的低碳化改造，依靠立体交通体系连通起不同的园区，促进产业链的交融、延伸和拓展，围绕龙头企业组建网状链式的创新结构，形成循环经济系统。

低碳产业创新系统是实现低碳产业创新的载体，蕴含着低碳创新内部和外部双重动力机制，为产业转型升级提供全面支撑。内在驱动力源于以信息链、技术链、资金链凝结成低碳产业创新链，同时建立低碳产品标准体系、低碳行业标准体系、环境影响监测体系构成低碳产业约束机制，促进体制机制创新，打破"高碳制度锁定"。外在驱动力源于培养低碳消费观，倡导低碳生活方式，以低碳消费模式推动低碳产业的调整和重塑，打破"高碳理念锁定"。

（二）战略定位

立足于厦门港，打造覆盖岸上物流产业、临港工业和港口支撑服务业的临港产业链，建立"交易＋物流＋金融＋信息"四位一体的综合物流服务体系，将厦门建设为集运输、加工和服务功能于一体的国际物流集散中心。加快技术创新，以电子信息产业链为核心，依靠低碳产业园区、高新技术产业基地形成创新创业区，吸引要素流入，重点发展平板显示、集成电路、计算机与通信设备装备和光伏产业等低能耗低排放的高新技术产业，使厦门成为孕育信息技术、节能技术和循环利用技术的低碳技术孵化区。发扬厦门"花园城市""园林城市""滨海城市""卫生城市"等美誉，布局低碳旅游产业链，促进旅游业与农业、工业和服务业的互动融合，着力提升岛内会展、金融和商贸等生产性服务业，培育精品旅游项目，将厦门打造为享誉全球的旅游会展城市。

（三）发展原则

智慧带动、创新引领。实施智慧带动战略，促进工业化和信息化的深度融合，积极推进物联网、云计算、大数据等信息技术的开发和应用，搭建信息资源共享服务平台，促进传统产业向智能化、低碳化的改造升级。以企业为创新主体，协同高校和科研机构，在先进装备制造、新能源、新材料、节能环保等新兴产业领域取得关键技术研发突破，提高低能耗新兴产业的竞争优势。

重点突破、全面推进。优化整合平板显示、计算机与通信设备、机械装备、生物医药、新材料、旅游会展、航运物流、软件信息、金融服务、文化创意等十余条千亿产业链，优先布局港口物流、电子信息、低碳旅游三大支柱性产业链，同时发挥关联效应、集聚效应和扩散效应，促进产业间的互动融合，从发展业态、发展动力和发展方式上触动传统的高碳产业根基，壮大既有优势产业，形成"厦门低碳产业发展特色模式"。

集群发展、区域协同。按照以园区为载体，集群式发展的思路，整合提升现有园区，着力建设低碳产业示范园区，发挥集聚效应和示范效应，实现资源共享、节约利用，促进知识扩散、技术创新，优化上下游企业配置，打造绿色产业链。立足于岛内岛外功能定位，壮大传统优势产业，发掘新经济增长点，形成多层次的低碳产品低碳服务供应体系，岛内区域定位于建设高端化服务业基地，岛外新城区重点以先进制造业高地和都市农业功能区为目标，逐步发挥产业集群对周边城市的辐射带动功能。

五　产业结构升级：低碳产业链
引领厦门市经济转型

基于已有产业生态，利用自贸试验区、保税区等政策优惠条件，在技术引导、资源支撑和市场驱动下，以港口物流产业、信息产业、旅游业为抓手，构建低碳产业链，推动经济向低排放、低能耗、低污染、高效率的发展模式迈进。通过农业的现代化改造、装备制造业向研发设计等高端环节提升、商贸旅游等生产性服务业的壮大，使低碳产业挤出能源依赖型低端产业，低耗能、低排放、高附加值的主导产业逐渐形成。

（一）依托低碳港口物流产业链盘活经济要素

岸电改造促进岸上低碳物流作业。岸上物流业涉及海运、集散、仓储、装卸、包装和加工等环节。岸电改造是减少能源消耗、建设绿色港口的核心环节。重点应推广厦门港嵩屿集装箱码头RTG "油改电"项目、远海全自动化集装箱码头改造示范项目等先进经验，促进口岸申报无纸化、货物监管智能化、旅客通关自动化、商品交易便利化和物流配送适时化。[①] 鼓励靠港船舶使用岸电，防范船舶的耗能和污染；更新绿色运输装备，实现港口内部运输车辆电动化；通过提高收费等措施，促进外来运输货车的电动化、清洁化改造；推进甩挂运输发展，提高物流效率，最终实现船舶停靠、船舶补给、货物装运等物流作业零排放和零污染。

建设以制造业和生物医药为核心的新兴临港产业。临港产业主要指依存于港口而形成的生产或服务性产业，包括造船业、贸易、远洋渔业和生物医药等产业。建设以大金龙整车为核心的汽车产业链，向上延伸至原材料、机械设备、零部件、技术开发等供应环节，向下延伸至销售开发渠道，加强研发和设计攻关，推广新能源应用，逐步推动车辆电动化、清洁化改造。发挥厦船重工、中船重工等龙头企业的带动作用，逐渐形成集大型船舶制造、玻璃钢游艇制造、船舶配套制造和船舶物资流通于一体的船舶产业链。生物医药产业是厦门另一个潜在经济增长点。位于海沧区的厦门生物医药

---

① 《厦门打造东南国际航运中心千亿产业链》，人民网，2014年9月9日。

港已成为东南沿海最大的生物与新医药产业基地，业已形成集"创新研发—孵化器—中试基地—产业园区"于一体的产业发展体系，可致力于提高海洋水产综合加工、废弃物高值化利用能力。将生物技术运用至医药领域，开发新型疫苗、基因工程药物等医药新产品，加强新型生物医疗设备的研发和制造，为健康产业的发展提供支撑；将生物技术运用至农业和制造业领域，加快农用生物制品、功能性食品和化妆品的研发创新，提高低碳产品供应质量。以海洋生物资源的开发利用为核心，推动海洋生物制药、生物制造、生物农业和服务业的联动发展。

实施港口物流服务链管理。运用"互联网+"、物联网、云平台等技术，搭建跨境电子商务平台，实行联检报关"一条龙"服务。2016年厦门港集装箱智慧物流平台上线运行，标志着厦门港开启了"智慧港口"的新时代，从进出口集装箱订舱、提箱、装货、进闸、作用、装卸，实现全程信息实时、便捷、准确交互共享，将缩短物流环节、减少能源消耗、提高通关效率和港口物流运作水平。未来应突破仅仅提供船舶进出港所需的基本服务、供给服务、行政服务等传统服务的局限，大力提升航运信息、金融和保险咨询等高附加值的综合服务，提高港口服务的国际化水平。

借助立体式交通网络，将厦门海港、空港建设为经济枢纽。开展多式联运，促进港口物流和航空物流服务的有效对接，拓宽物流服务范围，提高物流效率。依托于厦门空港，加工制造业实现在航空工业领域的分工和延伸，按照航空器加工制造环节延伸纵向产业链，健全航空器、动力装置、机载设备的研制、生产和维修；按照维修环节内部分工展开模块创新，发挥太古飞机工程有限公司等龙头企业的引领作用，完善发动机、系统附件、起落架等维修产业链。此外，在保税区内实现原料供应、生产制造、售后维修、仓储分销一体化，缩短管理环节，提高产供销效率。

（二）发挥电子信息产业链的创新引领作用

以光电产业发展为主导，促进新能源开发与节能环保产业相结合。平板显示作为信息产业的核心器件，具有能源利用率高、耗电少和绿色环保等优点，对促进工业化与信息化深度融合具有重要意义。一方面，依据平板显示加工制造环节延伸纵向产业链，围绕友达光电、中华映管等龙头企业，发展光学薄膜、精密模具、触控显示器等配套产业，覆盖计算机、移动通信、家用电器、汽车电子等下游产业；另一方面，将LED作为平板显示产业的"排头兵"，推动LED产业内部的模块创新，形成包括外延片、芯片、器件封装、测试、道路照明、显示屏等完整产业链。作为另一类半导体器件，太阳能光伏产业是利用当地丰富的太阳能资源布局低碳电网的主要途径。厦门太阳能光伏产业产值占据全省的"半壁江山"，但主要集中于下游应用，下一步需主要加强非晶硅技术的研发，破解硅材料短缺的限制，同时注重太阳能光热与低碳工业和绿色建筑等领域的结合应用。

依托园区集聚作用，建设高新技术产业集群。依托厦门软件园、翔安火炬高新区、湖里区高新技术园等园区，建立发展计算机通信与设备、软件信息等高新技术产业集群。发挥翔安火炬高新区的对台优势，促进两岸先进技术攻关、市场业务拓展和关联产业配套等方面的合作。加强园区与火炬保税物流中心的对接，使园区企业的采购、生产和运输连为一体，降低运营成本。大力推进高新技术园区的要素优化整合，严格把控产业转移项目的承接，形成从研发设计、基础元器件、配套件、外部设备制造到衍生服务的产业链，提供智能产品、新材料等高新技术产品和服务，引领区域科技创新和绿色消费。

（三）以低碳旅游产业链为抓手提升现代服务业层次

促进旅游业与会展业互动发展。厦门已有坚实的会展业发展基础，传统的石材展、投洽会、佛事展三大行业会展，成为引领世界投资发展的"风向标"。打造旅游会展千亿产业链，需整合景区、酒店、会议中心、旅行社、交通部门和传媒机构等共同的要素，带动制造、商贸、交通、物流、餐饮、住宿和文化体育等相关产业的发展，使之成为连接生产和消费的重要渠道。未来应着力于旅游会展捆绑式宣传、专业化行业管理等，发挥会展产业基金与财政补贴、绿色金融的互补作用，为旅游会展项目提供资金支持，不断丰富"一带一路""台交会""海峡旅游博览会""国际马拉松邀请赛"等品牌展会，推出享誉国际的精品旅游线路，为游客提供旅游产品和国内外最新旅游信息，打造国际合作交流、招商引资的重要平台。

利用闽南文化、生态资源等优势打造精品旅游项目。立足于生态资源、历史古迹、对台区位优势，促进闽南文化、海洋文化、宗教文化与旅游的深度融合，开发文化旅游、海峡旅游、滨海旅游、商务旅游等精品旅游项目。立足于鼓浪屿世界文化遗产保护，将其建设为集合自然资源与人文历史资源的生态文化岛屿；开发"环岛路、五缘湾"一带海滨旅游资源，将湿地公园建设与生态功能维护有机结合起来；建设海峡两岸文化交流合作平台、文化产业基地，以文化交流促进两岸旅游产业融合发展；开发城市近郊和山区农业观光旅游项目，围绕海沧区"大曦山郊野公园"、集美区"碧溪农业公园"、同安区"莲花－汀溪－竹坝片区"都市休闲观光农业、翔安区"香山郊野公园"等，形成以观光休闲、农耕体验及民俗文化旅游为主的生活型农业和以绿色种植、生态园区建设为主的生态型农业，弘扬农耕文化，树立人与自然和谐理念。

严格实施餐饮、交通、社区等相关旅游设施的低碳管理。一是要注重保护和开发相协调，实施严格的景区环境管理。制定低碳旅游环境影响评价体系，充分评估旅游资源开发的潜在环境影响，保证旅游开发活动满足当地环境承载力；编制低碳旅游导则，遵循国家绿色饭店标准、国家绿色食品标准、绿色旅游景区管理与服务规范等行业标准；强化旅游应急管理平台服务功能，制定环境风险应急措施，保障清洁能源的优化配置。二是要加强环境交通设施、卫生设施、能源供应设施等旅游基础设施的低碳化改造。如利用慢速交通等发达的公共交通系统，推进"旅游大巴""绿色港口码头"等建设，倡导低碳出行；在度假村、农业观光产业园内建立废物回收利用系统、雨水收集系统、太阳能光热系统，普及太阳能光伏发电，营造良性微气候。三是加大低碳环保理念的宣传力度。增强低碳消费品的吸引力，引导消费者选用低碳产品、培养循环利用意识；实施低碳旅游专项服务，将节能技术应用于酒店供水、供热、照明，增加绿色食品供给，通过提升住宿、餐饮、娱乐的服务质量来减少碳足迹；打造低碳旅游社区，营造碳汇旅游体验环境，[1] 继续推广"垃圾不落地""低碳环保日"等活动，鼓励游客积极参与到生态环境的实践中。

---

① 蔡萌：《低碳旅游的理论与实践》，华东师范大学博士学位论文，2012。

六 产业布局优化："集群+分工"
网状链式布局

依靠"集群+分工"合理布局低碳产业，一方面加快对现有园区载体的整合提升，完善公共设施和园区配套，发挥产业园区的集聚效应；另一方面合理确定各区域功能定位，逐步建立起资源共享、优势互补的低碳产业网络。

发挥交叉节点的作用，组合成低碳产业网络。低碳产业链中的节点体现为掌握低碳技术、具备一定规模的龙头企业，引导着产业链的纵向演进。应重点培育生物医药、太阳能光伏等新兴产业中的龙头企业，发挥龙头企业对产业链上下游企业的整合能力。节点因素还体现在不同区段、不同性质产业链的连接，促进产业链的横向拓展，形成产业共生关系，如加强交通综合服务平台建设，构成物流节点，探索海铁联运、海陆空立体物流模式，开展"飞机+邮轮"模式的包船业务，实行"跨境电商+邮路运输"，形成立体交通与电子商务的良性互动，主动吸引货源，提高配送效率。

完善低碳产业园区的配套服务，提升产业链质量。重点以翔安低碳产业示范园区、同安工业集中区、集美机械工业集中区等园区为载体，建立循环经济体系，实现基础设施共享，集中供热（冷）、集中处理工业"三废"，实现资源再生循环利用。注重园区的紧凑式布局，合理规划利用土地，在布局商务、金融、研发、生活服务中心等部门的同时，注重科技与金融配套、产学研一体化关系的建立，推动创新技术面向全产业链扩散，尽快实现产业化应用。

立足于各区域资源禀赋和产业基础确立不同的主导产业，明确各区域的主要功能，提供多样化的低碳产品和服务。本岛湖里区和思明区空间狭小、人口稠密，业已建立现代化的产业体系，应着重"退二进三"，有序引导制造业向岛外转移，提升现代服务业的服务能级。海沧区依托自贸实验区、自贸创新社区、生物医药港和信息消费产业园，重点发展航运物流、海洋生物医药、临港相关产业。集美区依托机械工业集中区、软件园三期、现代服务业基地（美峰片区），重点发展机械、汽车先进制造业，借助较发达的网络体系发展低碳物流产业，凭借深厚的历史文化积淀促进文化旅游业的发展。同安区依托高新技术产业基地、现代服务业基地，重点发展绿色食品加工业、太阳能光伏产业、滨海温泉文化旅游和都市农业休闲旅游产业。翔安区依托高新技术产业基地、临空产业园区，发展平板显示、现代照明等高新技术产业，加强对台交流，发展两岸商贸旅游产业等，逐渐形成涵盖电子、机械、化工、生物等优势产业的区域技术创新格局。

七　转型动力机制：建立低碳产业创新系统

（一）信息链：智慧带动催生低碳新业态

将智慧城市建设与低碳城市建设相结合，借力互联网、云计算、大数据、物联网等信息通信技术，探索低碳产业新模式，建立清洁、循环、高效、安全的绿色产业链，拓展网络经济空间。促进农村休闲观光旅游、绿色农产品参与电商交易；实现个性化定制、专业化维护，促进生产型制造业向综合服务型制造业转变；推动数字媒体发展，做大做强文化创意产业；以智能电网为基础，构建集能源传输、配置、交易、服务于一体的能源互联网。

（二）技术链：搭建产学研一体化低碳技术创新体系

扶持科研单位、高等院校、生产企业围绕循环经济模式和生态绿色理念，建立产学研创新体系，发挥低碳技术孵化器作用。加强企业与厦门大学、清华大学海峡研究院、北京大学厦门创新研究院、中科院城市环境研究所、清华紫光集成电路设计中心、中船重工725所厦门材料研究院、快速制造国家工程研究中心厦门分中心等科研机构的合作，共同建立低碳技术数据库、技术创新信息服务平台、低碳技术交易中心，为低碳技术创新构建知识网络，促进低碳关键技术的研发和产业化应用，尽快实现新能源产品更新、推进工业产品的低碳设计等。推动知识产权保护制度的完善，通过技术转移、专利购买、股权换技术等方式，提高技术扩散能力，健全技术创新体系。吸纳能源、环保、金融、风险投资等行业专门人才，建设低碳产业智库。

（三）资金链：拓宽低碳项目投融资渠道

在财政方面，强化财税政策的激励和约束作用。对采取低碳技术的企业进行财政补贴、税收优惠等奖励；对高碳项目提高准入门槛，适当征收碳税，对拟进行的洁净煤技术等低碳经济技术的研发活动进行补贴；鼓励新型低碳项目的产业化运作。增设低碳产业促进专项基金，依靠财政资金积极撬动社会资金，拓宽低碳项目融资渠道，引导社会资金更多地投向低碳生态服务业，推进服务业高级化、提升服务业科技含量。

在社会投资融资方面，鼓励绿色债券、绿色信贷、绿色股权融资等绿色金融手段的引入，加大对传统制造业更新改造以及节能环保项目、循环经济项目、新能源汽车等的支持；建立多层次的资本市场，集合银行、保险机构、企业三方力量共担责任，设立低碳技术研发风险资金池，重点为中小微高新技术企业提供贷款，弥补低碳项目研发的资金缺口。

（四）制度保障：健全低碳产业约束机制

加紧制定低碳产品、低碳行业标准体系。设立低碳产品认证标准，如绿色有机食品标识，支持 GAP（农业良好操作规范）、HACCP（危害分析与关键控制）、有机食品、绿色食品和无公害农产品认证，以及 ISO9000、ISO14000 认证。加强与台湾地区的技术交流，合理研发两岸气象低碳产品标准和质量认证体系，共同走向国际市场，提高两地产业的国际竞争力。加快构建覆盖先进制造业、现代服务业等领域的低碳标准体系，建立低碳行业准入制度，科学设置准入门槛，严格控制高污染、高耗能企业的进入，淘汰落后产业，对国家禁止发展的行业和在厦门无竞争能力的劣势产业，在规定期限内应予以关闭或转移，扩大高新技术产业等低耗能产业的比例，增加低碳产品供应。

完善监管制度，建立环境风险监管体系，对低碳项目的研发、投入、运营进行全过程监督。建立企业产品和服务标准自我声明公开和监督制度，支持企业提高质量在线检测控制和产品全生命周期质量追溯能力。提升计量检测能力，完善质量监管体系，加强检测与评定中心、检验检测公共服务平台建设。健全温室气体排放监测体系，编制企业温室气体减排清单，推动碳交易市场建立。

第五章 厦门市低碳能源创新发展

一 厦门市能源发展现状

福建省无油、无气、少煤，是化石能源十分短缺的省份。厦门市的能源问题则更加突出。厦门市本地能源供给相当匮乏，由于地域资源限制的原因，长期以来厦门的能源99%以上需从外地调入，自给率不到1%，能源对外依赖性强，是典型的能源消费型城市。目前，厦门市能源消费以煤、石油、天然气等化石能源为主。随着经济的发展，能源的需求量越来越大，能源危机日益严重，厦门市能源安全将面临极大的挑战。

（一）厦门市能源生产现况

1. 传统能源

国内传统能源供给减少。厦门主要依靠传统能源，它们都是不可再生的能源，当今能源的大量消耗，使传统能源在不久的将来面临枯竭。能源的大量消耗已经引起全球的关注，各国都在为未来能源寻找出口。其中很重要的一项就是限量开发，储备传统能源。我国作为一个能耗大国，也已经开始限制能源的过度开采，关闭了各种小型的煤矿，放慢开采速度。国内的能源供给在经济快速增长的同时相对下降，必然会制约经济的发展。[①]

传统能源进口形势紧张。尽管厦门港口的发展为厦门进口能源提供了一大机遇。但从进口来看，能源价格不断上涨，传统能源进口形势紧张。全球能源的储量快速减少，与此同时没有大量的替代能源出现，导致传统能源的国际价格一路狂飙，价格不断升高。与此同时，我国国内能源的价格控制，加剧了国内能源危机，使能源的供给缺口越来越大。国际价格大幅度上涨、能源产地限制出口等必然会导致厦门的能源进口量在短期内下降。[②] 在此大背景下，厦门市将面临传统能源供给减少的难题。

2. 新能源

厦门新能源的储备丰富。厦门市海岸线总长 234 公里，海域面积 300 多平方公里，海洋能蕴含非常丰富；厦门全年日照时数为 2233.5 小时，全年日照百分率 51%，太阳能年辐射总量居全国中等偏上水平；厦门市年风能蕴藏量较大，有效风速每年 1400～2800 小时，沿海风能密度为每平方米 170 瓦，其中翔安区有"风头水尾"之称。

清洁能源和新能源开发前景广阔。面对日益严重的能源危机，开发新能源的压力就越来越大，世界各国都在致力于新能源的开发与应用，新能源的技术正在逐步成熟，很多地区已经将新能源大量投入使用中。并且随着传统能源价格的飞速上涨，新能源的成本在

---

① 徐全红：《厦门能源变动趋势的研究》，《统计与咨询》2008 年第 3 期。
② 徐全红：《厦门能源战略研究》，《市场论坛》2008 年第 6 期。

逐渐降低，新能源的优势和竞争力正逐步增强。厦门市政府已经开始发展太阳能、地热、风能等再生能源建筑，积极引导全市房地产行业实行多项措施发展节能省地型、再生能源一体化建筑。风能、太阳能、垃圾发电的技术也都逐步成熟，目前已经在厦门小范围内投入使用。随着能源技术逐渐成熟，成本将逐渐降低，效益将提高。厦门可再生能源储藏丰富，市场需求潜力巨大，大力发展可再生能源是厦门未来能源可持续发展的必然选择。

（二）厦门市能源消费现况

厦门作为全国十大低碳城市，近年来大力推进节能降耗以及能源消费结构的优化调整。但厦门市主要依赖煤、石油、天然气等传统的化石能源，新能源的使用范围狭窄；能源消费品种单一，煤炭和石油所占比例过高。一次能源消费主要为煤炭和石油，二次能源消费主要为电力和热力。随着经济的发展，能源的需求量越来越大，能源危机日益严重，厦门能源将面临极大的挑战。

1. 能源消费总量

2014 年，厦门市能源消费总量 1229.58 万吨标准煤，从 2011年起年均增长 15.06%，比"十一五"期间的增长率（11.25%）有所上升。近年来，厦门单位 GDP 能耗持续下降。2015 年，厦门市单位 GDP 能耗指标值为 0.437 吨标准煤/万元，比上年下降8.33%，下降幅度达到 2005～2015 年来最大值；2015 年，厦门市各季度节能目标完成情况预警等级均为三级，节能形势基本顺利。"十二五"期间省政府下达给厦门的节能目标为：2015 年单位 GDP能耗比 2010 年下降 10%，年均下降 2.09%。"十二五"期间厦门市单位 GDP 能耗降低率实际完成 16.5%，超额完成预期下降目标，完成目标的 171.0%。[①] 此外，近年来，厦门市单位 GDP 电耗持续下降。2015 年，厦门市单位 GDP 电耗值为 630.8 千瓦时/万元，比上年下降 6.32%，下降幅度为 2005～2015 年来最大值（见表 5-1）。

表 5-1　厦门市主要年份单位能源消耗指标（2005～2015 年）

年份	单位 GDP 能耗		单位工业增加值能耗		单位 GDP 电耗	
	指标值（吨标准煤/万元）	比上年上升或下降（%）	指标值（吨标准煤/万元）	比上年上升或下降（%）	指标值（千瓦时/万元）	比上年上升或下降（%）
2005	0.648	—	0.54	—	893.81	—
2006	0.634	-2.18	0.51	-5.60	878.22	-1.74
2007	0.616	-2.72	0.50	-2.18	899.15	2.38
2008	0.600	-2.73	0.45	-10.71	852.52	-5.19
2009	0.579	-3.38	0.43	-3.43	808.55	-5.16
2010	0.569	-1.76	0.41	-6.42	819.22	1.32
2011	0.507	-3.11	0.37	-6.11	736.38	-2.14
2012	0.493	-2.72	0.33	-18.30	706.26	-4.09
2013	0.484	-1.9	0.31	-6.92	689.52	-2.37
2014	0.477	-1.47	0.28	-10.22	673.59	-2.31
2015	0.437	-8.33	0.25	-13.52	630.8	-6.32

资料来源：《厦门经济特区年鉴 2016》。

2. 能源消费结构

厦门市"十二五"期间能源消费结构取得了较大的优化效果，煤炭消费所占总能源消费的比重在逐年快速下降。"十一五"期间，煤炭的消费量最大，占 36.7%～46.42%，但从"十一五"末的 34.41% 下降到"十二五"末的 24.33%，逐渐由主要能源产品演变为较次要的能源产品；而外调电力的比重则由 2010 年的 21.33% 升

---

① 厦门市统计局。

高到 2015 年的 36.02%，成为最主要的能源产品；油品消费量的绝对值在逐年增长，比例却变化不大；天然气消费所占比重和消费量都没有明显的增长趋势（见表 5-2）。

表 5-2　厦门市历年的能源结构

单位：%

结构	2010 年	2011 年	2012 年	2013 年	2014 年	2015 年
煤炭消费量	34.41	36.07	29.29	29.18	27.89	24.33
油品消费量	35.81	38.00	36.91	38.04	37.28	32.90
天然气消费量	8.45	9.00	8.28	7.89	7.73	6.74
外调电力	21.33	16.94	25.52	24.89	27.10	36.02

资料来源：《厦门经济特区年鉴 2016》。

3. 工业、建筑、交通领域能源消费情况

（1）工业能源消费情况。厦门市耗能主要集中于工业、建筑和交通等生产性行业。温室气体排放主要是由工业、建筑与交通等行业的一次性能源消费引起的。

厦门市能源消费高度集中，通过结构调整实现节能任务仍然繁重。2015 年，规模以上工业年综合能源消费量万吨以上的企业 45 家，合计综合能源消费量 232.77 万吨标准煤，占全市规模以上工业综合能源消费量的 74.2%，虽然比重比上年降低 4.5 个百分点，但占比仍然较高。这些企业主要分布在火力发电行业、纺织业、化学原料及化学制品制造业、橡胶和塑料制品业、计算机通信和其他电子设备制造业、非金属矿物制品业等行业。其中厦门华夏国际电力发展有限公司、东亚电力（厦门）有限公司、腾龙特种树脂（厦门）有限公司、厦门翔鹭化纤股份有限公司和厦门瑞新热电有限公司 5 家单位合计综合能源消费量达 150.6 万吨标准煤，占全市

规模以上工业综合能源消费量的 48%。调整和改善工业经济结构，逐步降低高耗能行业的比重，加快发展电子、高端装备等战略性新兴产业，将是"十三五"时期实现节能降耗的重要途径。

厦门市规模以上工业能耗大幅度下降。2015 年，厦门市规模以上工业能源消费总量 313.75 万吨标准煤，比上年减少 62.04 万吨标准煤，下降 16.5%，能源消费下降幅度仅低于漳州市，居全省 9 个地市的第二位；工业用电略有下降。随着工业经济结构的改善，新设备、新技术、新工艺的推广应用，能耗效益进一步提高，工业生产对用电需求有所下降。全年工业企业用电总量 114.49 亿千瓦时，比上年下降 1.7%，占全社会用电量的 53.4%，比上年下降 1.1 个百分点，其中，规模以上工业企业用电下降 2.0%；煤炭、石油制品等主要能源品种消费量均下降。全年规模以上工业企业共消费原煤 394.54 万吨，比上年减少 96.66 万吨，下降 19.7%，其中，用于发电、供热等能源加工转换活动消费原煤 377.76 万吨，占规模以上工业煤炭消费总量的 95.7%，比上年下降 19.8%；石油制品消费量下降 31.7%，其中燃料油消费 1.35 万吨，比上年减少 3.69 万吨，下降 73.2%；天然气和热力消费量分别下降 32.5% 和 34.1%；天然气消费量下降幅度较大，清洁能源推广步履艰难。由于国际上页岩油气和新能源的开发利用，以及气候变化背景下全球低碳发展的约束，产能过剩和需求错配导致近年来煤炭价格大幅度下降，煤炭消费企业使用煤炭的成本随之大幅度下降，造成煤炭消费量居高不下，而作为清洁能源的天然气消费量呈现下降态势。全年规模以上工业企业共消费天然气 3.32 亿立方米，比上年减少 1.6 亿立方米，下降 32.5%；规模以上工业企业电力消费 94.36 亿千瓦时，比上年减少 1.92 亿千瓦时，下降 2%。目前，原煤消费占规上工业全部能源消费的比重近五成，清洁能源的天然气消费约占比 10%、电力消费约占比 37%。受市场价格、供应因素的影响，电力、天然气等清洁能源消费的比重均远低于煤炭消费所占比重，对低碳减排工作提出严峻的挑战；水消费略有增长。厦门市的水源主要以地表淡水、地下淡水和自来水为主。从全年规上工业用水消费情况来看，全市规上工业取水量达到 5.23 亿立方米，比上年增长了 0.7%，自来水、地下淡水及其他水用水量下降（见表 5 - 3 和表 5 - 4）。

表 5 - 3　规模以上工业企业主要能源品种消费量

种类	单位	2015 年	2014 年	增幅（%）
原煤	万吨	394.54	491.2	- 19.7
汽油	万吨	1.89	1.84	2.7
柴油	万吨	3.88	3.78	2.6
燃料油	万吨	1.35	5.04	- 73.2
液化石油气	万吨	0.83	0.98	- 15.3
天然气	亿立方米	3.32	4.92	- 32.5
热力	万百万千焦	662.95	1006.45	- 34.1
电力	亿千瓦时	94.36	96.28	- 2

资料来源：厦门市统计局。

表 5 - 4　规模以上工业企业用水情况

类型	2015 年用水量（万立方米）	2014 年用水量（万立方米）	增长（%）
地表淡水	45393.5	44824.8	1.3
地下淡水	108.6	117.9	- 7.9
自来水	6674.8	6880.5	- 3
雨水	25.9	15.2	69.7
再生水（中水）	15.8	4.1	284.1
其他水	36.4	37.0	- 1.6
合计	52255.0	51879.5	0.7

资料来源：厦门市统计局。

万吨重点耗能企业能耗大幅度下降。厦门全市 45 家万吨重点耗能工业企业综合能源消费量 232.77 万吨标准煤，比上年减少 64.14 万吨标准煤，下降 21.6%，占全市规上工业综合能源消费量的 74.2%。其中，30 家企业综合能耗比上年下降；工业结构优化调整，六大高耗能行业能耗比重下降。2015 年，厦门市化学原料及化学制品制造，非金属矿物制品，电力、热力的生产和供应业等六大高耗能行业能耗 172.1 万吨标准煤，比上年减少 59.6 万吨标准煤，下降 25.7%；占全市规模以上工业能耗比重的 54.84%，比上年的 61.66% 下降 6.82 个百分点。六大高耗能行业能耗下降，最主要的原因是加工转换投入减少。高耗能行业在全市工业中的份额进一步缩小，工业结构调整成效明显，对全市节能减排工作的贡献作用进一步凸显；能源加工转换效率略有降低。全市 8 家从事能源加工转换的企业产出能源 116.96 万吨标准煤，投入能源 256.35 万吨标准煤，能源加工转换效率为 45.6%，比上年降低 1.6 个百分点。能源加工转换企业为了节约成本，使用的煤炭价格低，质量较差，热值较低，导致加工转换效率下降（见表 5 - 5）。

表 5 - 5　厦门市六大能耗行业能耗情况

六大高耗能行业	2015 年（万吨标准煤）	2014 年（万吨标准煤）	增长（%）
电力、热力的生产和供应	125.4	165.6	- 24.3
化学原料及化学制品制造业	27.6	39.2	- 29.7
有色金属冶炼及压延加工业	11.0	11.1	- 1.0
非金属矿物制品业	6.5	12.6	- 48.8
黑色金属冶炼及压延加工业	1.2	2.7	- 56.0
石油加工炼焦及核燃料加工业	0.4	0.5	- 19.6

资料来源：厦门市统计局。

　　六个区经济发展水平和结构不同，能源消费差异明显。由于经济发展水平及工业行业结构的不同，各区规模以上工业综合能源消费量及能耗下降幅度存在明显差异。2015 年，海沧区规上工业综合能源消费量 165 万吨标准煤，占全市规模以上工业综合能源消费总量的 53%，主要是受重点能耗企业厦门华夏国际电力发展有限公司、腾龙特种树脂（厦门）有限公司和厦门翔鹭化纤股份有限公司的影响；能耗下降幅度达 21.3%，位居各区之首，主要也是由于石化、电力、钢铁等行业产值比重下降的影响（见表 5 - 6 和图 5 - 1）。

表 5 - 6　厦门市各区规模以上工业综合能耗情况

地　区	综合能源消费量（万吨标准煤）		增幅（%）
	2015 年	2014 年	
全　市	313.8	375.8	- 16.5
思明区	14.7	14.6	0.7
湖里区	17.1	16.7	2.4
海沧区	165	209.7	- 21.3
集美区	51.7	60.7	- 14.8
同安区	25.6	26.7	- 4.1
翔安区	39.7	47.4	- 16.2

资料来源：厦门市统计局。

　　总体来看，目前厦门市能源消费存在较为突出的结构性矛盾，规模以上工业企业煤炭消费在能源消费中占比接近五成，电力占 37%、天然气占 10% 左右，由于煤炭大量直接或间接地燃烧使用，大气环境一直属于煤烟型污染，总悬浮颗粒物或可吸入颗粒物成为影响厦门市城市空气质量的首要污染物。另外，大气污染还来自石油的消耗，2015 年厦门市规模以上工业企业石油消费量占全部能

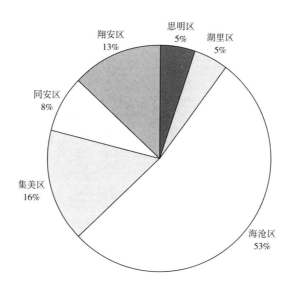

图 5 - 1　六区规上工业综合能源消费占全市比例

源消费比重近 4% ，煤消费与汽车尾气排放成为厦门市环境污染的主要来源，经济发展与生态环境之间矛盾越来越突出。

（2）建筑和交通领域能源消费情况。厦门市建筑和交通领域的温室气体占比高，控制难度大。厦门市作为一个已经进入后工业化发展的城市，全市范围内的温室气体排放主要集中于建筑和交通两个部门的能源消费。2008 年，厦门市在建筑和交通领域的能源消费占城市能源消费总量的比重已达到 46% （见图 5 - 2）。① 然而，建筑和交通领域的能源消费不同于工业活动中的能源消费，主要是由非常分散的个人消费行为构成，且旅游业、服务业的排放取决于游客、居民的消费选择，无法直接通过行政管理手段进行控制，这在很大程度上提升了建筑和交通领域温室气体的减排难度。

此外，碳交易减排对厦门市温室气体减排影响较小，第三产业

---

① 厦门市建设与管理局：《厦门低碳城市总体规划纲要》，2001。

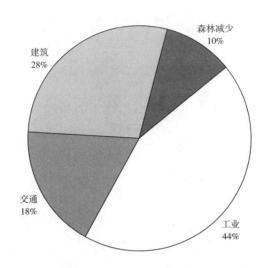

图5-2 2008年厦门市各领域温室气体排放占比

温室气体减排是重要抓手。根据《国家发改委办公厅关于切实做好全国碳排放交易市场启动重点工作的通知》（发改办气候〔2016〕57号）要求，厦门市纳入全国碳排放交易的重点排放企业（第二产业）仅6家。因此，厦门市温室气体总量采用碳交易市场控制的效果不明显。厦门市产业结构持续优化，第二产业比重逐渐下降，第三产业比重持续提升。根据厦门市2016年统计年鉴数据，厦门市第二产业占比由2015年的44.6%下降至43.6%，第三产业占比提升到55.7%。因此，控制和减少第三产业温室气体排放量，能较明显地降低厦门市温室气体总排放量。

（三）厦门市能源消费与经济发展的关系分析

厦门市主要依赖外来传统能源，自给能源非常少。不到1%的自给率使厦门对外界的依赖性过大，因此外界能源供给的波动也必然会影响到厦门的经济。

另外，我国能源储备主要集中于中西部，而厦门处于东南部，距离能源产地比较远，随着能源价格上涨，运输成本也会增加，必然会增加企业的成本。厦门是一个海港城市，国际大港口的优势在国内能源运输中不能发挥很大的作用。

此外，因为不可再生能源供给将越来越少，价格将会越来越高，这会增加企业和生活的成本，引起物价上涨，制约经济的发展并阻碍社会的进步。

基于此，厦门要合理解决能源问题，就要充分认识到，在当前和今后相当长的时期内，应坚定实行节能优先战略和新能源替代战略，正确地引导能源消费。必须充分考虑环境保护因素，建立可持续发展的能源战略和环境发展战略，明确能源发展战略目标，制定有针对性的节能减排政策及结构调整政策，以适应"十三五"期间后工业发展阶段的要求及节能目标任务的完成。

全球气候变暖是国际社会关注的焦点问题。遏制全球气候变化，削减碳排放量，落实《2030年可持续发展议程》，已经成为21世纪世界各国的共识，也是国际政治舞台上的重要议题。"十二五"时期，厦门市作为国家发改委第一批低碳试点城市，明确提出建设"低碳城市"的战略地位和战略步骤，下大力气抓好节能减排，持续推进清洁生产、绿色照明和循环经济试点，促进人口资源环境协调发展。"十三五"期间是厦门市进一步加快科学发展、跨越发展，全面建成小康社会的关键时期。积极推进绿色低碳发展，努力控制温室气体排放，是厦门市落实"美丽厦门"战略规划，加快发展方式转变，建设国家生态文明先行示范区的一项重要任务，也是落实国家、福建省下达厦门市"十三五"碳排放强度下降约束性指标的必然要求。

二 厦门市能源利用问题及发展趋势

（一）厦门市能源利用问题

1. 能源供给依靠外调

厦门市一次能源利用主要以石油、天然气、煤炭等化石燃料为主，厦门本地能源自给率不足1%，基本没有一次能源资源供应，能源消费严重受制于国际和国内的能源供需走势。油气方面，主要依靠油气管道输送，天然气供应能力受到管道输送能力制约，当前西气东输工程进展缓慢导致天然气供应受限，同时本地储气设施欠缺也影响供应保障。

2. 化石能源消费比重高，为主要碳排放来源

厦门市能源消费几乎完全依赖传统化石能源，"十二五"期间虽然电力、天然气等清洁能源占能源消费的比例上升明显，但其中的电力资源主要通过煤炭转化而来，煤炭占能源消费比重仍过高。相比国内其他城市，如宜昌和西宁的清洁能源所占比重均在20%以上，厦门市还有相当大的差距。由于国际上页岩油气和新能源的开发利用，以及气候变化背景下全球低碳发展约束，产能过剩和需求错配直接导致煤炭价格大幅度下降，而厦门市天然气处于市场供求末端，天然气价格高于其他东部发达城市。受价格因素及供应因素影响，2014年厦门市煤炭消费量比2010年增长21.02%，而"十二五"期间的天然气的消费量在3.5%内增长或下跌。2013年天然气占厦门市规上工业总能耗的比例为14%，而同年深圳该比例达到22%。

同时，化石能源消费是厦门碳排放的主要来源。伴随着厦门市的经济高速发展，能源消费总量逐年上升，能源碳排放也在逐年增加。与化石能源相关的碳排放占总碳排放的 88.1% ～95.4%，是碳排放的主要来源。本地消费的煤炭、油品和天然气产生的排放占总能源相关排放的 72.99% ～80.43%（见图 5 – 3）。

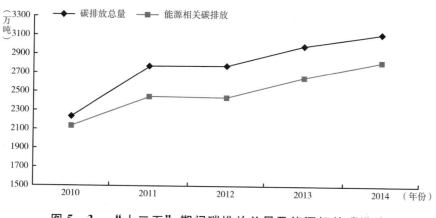

图 5 – 3　"十二五"期间碳排放总量及能源相关碳排放

3. 新能源开发力度不够

受区域能源禀赋和土地资源限制，厦门市发展风电、潮汐能、地热能等能源步履缓慢。风力方面，厦门市年有效风功率密度为 150～200 瓦/平方米，年有效风速时数在 5000 小时左右，"十二五"期间规划了三座风电场，但受制于生态红线与环境保护约束仍然开工困难。地热能方面，厦门市分布的地热田按勘查分类均属中低温地热田Ⅱ – 2 型，规模一般较小，不具备发电价值。潮汐能丰富，最大潮差超过 6.92 米，平均潮差 4 米以上，但考虑到对航运的影响，以及潮汐发电大型设备、水管、电缆及平台制作技术、铺设、维修不易等因素，开发利用经济性差，短时期内无法利用。水电方面，亦缺乏水利资源，抽水蓄能电站建设是较优选择。厦门市地处亚热带地区，有丰富的太阳日照资源，全年日照时数为2233.5小时，太阳能年辐射总量居全国中等偏上水平。然而，由于开发利用的投资大、周期长、技术复杂，投入与产出达不到人们期待的水平，可再生能源利用发展缓慢。成本过高是可再生能源发展的最大障碍，就电力而言，风电是最接近商业化的可再生能源，但成本仍然比火力发电高，太阳能发电成本就更高了，是火电的数倍至10倍。

4. 节能减排潜力逐年降低

厦门全市节能减排潜力逐年降低。"十一五"和"十二五"期间，厦门市通过淘汰落后产能、工业建筑交通方面节能改造，分别实现了12%和10%的能耗水平下降。2013年厦门市能源强度为0.484吨标准煤/万元，全国2012年平均水平为0.76吨标准煤/万元，厦门能耗水平在全国已处于比较先进水平，在节能技术水平没有突破的情况下节能减排潜力逐渐变小。"十二五"期间单位GDP的碳排放量由2010年的1.08tCO_2e/万元，下降到2014年的0.98tCO_2e/万元，下降了9.73%；而能源相关的碳排放则由1.03tCO_2e/万元下降到0.88tCO_2e/万元，下降了14.57%（见图5-4）。目前大部分大企业在"十一五"和"十二五"期间做了大量的节能改造工作，一些投资少、见效快的节能措施也大都付诸实施，另外的中小微企业受制于生存压力、资金状况和技术能力等因素制约，节能动力不足，节能潜力不大。

（二）厦门市能源发展的趋势

1. 能源需求总量不断攀升，增长速度放缓

"十二五"期间，厦门市出台了一系列涉及社会发展各方面的

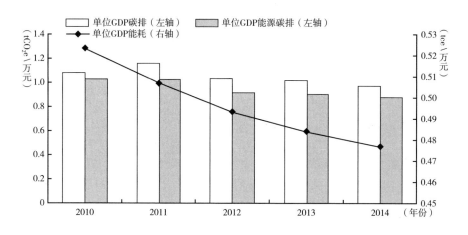

图5-4　"十二五"期间厦门市能耗与排放强度变化

节能法规和政策，对节能减排制度的完善及市"十二五"节能目标的超额完成发挥了重要的保障作用。当前，经济发展进入新常态，厦门经济也处于转型发展中，能源消费随着经济增长的放缓而相应放缓，但经济总量的提高、人口数量的增加都将推动能源需求总量不断攀升，资源、环境因素对厦门市能源供应和消费提出新的挑战。

2. 新能源替代传统能源将成为必然选择

新能源主要包括海洋能、风能、太阳能、地热能、生物能、氢能、核聚变能等，新能源最大的优势就是可再生。厦门新能源的储备较为丰富。厦门市海洋能蕴含非常丰富，太阳能充足，年风能蕴藏量较大。加之技术逐渐成熟，成本逐渐降低，效益很高。而厦门作为一个能源自给率不到1%的城市，面对日益增大的能源需求压力和形势严峻的能源危机，依托丰富的可再生能源，大力发展可再生能源是厦门未来能源可持续发展的必然选择。

3. 能源开发需与优化环境相结合

厦门市人口密度大，且大量外来人口还在不断涌入，厦门市土地、环境、资源已不堪重负。厦门推动城市低碳创新发展，一个不容忽视的任务是环境的优化提升。例如，2015 年厦门市日均生活垃圾的产生量为 3600 吨，据此数量，全市人均每日大约产生垃圾0.9 公斤，垃圾产生量年均增长率约 6.5%，按此计算，到 2020年，随着人口增长，全市生活垃圾预计将达日均 4500 吨。[①] 如此巨量的城市生活垃圾主要采用填埋方式进行处理，占用土地、污染环境，且浪费了可再生利用资源。如果通过先进的技术对垃圾进行焚烧发电、分拣分类制肥、压缩中转等，不仅能节省土地空间，降低对环境的不良影响，而且增加了能源供给和资源节约。厦门市未来的能源开发需注重环境的效应，与优化环境相结合。

三 厦门市低碳能源创新发展的战略及路径选择

厦门市能源消费结构性矛盾突出，煤炭消费占比大，电力、天然气等清洁能源消费的比重均远低于煤炭消费所占比重，必须加快能源消费结构性改革，推动厦门市能源消费的清洁化和低碳化，最重要的是要落实控制煤炭消费总量的具体措施，遏制化石能源，特别是煤炭消费量的增长，大力开发和使用节能降耗技术，提高天然气、电力等清洁能源使用的经济性和可行性。因此，厦门市必须加快产业结构升级调整，推动经济增长方式的根本转变。

---

① 《厦门垃圾日产量达 3600 吨　处理方式转向焚烧》，中国城乡环卫网，2015 年 3 月21 日。

（一）四大战略

1. 节能优先战略

能源资源节约是我国的一项基本国策，节约能源、提高能源利用效率、合理控制能源需求是能源战略之首。节约能源，是缓解资源约束的现实选择，也是能源发展的主线。"十一五"以来，单位地区生产总值能耗下降幅度作为国民经济社会发展的约束性指标，被纳入各地政府考核目标，厦门市政府采取目标分解等一系列重要措施，节能减排工作得到显著加强，单位地区生产总值能耗不断下降，"十一五"和"十二五"期间分别实现了12%和10%的能耗水平下降。2015年，全国能源消费总量43.0亿吨标准煤，福建省全年能源消费总量12180万吨标准煤，厦门市能源消费总量1514.65万吨标准煤。2015年，厦门市生产总值占全省国内生产总值的13.6%，能源消费量占全省能源消费总量的12.4%。目前大部分大企业在"十一五"和"十二五"期间做了大量的节能改造工作，一些投资少、见效快的节能措施也大都付诸实施。但中小微企业受制于生存压力、资金状况和技术能力等因素制约，节能动力不足，节能潜力不大。为此，厦门市要坚持能源节约优先，尽可能提高能源利用效率，必须开拓新的节能动力，从中小微企业入手，突破资金和技术限制。

国家在《能源发展战略行动计划（2014～2020年）》中明确提出实施节能优先战略，在"十三五"时期，国家将着力把节能优先贯穿于经济社会及能源发展的全过程，集约高效开发能源，科学合理使用能源，大力提高能源效率，加快调整和优化经济结构，重点实施能源消费总量合理控制和煤炭消费总量合理控制策略，力争到 2020 年，一次能源消费总量控制在 48 亿吨标准煤左右，煤炭消费总量控制在 42 亿吨左右。① 国家以能源消费总量和煤炭消费总量控制的这一政策，对厦门市的能源消费总量和煤炭消费总量提出了新的要求，厦门市能源消费的目标必将在这一框架下，同其他地区一道共同分解落实，这将成为厦门市在经济社会发展过程中必须面对的资源约束性要求。为此，厦门市应加快推进经济结构调整优化，加快转变能源消费理念，加快转变粗放用能方式，重点在工业、建筑和交通等领域，提高能源管理水平，实施能效提升计划，倡导社会节能，重视生活节能，创新发展方式，形成节能型生产和消费模式，坚持总量控制，严格控制能源消费总量过快增长。

2. 能源替代战略

发展绿色、低碳能源既是应对气候变化和保证资源环境安全的现实需要和有效途径，也是促进经济增长、产业升级和经济转型发展的主要动力和发展方向。国家在《能源发展战略行动计划（2014~2020 年）》中明确提出实施绿色低碳战略，在"十三五"时期，国家将着力优化能源结构，把发展清洁低碳能源作为调整能源结构的主攻方向，力争到 2020 年非化石能源在一次能源消费中的比重达到 15%，天然气在一次能源消费中的比重达到 10% 以上，煤炭消费在一次能源消费中的比重控制在 62% 以内。这对厦门市能源结构优化提出了新的要求。

厦门市正处在新型工业化、信息化、新型城镇化、农业现代化、开放带动加速发展的关键时期，经济增长方式粗放，资源环境约束日益趋紧，发展绿色、低碳能源是厦门市加快建设国家生态文

---

① 国务院：《能源发展战略行动计划（2014~2020 年）》。

明先行示范区和经济转型发展的迫切需求，是推动能源产业结构升级、转变发展方式、构建竞争新优势、实现可持续发展的必然选择。厦门市既要注重化石能源的高效和低碳利用，又要注重清洁能源的加快开发，为此必须坚持发展非化石能源与化石能源高效清洁利用并举，大力发展风能、太阳能、地热能等清洁能源，逐步降低煤炭消费在一次能源消费中的比重，提高天然气、煤层气等清洁能源消费在一次能源消费中的比重，形成与厦门市情相适应、科学合理的能源消费结构，显著减少能源消费及排放，有力促进国家生态文明先行示范区加快建成。

3. 细胞聚合战略

长期以来，厦门市主要依靠市外能源资源发展经济，能源自给率不足1%，且能源利用以化石能源为主，新能源的开发利用难有突破，必须逐步改变这种状况。厦门创建低碳创新城市，要依托能源需求单元实现减碳、低碳、近零碳乃至于负碳的大量各具特色积少成多的"细胞"个体集合体的建设工程，借助对新能源、可再生能源的分布式的、小型的、综合互补等方式，形成能源低碳生产的新体系。例如，厦门在规划建设大歌剧院、图书馆、文化中心等大型公共设施时，可以安装太阳能热水、光伏或光热发电设施，利用空气热泵供热制冷，使其自身成为一个能源生产设施，从而减少商品能源消耗，甚至向电网供电。一个社区，一个学校，一家医院，一幢政府大楼，一个港口或码头、机场、车站，也可以建设成为单体的城市低碳细胞。一个超市，可以通过垃圾发电，实行零碳中和。新农村建设或者一个农场，也可以通过风能、光热、光伏、生物质能等，建成近零碳或零碳的细胞综合体。鼓浪屿生态岛建设，可以整体规划，利用自然优势，形成一个低碳细胞聚合体。

4. 创新驱动战略

用较低的能源增长支撑经济社会加快发展，是科学发展的需要。转变能源发展方式，促进能源实现科学发展，需要在能源发展上逐渐实现从比较粗放、低效、污染向节约、高效、洁净转变。厦门市能源结构以传统化石能源为主，开发利用方式粗放，能源资源环境约束压力日益严峻，加快转变能源发展方式，创新能源生产和消费方式刻不容缓。要加大创新步伐，加快实施创新驱动战略，坚持需求导向，在能源生产、能源消费、能源科技、能源管理等领域实施全面的创新，通过创新增强科技进步、市场效率、智力资本等对能源经济增长的贡献度，形成新的增长动力源泉，增强全省能源可持续发展的动力和活力。实施创新驱动战略，必须把创新摆在能源发展全局的重要位置，充分发挥市场在能源资源配置中的决定性作用，以深化能源体制改革为重点，加快推进重点领域和关键环节改革，进一步完善能源科学发展体制机制。通过能源体制改革转变能源管理方式，更好地发挥政府的作用，注重相关政策的战略前瞻性、规划性和指导性，完善资源产品价格机制，还原能源的商品属性。应着力建设完善能源科技创新体系，以能源重大工程为依托，加快推进能源技术自主创新，通过能源技术创新引领能源产业升级，提升能源产业竞争力。

（二）五大路径选择

1. 产业结构优化

厦门市应当主动适应经济新常态，以转型促发展、向升级要动力，加快产业结构调整。首先，大力发展金融、研发、旅游、会展、航运物流、文化创意等现代服务业，推动第三产业加快发展，目前厦门市第三产业能源能耗大约只有第二产业能耗的一半水平，产业结构调整将直接减少能源消费需求；其次，调整优化第二产业内部结构，优先发展高新技术产业、先进制造业，有计划地降低高能耗产业比重，如化学原料及化学制品制造业、化学纤维制造业、黑色金属冶炼及压延加工业等目前厦门市能耗较高的产业；同时，实施"互联网＋"战略，推动互联网与制造业融合，加速产生新产品、新业态、新模式，为产业结构优化升级提供新动力。

大力发展绿色照明、节能家电、新能源汽车、光伏发电等节能环保产业以及资源循环利用技术的推广应用，加快战略性新兴产业发展步伐，积极发展新一代信息技术、生物医药、新材料、文化产业等新兴产业，提高战略性新兴产业和先进制造业的比重。对高耗能模式的有色金属冶炼及压延加工业、化学原料及化学制品制造业、火力发电、非金属矿物制品业等企业要加速产品的更新换代，加大企业生产工艺的改造，降低单位产品能耗，努力提高经济效益，推动经济增长方式的根本转变。发展绿色低碳工程，发展循环经济和低碳环保的产业，推动产业体系向绿色转型，引导产业走资源消耗低、污染排放少、安全系数高的可持续发展道路。

实施低碳产品认证制度，完善低碳经济投融资激励机制，完善区域性碳交易市场。健全财政资金对落后产能转型转产企业的扶持机制，推进传统产业清洁生产向纵深发展。建立健全重点行业节能减排监测和考核体系。

2. 能源节约使用

随着人们生活水平的日益提高，越来越多的消费者开始追求美国式的超前消费，追逐以奢侈为特征的消费文化带来的大排量汽车、大住宅等"浪费式消费"模式。此外，过度包装等问题，也造成大量资源的浪费。引导居民消费模式转变，推动绿色、低碳消费是重塑能源体系的基础。未来"浪费式"的消费、生产理念成为主流，必然给资源供应带来更大的压力。因此，必须对居民的消费模式及消费品的生产模式加以引导，推动绿色、低碳消费。厦门市应建立长效环保公众宣传机制，强化公众节能意识转变，利用能效标准、标志、认证等手段，鼓励消费者购买带有绿色标志的产品，引导居民消费升级换代，促使人们的生活消费方式向可持续的能源消费方式转变，减缓能源需求的快速增长。要大力扶持和推进绿色供应链管理，以消费品生产链中大型采购业为纽带，依托其在整个产业链中的资金优势、信誉优势，带动商业供货企业共同参与节能，整合供应链中各个环节企业的节能资源，从而推动消费品完成绿色设计、绿色公益规划、绿色材料选择、绿色生产、绿色营销等，实现整个产业链的系统化及绿色化管理。

转变经济发展方式，减少能源间接性出口及周期性浪费。未来应注重发展知识经济、品牌经济，大力调整厦门与国内其他地区和国际上的出口结构，扭转"能源消费留给自己，污染留给自己，别人消费我买单"的发展模式；在未来城市化建设进程中，应更加关注规划的合理性、科学性，在建筑物的设计上强调弹性和灵活性，充分考虑长期利用的用途变化；在建筑材料的使用上加强监督和审查，强化耐久材料使用，杜绝大量拆建，延长使用寿命，努力减少和避免周期性浪费。

3. 能源科技创新

厦门市调整能源结构依赖于推广天然气等清洁能源的使用，同时开发新能源。必须加快建设新能源技术研发平台，加大对新能源前沿、关键技术的研发力度，整合海峡两岸优势科研资源，推进新能源领域技术研发和市场开拓的合作。

未来应继续推行分布式光伏发电工程建设，除了工业园区外，公共建筑屋顶及综合利用场所也应实施统一规划、统一开发，投资方式可以采用 PPP 模式。除了大型分布式太阳能光伏发电技术外，在厦门地区有潜力、在一定范围内采用的技术还有太阳能热水器应用、太阳能公共照明技术应用等。光伏产业发展方面，未来应以政府政策为引导，以提升光伏企业市场竞争力为根本任务，促进产业的健康发展。目前国家多部门酝酿光伏补贴新政，未来几年内补贴重点将倾向于分布式光伏。厦门市的光伏产业力量还比较薄弱，同邻近的江苏、江西等地区有较大差距，因此应出台有关政策扶持光伏产业发展，破解光伏发电站—组件生产商—原料供应商的三角债困境。但依靠补贴并非长久之计，根本任务还是提升厦门市光伏产业的市场竞争力，其关键在于降低融资成本、降低投资成本和提高单位发电量。厦门市的光伏能源产业具有几个特点：一是砷化镓太阳能电池技术和市场全国领先；二是太阳能光伏技术多样，覆盖面广；三是本地太阳能和 LED 的"天仙配"，共同开拓市场；四是太阳能光伏工程解决方案较完善。厦门市应充分利用这些优势，提升本地太阳能光伏产业的市场竞争力。

垃圾发电方面，厦门市现已建成的垃圾焚烧发电厂在"十二五"期间垃圾处理量逐渐增加，发电量从 2011 年的 3803 万千瓦时上升到 2014 年的 9137 万千瓦时。2011～2015 年，厦门市政府对后坑和翔安 2 座垃圾发电站进行了扩建，2014 年底建成西部（海沧）垃圾焚烧发电厂并投入使用。2011～2014 年，垃圾入厂量累计128.67 万吨，发电量累计 2.77 亿千瓦时，上网电量累计 2.04 亿千瓦时。未来随着城市化推进，人口增长，城市生活固废产生量也将随之增长，加上厦门市垃圾处理方式转变，垃圾发电项目的原料和技术都能够得到保障。规划新增海沧垃圾焚烧发电二期项目和翔安垃圾焚烧发电二期项目，日处理垃圾量均为 1200 吨，每天上网电量 27.6 万千瓦时，前者预计 2018 年投产，后者预计 2019 年投产。

4. 多元能源发展

厦门是一个环境优美的旅游城市，清洁能源的需求更加突出，随着技术条件的不断提高和"绿色成本"的计入，可再生能源替代传统能源的趋势将越来越明显。厦门市政府目前正积极争取国家建设部在资金和政策上给予新能源的开发与传统能源改造方面的支持。其中，厦门市政府已经开始发展太阳能、地热能、风能等再生能源建筑，积极引导全市房地产行业实行多项措施发展节能省地型、再生能源一体化建筑。在推广绿色建筑方面，厦门市政府已在部分新建小区比如海沧绿苑小区、蓝湾国际等项目上进行试点，同时有针对性地选择一些公共建筑、住宅楼等进行绿色改造，待总结经验后推广。由此可见，厦门市政府已经在探索新渠道，缓解厦门能源紧张的局面。

目前厦门市的能源消费结构仍以煤炭、石油等传统能源为主，为了落实节能减排、促进"低碳城市"建设，必须通过推行 LNG 替代政策、提高天然气使用比例、开发利用新能源与可再生能源以及推行环境友好能源政策等优化能源消费结构，利用厦门丰富的可再生资源，在现有的可再生能源规划基础上，加大风能、太阳能、生物质能、水力发电、热电厂的开发力度，考虑地热能和海洋能的开发潜力。

煤炭。减少煤在一次能源消费中的比重，提高全市天然气使用比重。部分热电厂存在只发热不发电的情况，能源利用效率低，应该寻找合适的技术改造途径实现真正热电联产和"煤改气"。"煤改气"的条件是西气东输工程完工增加天然气供应量，以及天然气价格相对煤价格偏高的问题的破解。在天然气西气东输工程完工后，可考虑上马新的天然气发电项目，在提高天然气比例的同时保障本地用电需求。

石油。石油产品在 2014 年占厦门市能源消费总量的 36.94%，主要消费部门是交通和工业。随着人口的增长、生活水平提高和工业的发展，石油产品的需求量将持续增长，但考虑经济增速放缓、节能减排、经济结构调整、建设工地减少等因素，其增速不会上升。而工业等行业将受到经济增长疲软等因素影响，汽油消费能力或有所下滑，根据《厦门市清洁空气行动计划（2014～2017）》要求，厦门市新增或更新公交、出租车将全部选用纯电动或插电式混合动力汽车，将进一步降低对汽油的需求。

天然气。由于国内天然气发展大环境利好，加上供给端西三线工程的推进，以及消费端民用天然气推广、工业"煤改气"和"油改气"等工程的推动，"十三五"期间天然气的使用量会显著上升。厦门市需要通过天然气供应基础设施的建设，调低天然气价格，促进天然气的使用。

新能源和可再生能源。由于厦门的地域、资源限制，不具备发展火电、核电、水电、风电等能源项目，基于本地资源禀赋特点，厦门市"十三五"期间对于新能源和可再生能源的利用主要集中在太阳能光伏发电和垃圾发电上：继续推动海沧和翔安的垃圾发电项目，推广在农村地区利用禽畜粪便、秸秆薪柴实现沼气发电项目；大力推广太阳能热水器应用，在道路、公园、车站、农村等推广使用光伏电源和风光互补路灯照明，探索发展厂房、公共建筑、农业大棚和鱼塘等屋顶太阳能光伏发电项目。加强制度建设，确保政府投资项目广泛应用可再生能源，加强引导和扶持，促进社会投资项目积极选用可再生能源技术，提高可再生能源应用。

5. 能源低碳替代

必须加快能源消费结构性改革，推动厦门市能源消费的清洁化和低碳化，最重要的是要落实控制煤炭消费总量的具体措施，遏制化石能源，特别是煤炭消费量的增长，大力开发和使用节能降耗技术，提高天然气、电力等清洁能源使用的经济性和可行性。未来厦门市对公路、地铁、机场等基础设施的需求依然较大，对能源需求也将持续增加。这一需求将会给生态环境带来更大的压力，在当前可再生能源难以替代化石能源的情况下，必须采取有效措施，对能源消费总量进行控制。

工业（不包括火电行业）能源消耗占厦门市能耗消费的1/3，其产业结构直接影响能耗水平，应优化调整工业内部结构，优先发展高新技术产业、先进制造业，降低高耗能产业比重。对电力、热力的生产和供应业，化学原料及化学制品制造业等高耗能行业进行重点管理，继续加快淘汰落后产能，提升电机、内燃机、锅炉等重点用能设备能效，加强能源评估和管理。

交通运输方面，优化城市空间规划，提高居民工作和生活地点的可达性，减少交通需求。优先发展公共交通和慢行系统，建成普通公交、快速公交、轨道交通和步道自行车道无缝衔接系统，提高居民低碳交通出行率。推广新能源在公交车和出租车系统中的应用，完善加气站建设布局；提升成品油质量，降低交通运输行业能耗与污染物的排放。通过政策优惠，鼓励家庭和企业用户购买使用低排量汽车和新能源汽车，规划完善充电站和充电桩布局。继续推动发展智能交通系统，提高道路使用效率，缓解交通拥挤。货运方面，推行运输集约化，优化运输组织结构，减少单车单放空驶，提高能源使用效率。

建筑节能方面，以现有机关办公建筑和大型公共建筑为重点，通过合同能源管理和全过程能源利用评估，力推节能改造；新建建筑应根据建筑能耗标准，优化建筑能耗设备设计。同时，结合旧城改造和市容整治，推广遮阳板、自然通风系统等经济有效的技术，进行住宅节能改造。

家庭及办公电器方面，通过政策引导和公众教育，促进居民自主节能行动，推广高效节能电冰箱、空调、电视机及办公电器的使用比例，降低待机能耗；实施推广能效标识，规范节能产品市场。家庭其他耗能方面，通过完善供气基础设施、老社区管道改造和价格引导等推进天然气使用，替代 LPG 的使用。

加强能源与水资源的系统管理。合理配置水源，兼顾城市水系统能耗与碳排放。加强需求端管理，提高节能和节水协同效益。深化节水研究，强化节水管理。除了经济原因外，周围人群的行动对用户个体的节水意识和行为也有较大影响，应加强节水宣传教育，提高公众的节水意识，推广节水用具的使用。

四　相关政策及建议

（一）深化机制体制改革

2015 年，我国能源主管部门积极推动能源体制革命。推动体制改革，提高效率、保障公平，落实创新发展理念、解决能源发展矛盾。始终坚持社会主义市场经济改革方向，深化能源体制改革，加快重点领域和关键环节改革步伐。2016 年是"十三五"的开局之年，国家能源工作将继续推进落实电力体制改革指导意见，出台和实施油气改革方案，切实放开电力、油气领域的竞争性环节，优化市场组织结构，完善价格形成机制，完善能源管理市场化调节机制，提高能源配置效率，更好地促进实体经济发展。

厦门市要进一步提高节能意识，加强节能的制度建设，促使节能工作规范化、制度化。节能降耗涉及生产领域、流通领域和消费领域等方方面面，节约能源需要全社会共同参与。厦门市要进一步加大宣传力度，使节能降耗成为全社会的一种自觉行为。

（二）强化产业政策扶持

厦门市节能环保产业企业 300 多家，规模小、集中度低、龙头企业少。厦门市除光电及节能照明产品在全国具有优势以外，其他领域高效节能设备与产品的比例较低，如锅炉、电机、空压机、空调、光伏玻璃等，生产企业少、规模小。企业管理水平总体偏低，取得管理体系认证不足 10%，相关资质等级偏低。高级人才缺乏，核心技术支撑不够。除广电领域外，节能环保企业普遍缺乏对产业发展有重大带动作用的关键和核心技术，自主创新能力较弱，拥有自主知识产权和核心竞争力的企业较少，产品和服务的附加值低，辐射作用小，对产业链拉动效果不明显；节能环保产业基金有待进一步完善。目前七匹狼节能基金，经了解运作尚在初步阶段，环保产业基金尚未建立，产业发展需要直接融资资金渠道较少；没有节能和环保工业园区、孵化园区，未能使"大众创业，万众创新"

引导到节能和环保产业。

厦门市需建立和强化产业政策保障，在产业规划与布局中，加强对"低碳细胞"工程相关产业的扶持，推动构建能源低碳生产新体系。

（1）管理政策方面，进一步优化节能环保产业发展政策环境，制定节能环保产业振兴发展政策，落实财政奖励和会计制度，建立健全节能环保产业统计指标体系和统计制度。鼓励企业参与行业标准制定，完善节能环保行业标准体系。在大力促进自主创新、培育壮大企业、推进创新成果产业化、加强国内外合作、开展应用示范工程、打造产业基地和产业集聚区、培养高素质人才队伍、拓展融资渠道、开拓市场等方面予以扶持。

（2）财税、金融政策方面，积极争取中央各部委发展节能环保产业的专项资金。制定灵活多样的税收优惠方式，落实对符合条件的环保产业企业相关税收优惠政策。加大财政投入力度，设立节能环保产业专项扶持资金，支持节能环保产业发展。鼓励创业投资机构和产业投资基金投资节能环保产业项目，鼓励引导金融机构支持节能环保企业发展，支持信用担保机构对节能环保企业提供贷款担保，鼓励开展知识产权质押贷款，推动节能环保企业进入境内外多层次资本市场融资，支持一批节能环保科技企业上市。

（3）法规政策方面，加大对节能环保产业知识产权保护力度，增强品牌意识，规范市场行为。调动各方积极性，形成监管合力，为节能环保产业的发展提供良好的政策法规环境。

（4）园区政策方面，扶持环保产业园区建设，重点支持园区配套基础设施和公共服务平台建设。对园区内符合要求的环保产业企业，给予财政奖励等政策支持。

（三） 加强基础统计工作

推动建立以企业技术开发中心为主要方式的企业技术创新体系，鼓励企业发挥资金及生产条件等方面优势，联合高校、科研院所开展合作，开展基础统计工作。增强企业的技术创新能力和实力，推进科技资源的优化配置，促进科技在节能环保产业中的运用。进一步加强数据统计工作，除了常规的结果性数据统计外，加强过程性数据统计，如工业用能、工业排放的实时过程数据等。

（四） 加大能源产业评估与监督

建立节能环保产业培育评估机制，依托厦门市产业技术研究院，成立由政府人员、技术专家、产业专家组成的节能环保产业发展专家咨询委员会，定期和产业集群对话，把脉节能环保产业发展过程中存在的问题和可能出现的技术和市场风险，为培育新兴产业提供具有针对性、价值性、建设性的指导报告。

通过明确节能环保责任，加大监督检查和严格执法力度，为节能环保产业发展创造良好的外部环境，使潜在的节能环保市场尽快转化为现实市场。充分发挥行业协会作用，加强行业自律，维护市场秩序，及时掌握行业情况和问题，提高行业整体素质。

（五） 加快人才队伍建设

充分发挥厦门市"海纳百川"和"双百计划"等人才政策优势，依托重大科研和工程项目、央企及其技术研发机构，通过实行个人所得税优惠政策吸引一批拥有核心技术、产业带动力强的创新创业团队和高端领军人才。引导和鼓励高校、科研院所、科技园区和企业联合引才，建立"柔性引才"机制，推动国内外高端人才和智力资源更好地为厦门市节能环保产业服务。

合理布局职业培训、高等教育、在职培训、企业培养、国际交流等不同人才培养机制。利用职业培训培养高级技工，利用高等教育体系培养技术骨干，通过在职培训提高人才的适用性，通过国际交流提升人才的战略眼光，逐步推动建立基础、骨干、战略梯队人才培养体系。

（六）鼓励并支持社区社会组织建设

每一个社区都可以成为一个低碳细胞聚合体，进行能源自生产。厦门市可以继续探索其社区社会组织，并将其作用发挥到"低碳细胞工程"的建设中。在已有的低碳社区建设成果基础上，鼓励社区自治，能源低碳自生产。鼓励支持社区发展超市垃圾零碳中和等低碳细胞工程，发挥社区的自组织和宣传带动能力，将每一个社区建设成一个能源自生产的低碳细胞聚合体。同时，要规范社区管理体制，加强社会组织监管。建立具有孵化和服务功能的社会组织培育服务平台，为社会组织提供资金、场地、项目和技术支持。引进专业指导，创新扶持引导机制，培育社会组织能力，激发社会组织活力。

第六章　厦门市低碳交通创新发展

低碳交通是低碳经济发展模式在交通运输领域的延伸，也是当前世界各国制定低碳发展战略、履行减排义务的主要内容。低碳交通发展目标的实现对于促进经济、社会、环境可持续发展具有重要意义。

2013 年，厦门被交通运输部确定为"全国绿色低碳交通运输体系建设区域性试点城市"，按照市委、市政府的工作部署，三年多来各级各部门持续推进项目和各项任务建设，目前厦门市建设绿色低碳交通区域性试点项目顺利通过了交通运输部组织的验收，获列优秀绿色交通城市。

一　厦门市低碳交通发展总结评估

（一）低碳交通发展成效

（1）在发展低碳公交方面，厦门市不断推进低碳交通建设。推进以公共交通为导向的城市交通发展模式，引导市民低碳绿色出行。BRT（快速公交）运营成效良好，轨道交通一、二、三、四号线开工建设，建成智能交通系统"停车便民交通信息服务系统"，集灌路、马青路等"两环八射"快速路网工程建设进展顺利。开展城市公交智能调度，优化发车班次，推进出租车电召服务，智能化调度出租车，提高服务水平，降低空置率。

厦门市积极推广新能源汽车，全市拥有新能源和清洁能源公交车达 1479 辆，占比达 32.3%，测算每年减排二氧化碳约 8000 吨、二氧化硫 300 吨、氮氧化物 80 吨。2014～2015 年，累计推广新能源汽车 2311 辆，任务完成率居全省第一位。油气双燃料出租车已占全部出租车的 99% 以上，全市核发机动车环保标志 104 万枚（含换发），其中绿标 102 万枚，核发率超过 90%。

厦门市通过推行油电混合公交车、加入新能源车应用示范城市、鼓励居民购买新能源车等方式推动新能源车的发展。持续推广"十城千辆"节能与新能源汽车示范工程。全市在公交、公务、邮政等公共服务领域推广各类节能与新能源汽车，至 2014 年底，基本实现岛内出租车全部使用双燃料，416 辆公交车使用天然气。

绿色交通建设成效显著。积极推进低碳交通基础设施建设，推广清洁能源公交车、出租车使用。大力发展甩挂运输和多式联运，通过优化交通组织方式实现节能减排。着力打造公交都市，形成以 BRT、常规公交为主体，出租车为补充，多层次、一体化的城市公共客运网络，吸引公众选择公共交通方式出行，公共交通机动化出行比例达到 44%。

（2）在发展城市道路节能方面，通过实施隧道节能工程，推行合同能源管理模式，完成厦门成功大道隧道群、环岛干道隧道群等 11 座隧道的照明灯改造工程，全部采用 LED 隧道灯，测算每年节约标准煤 5606 吨，减排二氧化碳 13974 吨。

（3）在运输车辆能源结构绿色化发展方面，进一步发展清洁能源出租车，投放纯电动出租车 660 辆，建成 400 个充电桩；将汽油单燃料出租车改造成为 CNG、汽油双燃料出租车，清洁能源、新能源出租车比例超过 95%，年减排二氧化碳约 16000 吨。大力推广清洁能源和新能源车辆。全市投入大量资金，淘汰油耗高、尾气排放超标的公交、出租车辆，同时作为"十城千辆"节能与新能源汽车示范推广城市及低碳试点城市，大力推广清洁能源和新能源车辆，至 2015 年底，全市新能源和清洁能源公交车辆达到 1479 台（CNG 车辆 416 台、LNG 车辆 307 台、油电混动车辆 386 台、气电混动车辆 370 台），占城市公交车总量的 32.3%；全市 CNG、汽油双燃料车辆 5290 台，汽油单燃料车辆 12 台，纯电动车辆 660 台，占车辆总数的 99.8%。同时，完成 2005 年底前注册营运的黄标车退市工作，严把道路运输车辆准入关，建立节能减排管理制度和激励机制，将使用环保节能车型作为线路招标、经营权投放的条件，鼓励企业购买节能车型。

（4）在交通工程低碳管理方面，严格实行交通工程低碳管理，在厦门地铁、翔安机场、火车站改造等重点工程建设过程中，加强施工单位节能管理和重点能耗设备用能管理，推行雾化降尘措施，积极采用新工艺，实现经济和环保效益双丰收。

（5）在慢行系统建设方面，不断完善步行与自行车系统。完成计划的三项建设内容，并新增建设一项。一是环筼筜湖步行系统完善工程，比原计划增加了 19.6 公里；二是老铁路带状公园步行系统完善工程，与原计划相符；三是湖里高新技术园步行与自行车系统工程，比原计划缩短了 1 公里，自行车实际投放量达到了

3000 辆。另外新增建设"岛内公共自行车系统一期工程",新增公共自行车道 125 公里,公共自行车约 7000 辆,355 个站点。

（6）在港口码头绿色低碳化建设方面,不断推行自动化集装箱码头建设,对海沧港区现有 14# 和 15# 泊位进行集装箱自动化装卸系统改造,改造建设成 1 个 12 万吨级集装箱自动化泊位,改造建设自动化堆场和相应的配套设施,完成投资额为 17467.7577 万元。

"十二五"期间是厦门市交通运输行业投入最大、发展最快、群众受惠最多的五年,五年来交通基础设施网络更加完善,交通发展方式加快转变,交通运输节能减排加快推进,交通运输生产能力和服务水平进一步提高,安全质量监管水平有效提升。一是交通固定资产投资全面超越"十一五"期间。"十二五"期间全市交通固定资产投资完成 1082 亿元,是"十一五"期间的 1.4 倍。先后完工沈海高速厦门段扩建、厦安高速公路、厦成高速、厦漳跨海大桥、环岛干道、海翔大道、龙厦铁路、厦深铁路、厦门站改扩建、前场铁路大型货场铁路作业区一期、枋湖客运枢纽等重点工程,初步建成以铁路、高速公路为主骨架,海空港为主枢纽,集多种运输方式于一体的综合交通网络,完成从铁路"末梢"到东南沿海重要铁路枢纽的转变,厦门机场成为我国东南地区重要的区域性航空枢纽。二是公共交通服务能力显著增强。"十二五"期间,全市共计新开通公交线路 137 条,调整优化公交线路 283 条,在全省率先实施社区公交便民工程并开通 7 条线路,新增、更新公交车辆 2253 台,完成 70 条农村客运线路公交化改造,实施常规公交票制改革;更新出租汽车 3884 辆,增投出租汽车 1462 辆,试点投放电召经营出租车,提供差异化服务。三是物流服务水平明显提升。完成万翔冷链物流中心、晋联翔安物流中心以及三明、龙岩、吉安陆地港等建设；实施扶持物流企业和项目资金补助、减免货运车辆通行年费等措施，有计划地培育了一批重点物流企业和项目；成功举办海峡物流节、海峡物流论坛、全球物流与货运峰会、国际冷链物流峰会等活动，推进区域合作交流。四是交通运输行政管理改革取得显著成效。成立市级交通资金核算中心，承担全市交通资金核拨监管职能；全面完成"四张清单"编制及公布工作，行政许可事项、其他权力事项全部进驻市服务中心办理，审批时限缩短至法定时限的35%，承接省级下放事项13项，重点审批环节进一步优化，市区交通运输主管部门的权责分工更加明确。五是交通信息化建设取得突破。建成市级公路路网中心和路网管理与应急处置平台、客货运驾驶人信息管理平台、物流配送智能化综合服务平台、公交车辆智能调度管理系统、快速公交（BRT）智能系统、出租车智能监控报警调度管理系统等，启动综合交通运行信息指挥中心建设，实现了对常规公交、BRT、出租车、"两客一危"、维修驾培等车辆的动态监控和管理，以及公路路政、养护、路网管理与应急处置等功能。

（二）面临的挑战

目前厦门市交通基础设施供需还存在结构性矛盾，综合运输通道能力不足，设施技术等级、港站集疏运体系和综合枢纽建设有待进一步加强；区域间、岛内外，各种交通运输方式发展还不尽协调，综合交通基本公共服务供给能力有待提高；交通运输综合协调制度有待健全，与供给侧结构性改革相适应的土地、环保、资金等政策体系还需逐步健全，行业转型升级发展能力有待进一步加强。

一是综合交通发展受到管理体制机制制约。厦门市交通管理职能较为分散，缺乏"大交通"管理协调机制，尚未实现以综合交通发展为导向的统筹管理。二是交通基础设施服务能力不足。随着自贸区、"一带一路"建设和跨岛发展的深入推进，综合通道能力仍然不足，综合交通枢纽建设仍需加快。三是公共交通优先尚未有效落实。快速公交网络还不完善，岛内外交通基本公共服务尚未实现一体化，近年来受轨道施工、交通拥堵影响，公交运营效率有所下降。四是运输发展方式有待进一步转变。运输市场历史遗留问题较多，特别是出租车难以适应新形势需求，货运企业粗放经营、恶性竞争的状况比较普遍，影响运输安全与效率，运输行业发展和安全稳定监管难度不断加大。五是现代物流发展面临制约。缺乏进取的体制、机制和产业政策创新环境，物流要素集聚不足，近年来发展腹地危机凸显，政策扶持力度不够，管理职能分散难以形成合力。六是智能化水平有待进一步提升。交通智能化系统建设比较分散，各系统之间未实现基础采集数据共享和应用成果信息共享，数据使用效率偏低。

（三）发展经验总结

厦门在推进低碳城市试点建设过程中，在厦门土地空间较小、资源环境承载力相对较弱的基础上，有效落实了国家低碳试点城市建设要求，并形成了四个方面的主要经验：一是以规划政策为先导，通过编制美丽厦门战略规划、实施"多规合一"等强化低碳发展统筹作用；二是以产业升级为引领，通过打造"5 + 3 + 10"现代产业体系，大力发展航运物流、旅游会展的绿色低碳产业，提升低碳发展核心竞争力；三是以绿色建筑和绿色交通为特色，大力推广绿色建筑、可再生能源建筑，大力发展新能源汽车、城市慢行系统建设等，丰富低碳建设内容；四是以项目示范带动为支撑，实施完成"十城万盏""十城千辆"等重点低碳示范项目，不断推动绿色低碳发展。

二 国际先进城市低碳交通发展对标
——新加坡低碳交通

新加坡作为亚洲四小龙之一的发达国家，一直致力于打造高效、便捷、安全可靠且廉价的世界级交通系统，新加坡在城市公共交通发展过程中采取了很多卓有成效的政策和措施，都可以为厦门市低碳交通创新发展提供有益借鉴。

（一）新加坡低碳交通发展历程

（1）自由发展时期——政府管制失效。在英国殖民统治时期，有轨电车于 1905 年开始运营。1925 年成立的新加坡动力公司（STC）接管了有轨电车运营业务，成为主要的公共交通运营公司，而政府很少关注公交事务。在郊区，主要由个体户经营很多零散的公共汽车业务，后来逐渐发展为 11 家由华人运营的小型公交公司。二战以后，新加坡公交线路不断增加。1965 年新加坡独立后，既有的公交服务严重滞后于经济社会发展需求。

（2）优化调整时期——政府强力干预。20 世纪 70 年代初，新加坡有 11 家公交公司经营 117 条线路。每家公司服务于不同区域，没有任何票价、路线或时间表的统一规定，公交服务质量非常落后。由于认识到提高公交服务的重要性和私人小企业经营公交业务的困难，政府开始干预公交发展事务，选派政府官员介入以克服管理障碍，并努力改善公交财政状况。1971 年政府制定了"新加坡重组汽车运输服务"白皮书，强制性地将 11 家小型公交公司合并成为 3 家大公司。1973 年，政府进一步将这 3 家公司整合，成立了新加坡巴士公司（SBS），并于 1978 年在新加坡证券交易所上市。1982 年，第 2 家巴士运营公司（Trans Island Bus Service, TIBS）成立，以促进市场竞争。1987 年，第一家城市轨道交通公司（Singapore Mass Rapid Transit，SMRT）开始运营。

（3）协调发展时期——政府适度宏观调控。2001 年，受"公共汽车—轨道交通联合运输"模式的启发，SMRT 公司收购了 TIBS 公司的公交运营业务，成立了 SMRT 巴士公司，成为 SMRT 的下属公司，同时也是第一家多式联运公司，2003 年，SBS 公司也开始经营轨道交通运营业务，并改名为 SBS Transit 公司。新加坡的城市公交运营由此走上了市场化道路，政府不再过多干预运营事务，而是给予总体上的宏观调控。

（二）新加坡低碳交通发展经验

新加坡实行城市交通"推、拉"策略。1967～1971 年，新加坡城市规划部门对岛内的自然资源开发进行了一次概念规划，指出"必须在小汽车和公共交通的使用上保持一个理想的平衡状态"。为此，新加坡采取了两种极端的方法发展交通："拉动"（PULL）策略——改善公共交通服务和"推动"（PUSH）策略——限制小汽车使用（包括拥车证制度、道路拥挤收费制度等）。1996 年，新加坡政府颁布了《交通发展白皮书——建设世界一流的陆路交通系统》，提出四项基本策略：土地利用与交通发展的一体化规划、优先发展公共交通、交通需求管理、路网建设与提高通行能力，进一步明确了"推、拉"策略在城市交通发展中的战略指导地位。同时指出，要实现远期公共交通出行比例达到75%的目标，努力做到人口增长和经济发展不受制于有限的空间和资源。

近年来，为了建成更高效便捷的城市公共交通系统，以达到在2030年实现早晚交通高峰期公交出行率达到75%的目标（到2050年达到85%），让公共交通成为能源使用效率最高的出行模式，有助于实现碳减排，新加坡在如下几个方面加强了建设。

一是增加大众捷运系统（Mass Rapid Transit，MRT）的投资，新加坡政府已经投资600亿新元，预计到2020年前后，使现有的铁路系统长度从2008年的138公里翻倍增加到280公里。新增铁路线路和原有铁路延长线如跨岛线路、裕廊区线路将会在2030年前完工，到时将会使新加坡铁路网络扩张到360公里。为了迎合铁路系统扩张，新加坡政府将会购买更多的火车和增加周末火车班次，以继续保持MRT的易接受性和能源效率的高效性。

二是提供更为便捷的公交巴士选择。新加坡政府通过引入更大载客能力的公交巴士以及增加额外的巴士停靠站，为新加坡市民提供一个更好的交通选择。在未来的5年，随着额外增加的800辆公交巴士（20%的增长率）投入使用，公交巴士出行的连通性、高效性和良好的乘坐体验将为新加坡的通勤者提供一个有吸引力的出行选择。此外，新加坡政府给予公交巴士更高的道路行使优先权，例如全天、闲时的巴士道路划分以及全岛范围强制性给巴士让路计划的实施，将会使巴士出行具有更高的效率。

三是实行更加严格的私家车拥有政策（Stricter Vehicle Ownership）。新加坡是实行全球最为严格和最具创新性的私家车拥有制度的政府之一。为了使新加坡道路上数量巨大的车辆得到有效控制，新加坡在1990年首次实施了车辆配额制度（VQS），车辆配额制度通过每年注册的方式来限制新增私家车的数量。为了注册一辆新的私家车，个人必须通过竞拍的方式取得"拥车证"（COE），每年可以注册的新车数量主要根据交通系统的持续发展计算得出，一般为当前私家车拥有量的0.5%。

四是改变驾驶习惯（Changing Driving Habits）。新加坡的电子道路收费系统执行谁使用谁付费的原则，对通过交通拥堵区域的车辆进行收费，这直接影响着驾驶者的驾驶习惯，鼓励驾驶者绕开拥堵路段、选择非繁忙时间段驾驶私家车或者是选择公共交通。此外，征收每升0.41~0.44新元的汽油税也是一种交通管理的辅助手段，汽油税的具体征收数额主要取决于汽油的等级。

五是提升绿色能源汽车的拥有量（Promoting Green Vehicles）。通过制定基于车辆碳排放的计划（CEV），新加坡政府将会为购买低碳排放车辆的消费者提供奖励措施。从2015年7月1日起注册的新车或者是进口的二手车辆，每公里碳排放少于或者等于135g的，将会获得7500~45000新元的退款，这个退款可以用来抵消车辆额外注册费用。而从2015年7月1日开始，每公里等于或大于186g碳排放的高碳排放车辆将会产生相应的5000~30000新元的注册罚款。

（三）新加坡经验对厦门低碳交通发展的启示

1. 厦门交通碳排放概况

"十二五"期间，厦门市能耗强度不断下降，万元GDP能耗从2010年的0.523吨标准煤下降到2015年的0.437吨标准煤，在全国大中城市中处于较低水平。能源结构不断优化,煤炭占全社会能源消费比重由 2010 年的 32.75% 下降到 2015 年的 24.33%。碳排放得到进一步控制,万元 GDP 二氧化碳排放量从 0.937 吨下降到 0.776 吨,累计下降超过 17%,超额完成"十二五"排放目标。

从碳排放总量以及人均碳排放量这个角度来看,2010~2015年,厦门市碳排放总量以及人均碳排放呈现较为缓慢增长的趋势。碳排放总量方面,从 2010 年的 1930.548 万吨增长到 2015 年的 2641.877 万吨,年均增长幅度为 6.5%;其中 2010~2011 年增长速度较快,碳排放总量从 2010 年的 1930.548 万吨增长到 2012 年的 2520.133 万吨,增长幅度为 35.54%;2011~2012 年,2014~2015 年均有一个下降过程。人均碳排放也和碳排放总量有着相同的趋势(见图 6-1)。

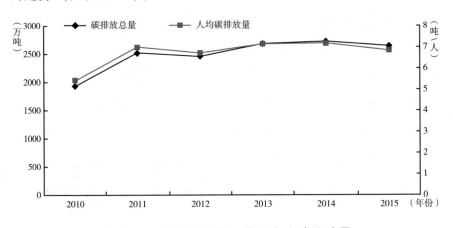

图 6-1 厦门碳排放总量及人均碳排放量

为了更好地体现厦门市低碳交通的发展趋势,有必要在交通碳排放占比以及人均交通碳排放两个方面对厦门市交通碳排放进行分析。

在交通碳排放占比方面,2010~2015 年,厦门交通碳排放占比呈现先增后减的趋势。交通碳排放占碳排放总量的比例在 2015 年有一个快速下降的趋势，从 2010 年的 34.18% 上升到 2014 年的 37.57%，到 2015 年下降到 32.71%，比 2014 年减少了 4.86 个百分点。人均交通碳排放方面，也具有同样的趋势，从 2010 年的 1.85 吨/人上升到 2014 年的 2.69 吨/人，到 2015 年下降到 2.24 吨/人，2015 年比 2014 年减少了 16.73%（见图 6-2）。

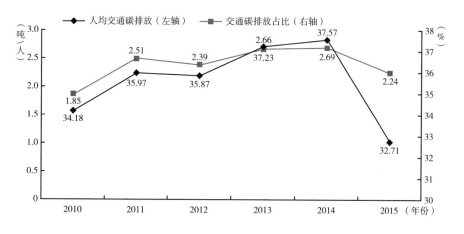

图 6-2 厦门交通碳排放占比及人均碳排放

2. 厦门与新加坡交通碳排放的比较

新加坡作为公共交通系统发达的国家，一直在寻求高效节能的城市交通发展模式，也取得了显著成效。厦门通过与新加坡在交通碳排放方面的比较，可以为其未来的低碳交通创新发展提供一些经验借鉴。为此，我们选取了 2010～2014 年共五年的数据，分别就人均碳排放、交通碳排放占比以及人均交通碳排放等三个方面进行详细比较。

（1）人均碳排放比较。在人均碳排放方面，总体来看，由于新加坡经济发展阶段以及产业转型升级较早，碳排放达峰时间应该早于厦门，因此新加坡的人均碳排放一直高于厦门，基本为厦门人均碳排放的 1.3 倍左右。但从五年（2010～2014 年）的人均碳排放发展趋势来看，新加坡的人均碳排放呈现先增后减的趋势，在 2012 年达到 10.28 吨/人之后便呈现缓慢下降的趋势；而厦门因为还处于达峰前期，人均碳排放一直处于缓慢增加状态，从 2010 年的 5.42 吨/人增长到 2014 年的 7.17 吨/人（见图 6-3）。

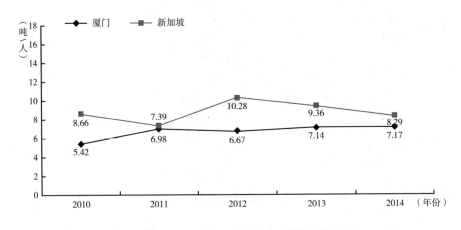

图 6-3　厦门及新加坡人均碳排放量比较

（2）交通碳排放占比比较。交通碳排放占比在一定程度上能体现交通系统的效率，虽然在人均碳排放方面新加坡高于厦门，但在交通碳排放占比方面，厦门远高于新加坡，说明厦门交通系统的效率还有进一步提升的潜力。从 2010～2014 年的数据来看，总体趋势上，新加坡交通碳排放占比已经呈现下降的趋势，而厦门的交通碳排放占比还处于缓慢上升的趋势。五年间厦门市交通碳排放占比均值为 36.16% 左右，而新加坡仅为 15.79%，远远低于厦门（见图 6-4）。

（3）人均交通碳排放比较。与交通碳排放占比相比，人均交

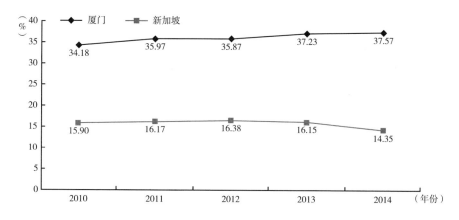

图 6 - 4　厦门及新加坡交通碳排放占比比较

通碳排放更能体现城市交通系统的效率及低碳程度。总体来看，新加坡与厦门的人均交通碳排放均处于一个缓慢上升的过程，但在数量方面，厦门远远高于新加坡，从五年的数据来看，厦门年均人均交通碳排放为新加坡的 2.9 倍左右（见图 6 - 5）。

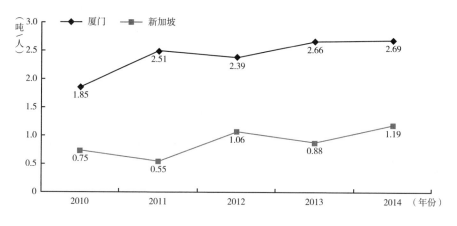

图 6 - 5　厦门及新加坡人均交通碳排放比较

3. 新加坡经验对厦门的启示

（1）持之以恒并不断完备的综合、系统的交通发展战略。解决城市交通问题是一个系统问题，而确定一个很好的交通发展战略和规划是综合解决城市交通的关键。新加坡陆路交通管理局在1996年发表了名为"世界级的陆路交通系统"的交通政策白皮书，将建立一个高效、便捷、安全可靠且价廉的世界级陆路交通系统作为新加坡陆路交通发展的方向和目标，其核心是遵循两大基本策略：一是吸引乘客使用公共交通，优化公路网，改善相关设施；二是努力提供高效率及高效益的陆路交通系统以满足经济发展、出行人、车主和行人四方面的不同需要。因此，提出了结合土地应用及交通规划、扩展公路网络及采用先进科技让使用者充分利用现有的公路设施、公路需求管理和提供优质的公共交通服务四个满足公路（道路）发展和适应新加坡发展需要的交通发展基本政策，奠定了新加坡建设世界水平交通运输系统的基础①。

（2）土地使用与交通规划协调一致的规划体制。交通规划由交通主管部门编制，并并入总体规划中。新加坡陆路交通管理局在结合土地应用及交通规划方面的成效是明显的，前瞻性极强，做到了交通设施与建筑发展的结合，综合规划各种交通方式使人们在转换交通工具时便利无阻。一是规划建设完善的交通网络。尽管土地资源紧张，新加坡公路（道路）规划却相当科学，路网交错有序，现代化的立体交通网络使密集的人流、车流得到均衡分配，城市交通出行结构合理。二是通过整合交通规划和城市规划以满足交通管理需求。新加坡都市重建发展局负责交通的总体规划，陆路交通管理局负责陆路交通规划与发展。陆路交通管理局和都市重建发展局等在规划上以及实施上依法分工协作，相

---

① 付丽丹：《深圳市交通工程建设政府监管研究》，大连海事大学硕士学位论文，2012。

互配合。

（3）构建完整、和谐的公路（道路）路网体系。新加坡公路（道路）网络系统在全球排名前列，四通八达、快速通畅的公路（道路）路网体系是确保公共交通快速运转的先决条件之一，[①] 新加坡公路网占全岛面积的 12%，几乎与新加坡住房面积占地一样多。新加坡公路（道路）交通标志明显、清晰，设施齐备，路面干净，绿化保洁良好，路边多立体绿化，基本绿树成荫，维护成本较低。道路施工组织较好，很注意文明施工，各种防护措施到位，除了分隔围栏外，几乎看不到施工现场的凌乱，车辆进出施工场地均现场冲洗清洁，围栏也能因地设立，注意与周围环境的协调，对相邻交通干扰较少，较多地体现了以人为本的理念。

（4）统一、高效的管理机构。新加坡通过立法，设立专门的机构——陆路交通管理局，并授权该局全权负责监管国内所有陆路交通工具，包括私人与公共交通和公路地铁系统。统一负责制定陆路交通政策，制定与土地使用相结合的陆路交通规划，规划、设计及建造地铁与道路的基础设施，管理公路交通、维护公路设施，提升公共交通，监管公共交通的服务水平以及监管车辆注册、执照及税务等工作。集陆路交通政策、陆路交通规划、公路（道路）建养、交通设施、交通管制、车辆注册管理、检测管理、拥车证管理、规费征收、行业管理等职能于一身，职责明确，为保证有效管理提供了前提条件。新加坡城市交通指挥中心也设在陆路交通管理局。裕廊镇集团所负责的工业区内的道路，国家公园

---

① 冯亮洪、傅工范：《建设具有商城特色的交通网络以缓解交通拥堵》，《交通标准化》2011 年第 20 期。

局所负责的国家公园内道路，以及道路两边绿化等，也由陆路交通管理局负责管理。

（5）严格依法管理，严格执法的法治交通体制。新加坡是世界上法律最多的国家之一。新加坡政府部门和法定机构严格依法办事，按法律授权办理各项事务，没有额外的酌情和例外。交通法规是其法制系统的一个重要部分。交通法规健全，执法严格，国民守法自觉。正是因为有完备的法律体系、操作性强的法律规范、严格的行政执法、全面普遍的法律意识，才使新加坡的交通在健全的法制环境中，做到了井然有序、高效便捷。新加坡对交通违规者的惩罚相当严厉，无论是司机还是行人，违规者除要交付巨额罚款外，还可能面临吊销执照甚至监禁的处罚。

（6）管理科技化、信息化、智能化。新加坡不断强化具有科技管理技术含量的交通管理系统，服务交通发展战略，体现和谐交通。在谨慎而科学的研究和评估后，及时运用信息技术等手段，选择和实施必要的管制和调控，实施需求管理，改进和加强交通管理，如实施智能交通平台，实时监控、管理公路运行；通过静态的车辆配额系统（Vehicle Quota System，VQS）与动态的电子道路收费系统（Electronic Road Pricing，ERP）两种主要方式对交通进行需求管制等。

三 "十三五"期间厦门市低碳发展创新项目

（一）自行车慢行交通系统建设

城市慢行系统是预防和缓解交通拥堵、减少大气污染和能源消耗的重要途径，是厦门市低碳发展创新的一个亮点。推进厦门自行车慢行交通系统建设，对于改善城市人居环境、促进城市可持续发展有着重要意义，也是解决公共交通"最后一公里"接驳换乘的理想交通方式。

"十三五"期间，厦门市结合城市 BRT 系统、公交系统及旅游休闲系统，加快建设公共自行车系统，结合自行车道系统建设，近期在厦门岛内布设 422 个公共自行车服务点，公共自行车达 14400 辆。2017 年底，岛内自行车交通系统基本完善，到 2020 年，建成较为完善的全市自行车慢行交通系统（见表 6-1）。

表 6-1　"十三五"期间自行车系统建设一览

项目类型		项目名称	投资估算（万元）	任务目标	区域	长度（公里）
公共自行车	1	湖里西部片区公共自行车系统工程	5472	2017 年建成	湖里	18.8
	2	湖里中部片区公共自行车系统工程	4763	2017 年建成	湖里	21.3
	3	仙岳路公共自行车系统工程	3424	2017 年建成	湖里	7.67
	4	翔安区自行车系统	—	2020 年前建成	翔安	50.00
	5	同安区自行车系统	—	2020 年前建成	同安	40.00
	6	集美区自行车系统	12000	2020 年前建成	集美	80.00
	7	海沧区自行车系统	—	2020 年前建成	海沧	60.00

目前，厦门市自行车慢行交通系统运行效果较好，作为低碳出行的一种新方式得到市民的广泛接受。截至 2016 年 6 月，在厦门岛内，市民总办卡量为 117630 张，总骑行次数为 5357323 人次，日均骑行 27591 人次；在海沧区，建成投入使用 200 个公共自行车

站点，投入运行 3639 辆公共自行车。已累计办卡 55811 张，总骑行次数为 9349416 人次，日均骑行 18692 人次。

（二）智能交通管理系统建设

厦门市综合交通运行信息指挥中心的投入使用，初步形成了全市统一的综合交通信息指挥平台，建立了岛内交通监测网络和交通基础设施的静态数据库，实现了行业内各子系统之间数据的互联互通，基本实现了对地面公交、BRT、出租车、"两客一危"、维修驾培等车辆的动态监控和管理，能够面向社会公众提供内容较为丰富、发布渠道较为完善的便民交通信息服务，同时实现了港口局、检验检疫局、海事局审批、放行、通关查验等信息的共享，提升了通关效率。

"十三五"时期，厦门提出建成生态文明示范市，构筑安全可靠的城市公共安全体系，打造智能完善的智慧城市的发展目标。为此，要求交通运输综合运用移动互联网、云计算、大数据、物联网等新一代信息技术，提升服务和治理水平；把绿色发展理念贯彻落实到交通运输发展全过程，以绿色交通发展全面支撑生态文明建设；进一步提升交通运输系统整体的安全性，加强交通运输安全监管和应急救助。通过有效整合现有智慧交通资源，促进交通领域参与要素的动态全面感知、海量数据深度融合，重要路段、航段监测覆盖率达到 60%，智能交通管理系统覆盖率达到 50%。安全和应急保障充分有力，交通运输事故死亡人数比 2015 年下降 5% 以上，公路工程建设施工死亡人数控制在市政府下达的指标以内；实现一般灾害情况下公路抢通时间不超过 24 小时，公路应急救援到达时间不超过 2 小时，海上 100 海里内飞机应急到达时间不超过 1.5 小时。资源利用和节能减排成效显著,清洁能源、新能源公交车比例达到 40%,交通运输 CO_2 排放强度比 2015 年下降 7%。

（三）自动化码头建设

厦门市大力推进绿色港口建设,积极推广码头"油改电"项目,实施"绿色作业",仅嵩屿码头实施"油改电"后,年节约能源超过 1800 吨标准煤;同时,引入 LNG 撬装站设备满足 LNG 拖车的供气需求,努力实现"全电码头"的目标。2014 年 8 月,国际领先、国内首个全自动化远海码头正式运营,成为我国航运史上的里程碑。

厦门远海集装箱码头是全球首个真正意义上的无人化、全自动化集装箱码头,与传统的集装箱码头相比具有更高效率以及更低的碳排放。传统的集装箱码头在生产作业中受人为因素、天气因素、成本因素等影响,还面临吞吐量急剧增长的压力,而厦门远海自动化码头设备采用电源驱动,和常规码头相比,碳排放量下降 20% 左右,能耗费用下降 45% 左右。其装卸系统由中央控制室计算机控制,在全球各种类型的自动化码头控制方式上独树一帜。此外,自贸区海沧园区远海自动化码头泊位内,设计容量 3 兆瓦,可为 10 万吨级集装箱船提供岸电服务。加上全电力装卸系统、全电动接箱平台、全锂电池驱动自动导航小车 AGV 等新技术的采用,远海自动化码头也将成为国内第一个真正意义上的全电动、零排放、全自动化集装箱码头。项目投运后,每年将减少船舶燃油消耗 300 吨,减排二氧化碳 951 吨、硫化物和氮氧化物 51 吨,年替代电量 150 万千瓦时以上。

（四）合同能源管理项目建设

合同能源管理机制的实质是一种以减少的能源费用来支付节能项目全部成本的节能投资方式。这种节能投资方式允许用户使用未来的节能收益为设备升级，降低目前的运行成本，提高能源利用效率。节能服务公司（EMCo）是一种基于合同能源管理机制运作的、以赢利为直接目的的专业化公司。EMCo 与愿意进行节能改造的用户签订节能服务合同，为用户的节能项目进行投资或融资，向用户提供能源效率审计、节能项目设计、原材料和设备采购、施工、监测、培训、运行管理等一条龙服务，并通过与用户分享项目实施后产生的节能效益来赢利和滚动发展。按照合同能源管理模式运作的节能项目，在节能改造之后，原先单纯用于支付能源费用的资金，可同时支付新的能源费用和 EMCo 的费用。

目前厦门市已经完成 11 座隧道全部照明的节能改造工作，主要包括厦门市成功大道隧道群（含梧村隧道、万石山隧道、钟鼓山隧道等三座隧道）、环岛干道隧道群（含黄厝隧道、金山寨隧道、曾山隧道等三座隧道）、白城隧道、天马山隧道以及云顶隧道、海沧隧道、狐尾山隧道等隧道的隧道灯 LED 合同能源管理改造；隧道灯具合计 52313 盏，总功率 2986.83 千瓦。

项目实施后，节能降碳及经济效益显著，预测每年可节约标准煤 5606 吨；可减少排放二氧化碳 13973.91 吨，节约电费约 1112.01 万元（见表 6-2、表 6-3）。

表6－2　隧道节能工程减少功率预测

单位：千瓦

隧道名称	目前隧道照明的总功率	项目实施后的总功率	减少的功率
成功大道隧道群	1562.47	667.30	895.17
环岛干道隧道群	265.24	126.40	138.84
白城隧道	190.75	163.13	27.62
天马山隧道	420.28	193.18	227.10
云顶隧道	256.56	107.59	148.97
海沧隧道	278.78	123.12	155.66
狐尾山隧道	12.75	6.12	6.63
合　计	2986.83	1386.84	1599.99

表6－3　项目实施后节省的电费预测

单位：万元

隧道名称	目前隧道照明的年电费	项目实施后的年电费	每年节约电费
成功大道隧道群	1140.869	514.311	626.557
环岛干道隧道群	193.670	97.421	96.249
白城隧道	139.281	125.732	13.550
天马山隧道	306.879	148.891	157.988
云顶隧道	187.332	82.923	104.409
海沧隧道	203.557	94.893	108.664
狐尾山隧道	9.310	4.717	4.593
合　计	2180.898	1068.888	1112.010

以燃烧煤炭的火力发电为参考，每节约1度电，相应节约0.4千克标准煤，同时减少排放0.997千克二氧化碳，得出以下公式：

每年减少 CO_2 排放量（吨）＝年电量（千度）×0.997；

每年可节约标准煤（吨）＝年电量（千度）×0.4。

由以上公式可得，每年减排为：

CO_2：$14015 \times 0.997 = 13972.96$（吨）；

标准煤：$14015 \times 0.4 = 5606$（吨）。

四 厦门市低碳交通创新发展对策建议

（一）政府层面

1. 交通引导城市规划

科学合理的城市布局是实现低碳交通的基础。城市规划布局决定着居民日常活动交通需求的多寡和出行方式的选择，要真正实现低碳交通，首先应该从源头入手，将交通规划与城市布局结合起来，强调交通规划与城市布局的协调发展。应充分借鉴新加坡成功经验，逐步建立起有利于低碳交通的紧凑化、多中心的空间结构，进行公共交通和土地利用的联合开发，对公共交通站点或枢纽周围的土地进行高强度的开发，在提高城市土地利用效率的同时，减少潜在的交通需求。同时还应尽量避免单一、巨型化功能区，建设功能复合的公共服务设施和商业设施。[①] 交通与城市发展、土地利用是密不可分的，交通系统代表城市的供应系统，土地利用则是功能在空间上的聚集。通过交通的发展，引导可达性的变化，对土地的功能、强度等进行重新分配，从而改变土地在空间上的整体布局。要优化本岛及新城区的跨海连通，将原本

---

① 樊建强：《以新加坡模式为参考规划城市交通低碳发展》，《环境保护》2013 年第11 期。

以本岛为中心的交通模式转变为岛内外各中心之间相互连接的交通模式。①

厦门的城市结构与其他城市不同，由于地域的分离，厦门未来需要进行跨湾发展，这就需要依托大运量、快速的轨道交通，覆盖城市中各个重要区域，担负起串联客流走廊的重任。在厦门新一轮战略规划中，提出了 5 条主干轨道线（厦门岛—厦门北站；厦门岛—海沧；厦门岛—翔安—厦门新机场；厦门岛—翔安—同安；厦门新机场—翔安—同安—厦门北站），这 5 条线路从南北东西向构建了厦门交通的立体网络，利用组织换乘方式及多运输方式转换的途径，架构了"一体化"的网络结构。厦门城市交通的矛盾点主要来自本岛自身的交通以及进出岛之间两个方面，因此需要整合城市内外交通网络，依托交通枢纽来引导城市的发展，以达到"组团式、串珠式"的空间结构。未来需要集城际轨道、轻轨、地铁、普通公交、BRT 以及水上交通于一体的综合交通枢纽来连接城市各中心，这可以将众多不同的交通点进行有效链接，绘制交通网，实现各种交通的"无缝衔接"发展。

2. 注重枢纽站点的建设，交通设施体现多种功能的整合

借鉴新加坡尤其重视枢纽建设的经验，通过枢纽站点建设对交通实施有效组织。在城市副中心、大型居住区、地铁交汇点等建设大型换乘中心，偏远地区的居民出行主要通过这些枢纽来完成换乘。此外，在大部分地铁站点配置若干条公交接驳线路，形成小型换乘枢纽。

---

① 赵楚婷、冯四清：《基于多中心结构的城市交通模式探究——以厦门城市交通为例》，《青岛理工大学学报》2016 年第 1 期。

与世界上大部分国家一样，新加坡地铁车站与其他设施较好地整合在一起，为乘客提供多功能的服务，这也是厦门可以借鉴的经验。在大的地铁换乘站，地下空间融合地铁站台层和营运大厅，地上空间则作为商业开发，设有商场、超市和饮食中心等，将大量的出租车停靠点设在商业中心、宾馆、医院等建筑门口，方便市民使用各种交通工具出行。

3. 充分利用空间和地下资源

对厦门综合交通枢纽地下空间的开发将有利于厦门市低碳交通建设，一方面通过城市轨道交通和城市其他交通方式的换乘，充分发挥城市轨道交通作为大容量干线交通方式的作用，有效利用公共交通资源。多种交通方式之间的换乘设施应实现一体化布置，合理利用地上、地下步行系统和地下停车系统，将各种交通方式的换乘集中在枢纽内部进行，使换乘距离缩短，充分体现"无缝接驳"的换乘理念，提高乘客换乘的质量和舒适度。另一方面，为避免城市中心区铁路线对城市发展产生割裂，将其铁路地下化，有利于整合城市整体发展，提高综合竞争力；有利于减少铁路噪声污染，改善地面声环境，提高沿线生活环境品质；有利于节约能源，减少空气污染，提高城市综合效益；有利于消除市区内的铁路与公路平交道口，提高道路的通行效率和安全性；有利于提高城市综合抗灾能力。[①]

4. 科学的交通管理

科学的交通管理也是低碳交通发展中的重要一环。借鉴新加坡交通管理经验，厦门交通管理部门应该逐步树立"货运物流化、

---

① 张平：《国内外综合交通枢纽站地下空间开发利用模式探讨》，载《生态文明视角下的城乡规划——2008 年中国城市规划年会论文集》，中国城市规划学会，2008 年 8 月。

交通智能化、系统信息化"的理念，不断提高交通运输的组织管理及服务水平，确保交通资源集约利用，减少能源消耗和温室气体排放，进而实现低碳交通发展目标。其中应该特别重视建立实时、高效的智能交通系统，引导居民出行，降低车辆延误率，提高交通运行效率。[①] 另外，政府应该出台政策对低碳交通支撑技术的研发进行支持，城市交通管理部门要会同相关行业和部门整合各项交通节能减排技术，为低碳交通提供技术保障。

（二）社会层面

1. 从社会的层面解决交通问题

积极寻求从社会的层面解决交通问题的途径，更高效的交通系统意味着更低的碳排放。厦门市应更多地关注政策之间的相关性以及政策可能产生的整体的社会效应。如借鉴新加坡的做法，针对市民对"拥车证"管理制度可能引发的不满，推出非繁忙时段用车制度，该类车辆在非繁忙时段，如工作日晚7点到次日早上7点使用，还可以从车辆注册中得到一定的回扣，此制度得到周末用车人群的欢迎。

2. 发挥社会组织的积极作用

动员和鼓励社会组织充分发挥自身优势，利用图书馆、博物馆、青少年宫、教育基地、旅游景点、农村示范基地等向广大市民宣传低碳生活方式的理念和意识。充分发挥社区以及 NGO 等科普平台的作用，经常性地开展科普宣传活动，向公众特别是青少

---

① 樊建强：《以新加坡模式为参考规划城市交通低碳发展》，《环境保护》2013 年第 11 期。

年普及低碳生活知识，倡导低碳生活方式，营造全社会低碳生活氛围。

（三）居民层面

倡导低碳生活理念，培养市民低碳出行的习惯。所谓"低碳生活"是指通过转变消费理念和行为方式，在保证生活质量持续提高的前提下，减少二氧化碳等温室气体排放的生活理念和生活方式。对于城市居民来说，低碳生活首先是一种态度、理念，而不是能力，需要积极提倡并去实践"低碳"生活。厦门市要建设低碳城市，打造低碳交通系统，也需要大力倡导低碳生活方式，营造低碳生活氛围，从居民层面促进低碳城市建设，提高公众低碳生活意识。把普及低碳知识，倡导低碳生活方式、传播科学思想和方法作为科普工作的一项重要内容，不断创新科普方法，突出加强社区和镇村科普设施建设，为提高公众科学素质、倡导普及低碳生活方式、建设低碳城区发挥应有的作用。

第七章　厦门市建筑领域低碳创新发展

　　建筑是人类居住、生活、工作、学习、娱乐的主要场所，是串联起人类、社会和环境的重要实体单位。人类在建筑中的社会活动会产生大量的能源和资源需求，同时还会产生很多垃圾和污染物排放，因此会对环境产生重要的影响。数据表明，建筑领域从建筑材料的生产、建筑过程到建筑的使用过程所产生的能源消耗在全社会能源总消耗中的占比会达到1/3甚至更高，是节能减排和实现低碳转型的重点领域之一。低碳建筑是指在建筑材料与设备制造、施工建造和建筑物使用的整个生命周期内，减少化石能源的使用，提高能效，降低二氧化碳排放量。目前，低碳建筑已经逐渐成为国际建筑界的主流趋势。

　　厦门计划在"十三五"期间建成创新驱动型、社会和美型、文化交融型、资源节约型和环境友好型城市，要实现这样的发展目标，必须在建筑领域贯彻国家节能减排战略，改变建筑行业经济发展方式，提高建筑功能品质。我国低碳建筑发展的公共政策领域还处于缓慢发展的阶段，缺乏系统、完整的针对低碳建筑的公共政策体系。厦门作为国家首批低碳试点城市，应当勇于探索、创新，在发展绿色、低碳建筑方面发挥龙头示范作用。

一 厦门市建筑领域低碳发展总结评估

（一）厦门低碳建筑发展成效

长期以来，厦门市一直非常重视建筑领域的低碳转型，积极稳妥地推进建筑节能。厦门市建筑节能工作的有效开展为城市实现节能减排、低碳转型奠定了坚实的基础，早在 2004 年，厦门就被当时的建设部确定为中国南方建筑节能示范城市、国家新农村建设推广新型墙材和建筑节能试点城市，也是全国首批民用建筑能耗统计及国家机关办公建筑和公共建筑监管体系建设示范城市之一。2009年编制的《厦门市低碳城市总体规划纲要》中就明确提出，建筑与交通和生产领域一起，是厦门建设低碳城市的三大重点领域，而建筑领域低碳、绿色化发展成效显著，各项工作都走在全国前列。

1. 积极完善建筑节能政策、法规和标准

中国的建筑节能工作始于 20 世纪 80 年代，为了实现建筑节能目标，先后推出了一系列的建筑设计节能标准，但由于我国幅员广阔，各地气候条件差异很大，因此一些地方政府也制定了相应的地方建筑节能法规和标准。尤其是在夏热冬暖地区，建筑节能工作开展的时间相对更短，技术标准体系不成熟，技术措施也不同于北方寒冷地区。针对这些实际情况，厦门市也一直不断积极探索，根据本地的气候条件和低碳建设目标，出台了大量地方性的政策、标准和法规。正是由于厦门市较早就开始探索和完善地方性的建筑节能政策体系，通过立法保障建筑节能目标以及与之配套的一系列管理办法，并针对本地特点积极组织编写地方性的建筑节能设计和施工

标准，因此厦门市的建筑节能工作一直走在全国的前列。

（1）法律法规。早在 2002 年，厦门就推出了《厦门市新型墙体材料管理规定》，使建筑节能工作做到有法可依，有章可循。2009 年开始施行的《厦门市节约能源条例》明确了厦门新建建筑节能、可再生能源应用、既有建筑节能改造等内容。2011 年实施的《厦门市建筑工程材料使用管理办法》则从立法的角度来推进建筑节能材料的使用。此外，厦门市还在研究制定当地的墙体材料改革、可再生能源利用和既有建筑节能改造等政策法规。

2014 年通过的《厦门经济特区生态文明建设条例》明确了利废节能建材、建筑碳排放权交易机制、太阳能集中供热、建设绿色建筑、一次装修到位等内容。并规定新建民用建筑应当按照绿色建筑标准进行建设，是国内首个通过立法强制执行绿色建筑标准的城市范例。

（2）专项规划。厦门市建设与管理局先后制定了《厦门市建筑节能"十一五"专项规划》《2009～2011 厦门市建筑节能专项规划》《厦门市低碳城市总体规划纲要》《厦门市新型墙体材料与建筑节能在新农村建设推广应用规划》《厦门市低碳建设"十二五"规划》《厦门市发展新型墙材"十二五"规划》等专项规划，明确了新建建筑节能、既有建筑节能改造、新农村建筑、新型墙材、可再生能源应用的规划目标、工作任务、保障措施和工作计划等，用于指导全市的建筑节能相关工作。

（3）规范性文件。厦门市建设与管理局根据国家政策并结合地方实际，发布了一系列规范性文件与管理制度来规范全市的建筑管理工作。早在 2004 年底，厦门市建设与管理局就组织编制发布《厦门市居住建筑节能设计审查要点》，这是针对本地气候特点出台的节能设计标准类文件。此外，厦门市建设与管理局组织相关设计、科研单位参与《福建省居住建筑节能工程施工技术规程》和《福建省居住建筑节能工程施工质量验收规程》的编制工作，为厦门市实施节能 50% 的标准提供技术和质量保障。此外，厦门发布的其他规范性文件还包括《厦门市建设与管理局关于加强建筑工程项目建筑节能审查工作的通知》（厦建材〔2005〕5 号）、《厦门市建设与管理局转发国务院办公厅关于进一步推进墙体材料革新和推广节能建筑的通知》（厦建材〔2005〕15 号）、《厦门市建设与管理局关于严格执行公共建筑节能设计标准的通知》、《厦门市建设与管理局关于继续执行新型墙体材料专项基金征收的函》、《厦门市建筑节能设计指导意见（建筑专业）》、《厦门市建设与管理局关于严格执行国家标准〈建筑节能工程施工质量验收规范〉GB50411－2007 的通知》、《厦门市建设与管理局关于开展全市建筑能耗统计与能源审计工作的通知》、《厦门市建设与管理局关于在本市建设工程中限制使用粘土制品的通知》、《厦门市建设与管理局关于贯彻〈福建省建设工程常用建筑节能工程材料和产品质量检测管理暂行办法〉的实施意见》等。

"十二五"期间，厦门在建筑领域还先后推出《厦门市建设工程材料使用管理办法》《厦门市建设与管理局关于开展民用建筑能效测评与标识工作的通知》《厦门市可再生能源建筑应用程式示范项目管理办法》等文件来推进建筑节能工作的深入。

（4）其他配套政策和行动方案。厦门市根据福建省制定的《绿色建筑行动方案》中提到的工作要求和《厦门市低碳城市总体规划纲要》《厦门市绿色建筑实施方案》等文件中明确的建筑节能范围和目标，通过在土地招拍挂设定绿色建筑要约、政府公建项目主动实施绿色建筑要求、对存量土地绿色建筑实施奖励措施等多种政策组合,鼓励绿色建筑的发展,帮助实现建筑节能目标。在2014年,厦门将强制性实施绿色建筑的范围扩大到所有民用建筑,并提出将重点推进绿色保障性住房建设。

厦门还吸取其他地区的成功经验,着手制定《厦门市建筑节能贴息项目暂行实施办法》,规定通过划拨专项资金来加强建筑节能项目的推广,并不断适时发布和调整限制、淘汰墙体材料产品的目录。这些配套政策的出台都保证了厦门市建筑领域节能减排工作的扎实推进。

2. 建立健全有效的建筑节能管理体制

厦门市明确了由建设局负责建筑节能管理工作;建立了清晰的建筑节能协调机制,成立了由分管副市长为组长的建筑节能监管体系领导小组,由6个区政府及市财政局、建设局、发改委等13个市直机关联合组成。建筑节能监督体系领导小组下设有办公室负责日常工作。

厦门市在全市范围内建立了民用建筑节能考核评价体系,将建筑节能纳入全市GDP能耗降低指标,并推出《(厦门市)单位GDP能耗考核办法部门责任分解表》《厦门市建筑节能目标责任考核办法(暂行)》等文件,建立起明确的与建筑节能目标相挂钩的责任考核制度。

3. 严格执行和监督新建建筑节能标准

从建筑项目规划伊始,厦门市就一直扎实推进建筑节能设计的审查工作,要求建筑单位就建筑的设计方案是否符合民用建筑节能强制性标准报送厦门市建筑节能办审查,并将建筑节能设计报审备案表作为申请施工许可证的必要条件。针对新建建筑的节能设计,厦门市还建立了建筑节能施工图审与备案制度，要求新建居住建筑从 2005 年 1 月 1 日、公共建筑从 2005 年 7 月 1 日起全面实施该项制度。

对于新建建筑，厦门市已经基本建立起节能设计、审查、施工、监理等环节的监管制度，并严格实施《建筑节能工程施工质量验收规范》，要求新建、改建、扩建的民用建筑工程，都应当进行建筑节能专项验收，不符合强制性条文规定或专项验收不合格的民用建筑工程，不得予以验收备案、竣工备案或交付使用。在这些严格的监管、执行手段保障下，厦门市目前新建建筑竣工验收阶段执行建筑节能率已经达到了 98% 以上。

4. 积极推进厦门市既有建筑节能改造

厦门市作为全国首批民用建筑能耗统计及国家机关办公建筑和公共建筑监管体系示范城市之一，2008 年就开始实施建筑节能监管体系，并已建成建筑节能监测数据中心。通过建筑节能监管体系建设，厦门市掌握了丰富的建筑能耗基础数据，并用于推进既有建筑的节能改造。厦门将建筑节能监测数据向建筑业主开放，使业主能够了解自身用能情况，开展节能诊断和改造活动。

根据厦门建筑能耗监测平台数据，结合能耗统计和审计结果，在建设部科技发展促进中心的支持下，厦门市明确本地的高耗能公共建筑并向社会公布，同时督促业主单位推动节能改造。

此外，厦门市建设局还组织编制了《厦门市公共建筑能耗定额标准》，同时利用能耗监测平台数据成果，结合地方建筑节能发展情况与既有公共建筑能耗状况，研究制定《厦门市公共建筑节能改造实施方案》。

5. 大力推动节约型公共建筑构建

在各类建筑中，大型公共建筑的能耗远远大于其他种类的建筑，其耗能总量是普通居住建筑能耗的 5 ~ 10 倍之多，具有较高的节能改造潜力，也是建筑节能的重点领域之一。为了推进厦门市公共建筑的节能改造重点城市建设，规范公共建筑节能改造项目管理，厦门市机关事务管理局联合厦门市建设局、财政局以及经济和信息化局在 2016 年共同制定了《厦门市公共建筑节能改造示范项目管理办法》。

厦门市提出公共建筑节能改造的重点任务是完成 300 万平方米公共建筑的节能改造，改造后的这些公共建筑节能率不能小于 20%。该文件中明确了公共建筑节能改造申报示范项目应该满足的具体条件，要求公共建筑的改造模式必须采用合同能源管理或 PPP 模式实施，对办公建筑分散于多个区域的公共机构，可以采用多区域联动方式实施协同改造。

对于公共建筑的节能改造，厦门市还将获财政部第八批节能减排补助资金为其提供资金支持，根据节能量审核单位核定的节能率和改造建筑面积进行补助。厦门还积极开展本地区的公共建筑能耗定额和超额加价政策的研究和探索，基本建立了厦门市公共建筑能耗定额及超额加价政策的框架。

6. 促进新能源、可再生能源在建筑领域的规模化应用

厦门通过扎实的工作完成了对全市可再生能源资源条件以及建筑利用条件的调查评估。调查显示，厦门市太阳能、海水能、风能等可再生能源丰富，可再生能源建筑应用前景广阔、潜力巨大。基于研究，厦门市编制了《厦门市可再生能源建筑应用规划》，积极推进太阳能光热、海水源热泵等可再生能源建筑应用项目，市内多个建筑项目获批成为全国可再生能源建筑示范和光电建筑应用示范项目，减排效果明显。

《厦门市绿色建筑行动实施方案》中也提出，要推进可再生能源建筑规模化应用，积极推动太阳能、浅层地能、生物质能等可再生能源在建筑中的应用，力争在 2015 年底之前基本普及太阳能热水利用。厦门还将继续推动"可再生能源建筑应用示范城市"建设，推动可再生能源建筑应用集中连片推广，并提出到 2015 年末要新增可再生能源应用建筑面积 600 万平方米。

7. 大力推广绿色建筑

通过《厦门市绿色建筑评价标识管理办法》来科学引导厦门市的绿色建筑发展，有序组织绿色建筑评价标识工作。2010～2014年，全市共有 13 个项目获得绿色建筑设计评价标识，其中三星级 3 个、二星级 5 个、一星级 5 个，总建筑面积达到 210.78 万平方米，涉及保障性住房、商品住宅、办公建筑、商业建筑和科研用房等类型；2015 年，全市获得绿色建筑评价标识项目 15 个，总建筑面积 202.46 万平方米，其中三星级 1 个、二星级 5 个、一星级 9个。到 2016 年，厦门市获得绿色建筑评价标识（含设计标识和运营标识）的项目共有 31 个，总建筑面积 471.70 万平方米，其中三星级 6 个、二星级 9 个、一星级 16 个；同时有 3 个项目获得 LEED－CS 金级预认证。

8. 创新管理手段，加强对建筑节能的宣传培训工作

厦门市是全国首个出台政策对购买二星级和三星级绿色建筑商品房予以契税返还优惠奖励办法的城市，并在中国首次提出对一星级绿色住宅建设单位进行财政奖励，通过这些方法鼓励开发商建设、普通业主购买绿色建筑商品房。厦门市政府确定了"公共建筑和公共机构办公建筑节能改造 20 万平方米"的两年行动目标，已确定 124 栋高耗能建筑作为节能重点改造对象，改造总面积 455 万平方米。对主动执行绿色建筑标准并取得运行标识的存量土地的民用建筑，市政府也将实行针对性的奖励措施。

厦门市还多次举办和组织国际建筑节能博览会、建筑节能与绿色建筑发展高峰论坛、全市相关部门领导干部低碳城市建设专题培训班等活动。组织各种形式的媒体加大宣传力度，提高全社会的建筑节能意识。采取培训教育、编发画册、张贴标语标牌、办宣传栏等多种形式在建设行业开展宣传，增强各界执行建筑节能法规的自觉性。

（二）厦门市建筑领域节能减排面临的问题与挑战

1. 建筑总面积仍保持逐年提高趋势，建筑能耗规模不断增大

据统计，2011 ~ 2014 年，厦门市城乡居民生活用电从 35.10 亿千瓦时增长到 45.97 亿千瓦时，服务业与公共管理部门用电从 37.32 亿千瓦时增长到 48.23 亿千瓦时，再综合上原煤、天然气、液化石油气等一次能源的消费量，居住建筑、商业以及公共建筑的能耗都在逐年增加。同时，建筑业用电也从 2.48 亿千瓦时增长到 3.47 亿千瓦时。房屋竣工备案面积近些年来均保持在 1000 万平方米以上。建筑部分的碳排放从 2011 年的 747.21 万吨 CO_2e（二氧化碳当量）增加到 2014 年的 860.65 万吨 CO_2e，占厦门市碳排放总量的 26% ~ 28%。建筑碳排放中，居住建筑碳排放和商业及公共建筑碳排放占 95% 左右，而且商业及公共建筑碳排放略大于居住建筑碳排放。

由于我国全面建设小康社会的发展目标之一就是改善人民的居

住环境，因此从总量上看，建筑领域的能源消耗和排放水平在未来一段时间内仍将保持增长态势，建筑领域的能耗必然成为未来能源消费的主要增长点，随着工业用能的达峰，建筑能耗占总能耗的比重可能会变得越来越大，这将成为无法阻挡的必然趋势，也将给建筑领域的节能减排工作带来新的压力和挑战。

2. 建筑能耗以电力为主，可再生能源比例较低

从厦门的实际情况来看，在建筑所消耗的能源中，电力消耗成为主要部分，以 2014 年为例，在厦门居民生活终端消费中电力约占居民生活总能耗的 91% 左右，在商业及公共建筑中，电力消耗约占商业及公共建筑总能耗的 87%。建筑能耗中原煤依然存在于居民生活消耗中，虽然使用比例很小；天然气自 2008 年开始在民用建筑中推广普及，然而至今使用比例仍然较小，只有 2%；虽然厦门市作为可再生能源建筑应用示范城市，但建筑能耗中可再生能源的使用很少，并且没有纳入统计数据。建筑能源使用结构需要进一步完善。

3. 支持建筑领域节能减排的经济杠杆作用尚待加强

建筑领域的节能减排是一项长期性的系统工程，无论是在新建建筑设计、建设还是对于既有建筑节能改造，从各个环节、各个层面看都离不开资金的支持和配合。但是由于目前经济杠杆作用不强，因此厦门市的低碳建筑发展也和大部分地区一样，面临资金来源不足和企业融资难的困难。在推行低碳建筑的过程中，由于采用一些新型的节能建材以及运用新的低碳技术，会使建造成本增加。而低碳建筑对于使用者和消费者而言是否经济合理、能否提供居住的舒适度、到底能够给消费者带来多大的经济效益并不确定，因此缺乏持续的资金投入相关领域，必须要充分发挥政策的经济杠杆作用来吸引各种资金，推动建筑节能的进一步深化。

尽管厦门市已经在积极探索通过经济杠杆来促进建筑节能工作，并推出了一些创新的思路和举措，但是在税收、金融、财政等方面对于建筑节能的优惠配套仍然存在创新不足、激励不够等问题，无法完全调动消费者和开发建设单位的积极性，因此积极开展建筑节能工作的主动性还显不足。

4. 建筑领域节能减排的技术水平有待提高

技术对于低碳建筑的发展非常重要。而目前国家发展低碳建筑整体科技水平相较于发达国家仍显落后。厦门市的建筑节能推进工作也受到了技术发展的制约，例如缺乏完善的建筑节能产品鉴定和节能工程评价的检测手段。对于建筑节能产品和成套节能技术的研究也有待深入。针对厦门气候特点，可供设计选择使用的节能型建筑外围护构件的种类也比较有限，仍需继续开发适用性强、保温隔热性能更高的产品。在建筑遮阳、建筑照明、建筑设备、可再生能源使用等方面的节能产品也应得到重视。目前在全国很多地方开展推广的被动式建筑项目在厦门也仍属缺失状态。

5. 社会参与意识仍显薄弱

低碳建筑的可持续发展，必须要求意识先行，这就要求低碳建筑领域的参与主体，例如房地产开发企业、建筑设计师、建造师、物业管理、材料供应商和社会公众等对低碳建筑有一定的认识，对发展低碳建筑的意义有深刻的理解。然而，厦门市夏热冬暖，因此人们对于节能工作的紧迫性认识不及北方地区；现阶段低碳建筑的概念尚未普及，社会各界对低碳建筑的认识和理解尚不够深入和全面，社会公众的低碳建筑意识淡薄，仍保持旧有高能耗、高排放的生产模式、生活方式和价值观念；而建筑节能成本承担者和使用受益者的不对称性也制约了各界实施建筑节能的主动性，这都阻碍了厦门市低碳建筑理念的推广和实践。

二 厦门市低碳建筑发展状况与国际经验的比较

发达国家的经验表明，推动国家建筑节能和绿色建筑的发展是一项艰巨的工程，不仅仅需要建筑设计与工程层面提出可行的解决方案，更重要的是建立起一套完整的法律、法规、政策体系以及有效的资金筹措机制。

由于城市建筑具有巨大的节能潜力，各个国家都在不断制定和强化建筑节能目标，但由于各国城市的发展阶段、目标和地理环境存在较大的差异，对建筑节能发展的具体途径选择也存在差异。厦门目前的建筑节能工作成效在国内已经位于前列，但同时也需要同国际先进水平进行对比，合理找到自身定位，并从一些成功的国际经验中找到未来建筑领域节能减排的创新思路和路径。

（一）厦门市建筑能耗的基本情况以及同国际水平的比较

根据厦门市对城市各部门碳排放量的一项调查数据[①]，到 2008 年为止，厦门市建筑在投入使用阶段二氧化碳排放量（包括居住与公共建筑）已达到 449.05 万吨标准煤，自 2000 年起年均增速为 11.7%，建筑碳排放量达到社会总排放量的 28%（运营与建造阶段的广义碳排放）。最新的研究数据显示，厦门全市建筑领域的碳

---

① 林树枝：《厦门市低碳城市建设及对策研究》，《福建建筑》2010 年第 139 期。

排放从 2011 年的 747.21 万吨 CO_2e 增加到 2014 年的 860.65 万吨 CO_2e[①]。按照碳排放转换系数，这意味着建筑领域的能源消耗总量从 2011 年的 269.50 万吨标准煤增加到 2014 年的 310.42 万吨标准煤，年均增速降至 4.8% 左右。2011 年我国全社会建筑总能耗（不含生物质能）为 6.87 亿吨标准煤，厦门市的建筑能耗在当年全国占比为 0.45% 左右。截至 2014 年，厦门市城镇既有建筑面积已达 13665.6 万平方米，其中居住面积 8868.6 万平方米，公共建筑面积 4797.0 万平方米，执行 50% 及以上节能标准建筑面积 6151.5 万平方米，预计到 2020 年厦门市全市建筑面积将达 2 亿平方米。据统计，2014 年厦门建筑能耗的总量为 315.0 万吨标准煤，占本地区全社会总能耗比例的 27.2%[②]。

2011 年，厦门市的人均建筑能耗约为 1.2 吨标准煤/人，到了 2014 年进一步降低到 0.81 吨标准煤/人，高于 2011 年全国平均水平 0.51 吨标准煤/人。厦门的人均建筑能耗与全国以及其他国家的比较情况见图 7-1。从图 7-1 中可以看到，一般而言，发达国家的人均建筑能耗水平要高于发展中国家，而像欧洲和日本的人均建筑能源消耗水平又明显低于美国、加拿大这样地广人稀，人均建筑面积较大的国家。

但是应该认识到，在我国面临的能源短缺、温室气体减排以及大量使用化石能源所带来的生态环境恶化的多重压力下，未来的单位面积建筑能耗和人均建筑能耗不能重新复制发达国家的老路，一

---

① 中国科学院城市环境研究所：《厦门市"十三五"碳减排目标与实现路径》，2016 年 5 月。

② 蔡立宏：《基于厦门市建筑节能监管体系的既有建筑节能改造探讨》，《建筑·建材·装饰》2015 年第 11 期。

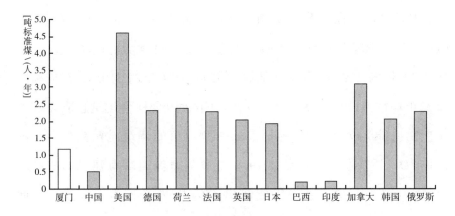

图 7 – 1   厦门与全国及其他国家人均建筑能耗的比较结果

注：厦门、中国、美国、德国、荷兰、法国、英国、日本数据为 2011 年水平，巴西、印度、加拿大、韩国、俄罗斯为 2010 年水平。

资料来源：厦门：中国科学院城市环境研究所，《厦门市"十三五"碳减排目标与实现路径》，2016 年 5 月；中国：清华大学建筑节能研究中心 CBEM 模型测算结果；日本：The energy data and modeling center, the Institute of energy economics, Japan, *Handbook of Energy & Economic Statistics in Japan*, 2011；美国：EIA, *Building Energy Datebook 2011*；欧洲：European Commission, Eurostat。

味追求高服务和高耗能标准，完全寄希望于可再生能源和高效技术措施，依靠技术创新去实现高服务标准下的低能耗，而应该鼓励传统的绿色生活方式，发展适合低碳生活方式的合适技术，通过技术手段来提高服务水平，维持目前相对较低的住宅能耗水平。厦门市由于经济发展水平在国内较高，因此人均建筑能耗水平已经高于全国水平，同欧美发达国家距离更近，但是为了实现城市低碳发展目标，尽快促使全社会温室气体排放水平达峰，应当避免盲目追求发达国家既定的建筑舒适性和服务质量标准，而应当顺应厦门市居民的生活方式与使用模式，逐步建立以实际能耗量控制的政策体系，提升全市居民的生活水平，同时实现生活方式的低碳转型。

从不同类型的建筑耗能情况来看，厦门公共建筑单位面积能耗普遍高于居住建筑，据计算，2005 年，厦门市居住建筑单位面积能耗转换成同等碳排放量达到 11.31kg 标准煤/年，公共建筑则是普通居住建筑的 2~3 倍，其中，又以商场、医院、酒店、邮局、车站等为单位面积能耗水平最高的建筑类型，平均能耗都超过 100kWh/m²。[1]

2013 年的厦门建筑能耗统计结果显示，在统计范围内的建筑类型中，大型商场建筑单位面积能耗最高达到 209.6kWh/m²，单位面积耗标准煤 69.8kg/m²；其次是大型医院建筑，单位面积能耗达到 199.3kWh/m²，单位面积耗标准煤 66.4kg/m²；在这些建筑类型中，单位面积能耗建筑为大型政府办公建筑，单位面积能耗 64.9kWh/m²，单位面积耗标准煤 21.6kg/m²。在厦门市的建筑能耗统计体系下，公共建筑的能耗状况如表 7-1 所示。

表 7-1　各类公共建筑能耗及用能用途分布情况（根据能耗统计）

建筑类型	单位面积耗能量 （kWh/m²）	单位面积能耗量 （以标准煤计，kg/m²）
大型政府办公建筑	64.9	21.6
大型非政府办公建筑	85.8	28.6
大型商场建筑	209.6	69.8
大型三星级以下宾馆建筑	165.9	55.2
大型四星级宾馆	114.3	38.1
大型五星级宾馆	157.7	52.5
大型医院建筑	199.3	66.4
学校建筑大型办公建筑	100.9	33.6

资料来源：蔡立宏，《基于厦门市建筑节能监管体系的既有建筑节能改造探讨》，《建筑·建材·装饰》2015 年第 11 期。

---

[1]　林树枝、胡建勤：《厦门绿色建筑发展模式》，《建筑节能》2011 年第 5 期。

从以上统计数据不难看出，厦门市的大型公共建筑具有较大的节能改造潜力，应该作为未来建筑节能改造的重点对象。而根据国际能源署（IEA）的统计数据，2011 年的全球公共建筑能耗总量高达 69677 亿 kWh，其中美国最高，约为 20823 亿 kWh。2011 年中国无论是公共建筑单位面积能耗强度还是人均能耗强度均低于包括美国、日本、德国、法国、澳大利亚、加拿大等在内的发达国家，厦门目前的公共建筑能耗水平也明显低于这些发达国家的水平。但一定要清醒地认识到，无论是在发展新的公共建筑还是对既有公共建筑进行节能改造时，都应当鼓励发展与自然和谐共存的"普通公共建筑"，而不应当盲目追求"高、新、大、奇"的建筑功能和现代化，通过对公共建筑设计和室内环境控制方式上的创新来提高建筑的服务质量和能源利用效率。

（二）国外其他城市促进低碳建筑和绿色建筑的成功经验

1. 美国旧金山：政府简化审批程序大力推行"绿色建筑项目"

旧金山市政府高度重视城市绿色建筑的应用和推广，并意识到政府的支持可以在促进低碳、绿色建筑发展过程中起到催化剂的作用。为了鼓励绿色建筑在城市中的发展，旧金山市政府制定了一系列完整的政策，推动既有建筑和新建建筑能够有效提高能效及环境表现。政府通过出台法律强制规定新建或翻修居民楼和商业楼必须达到绿色建筑标准，而市政项目都必须达到 LEED 黄金资质标准，并推行由加利福尼亚建筑标准委员会发展建立的 2010 年加利福尼亚绿色建筑标准。旧金山在鼓励建筑低碳、绿色的过程中，对于一些申请 LEED 金奖认证的新建和既有建筑改造项目予以优先审批的优惠政策，可以将原来需要 18 个月的手续缩短到 1 ~ 2 周完成，这些激励措施鼓励了房屋建筑开发者有动力去设计和建造能效水平更高的建筑。

此外，旧金山市政府还专设了市专案组去监督城市建筑项目的环境表现，在建筑项目的设计和建造阶段积极参与提出修改完善意见，并同时发挥教育平台的作用，将建筑节能和绿色建筑方面的知识和经验与外界共享。政府还建立了旧金山绿色经济项目为绿色建筑提供资金，对建筑节能和节水等表现提供税收优惠等支持。据估计，这些措施极大地促进了旧金山建筑的能效表现，而旧金山的建筑节能标准比加利福尼亚州的平均水平要高15%以上。

图 7 - 2　获得绿色建筑 LEED 白金认证的旧金山市政厅

注：旧金山市政厅完工于 1915 年，是对建筑进行节水节能改造的顶级代表，也是获得 LEED 白金认证的建筑中最古老的一座建筑。

2. 德国汉堡：积极探索新的节能和能源技术在建筑领域的研发和应用

欧洲为了实现低碳转型，提出了雄心勃勃的减排目标，而建筑领域是实现该目标的重点部门之一。欧盟在 2010 年立法规定新建公共建筑和住宅分别于 2018 年和 2020 年实现近零能耗，这意味着新建建筑必须能够通过各种形式产生能满足建筑正常运转的能源。为了实现该目标，欧洲一些城市积极探索新的建筑能源利用技术，希望能够找到经济成本可控的先进技术。

德国非常注重各种节能技术、清洁能源和可再生能源技术的研发力度，在一些环境友好、经济实用型的清洁能源和可再生能源技术领域大力投资和大胆尝试，例如推广日光温室技术在建筑领域的应用。德国的汉堡在当地政府和环境保护机构的资金支持下，于 2011 年开始尝试这种日光温室技术，真正付诸行动，建设了世界上首个在住宅楼外墙面使用生物反应的试点项目，该楼也被称为 BIQ（Bio Intelligent Quotient，生物智商）楼（见图 7 - 3）。这种建筑能够从藻类和太阳能热反应中产出再生能源，通过在这座 BIQ 楼上装有的藻类覆盖的生物反应板为建筑提供所需的能源，并通过

图 7 - 3　德国汉堡的 BIQ 楼项目

注：该项目是世界上首个在住宅楼外墙面使用生物反应的试点项目，通过在建筑物外墙面使用生物 - 化学过程可在城市中创造出荫蔽。高科技的太阳能绿叶外墙面使用生物化学过程产生光合作用，可以提高建筑的能源利用效率。建筑外墙面微藻所承担的碳捕捉系统功能，每年可以为建筑楼减少 2.5 吨二氧化碳排放。

生物的碳汇作用，吸收外界排放出的碳。因此这种建筑不但能够实现零碳，甚至能够实现吸收碳排放的作用。

3. 新加坡：从建筑节能到发展绿色建筑，通过宣传推广打造绿色花园城市

新加坡是一个城市国家，建筑中的能源消耗和用电消耗占到全社会总能耗和电耗的一半左右，因此该国对于建筑节能非常重视。早在 20 世纪 80 年代，新加坡建设局就出台了《建筑节能标准》推动国内的节能工作。21 世纪之后，新加坡政府开始大力推广绿色建筑，2004 年在新加坡国家环境署的支持下，新加坡建设局开发了针对本国国情适用于热带地区的绿色建筑评价标准——绿色标识（Green Mark），并从 2005 年开始执行该计划。新加坡发展绿色建筑非常重视被动式做法，改善建筑物的保温隔热表现，尽量采用自然采光、减少人造采光、引进自然通风。通过减少人工照明实现节能，通过自然通风减少机械排气，从而实现节能的目标。

新加坡政府在支持绿色建筑发展过程中，制定了多方面的举措，从初始阶段的"绿色标识津贴计划"到各类研发基金用于推动绿色建筑技术创新，积极开展各类培训活动并通过向大众宣传绿色建筑理念，扩大绿色建筑的社会影响力。在实施中，政府首先强制要求公共建筑通过绿色标识认证，并对其他类型建筑制定建筑最低性能标识。通过研究明确绿色建筑在投资收益方面的优势，再辅以各种宣传推广行动激发各界对投资、使用绿色建筑的积极性。通过建立完善的社会和高校培训机制、制定相关职业认证机制、设立相关奖项来激发相关技术人员进行绿色建筑技术创新的积极性，为开发商和业主选用绿色建材、家电等相关产品提供依据，在发展绿色建筑的同时，带动上下游产业链的发展和"绿色"升级。

图 7 - 4　新加坡的绿色建筑景观

注：新加坡的成功经验是在人口密集的市中心区域
扩大绿色面积。这些屋顶花园的安装可以显著降低屋顶
高温的传递并且由此减少用于屋内降温所消耗的能源，
从而也有助于实现建筑节能目标。

　　新加坡的一些建筑节能和绿色发展标准还会随着技术水平的提升而逐年更新，近年来又推出空中绿意津贴计划（Skyrise Greenery Incentive Scheme，SGIS）来鼓励现有建筑业主在建筑内设置垂直绿圃或屋顶花园。由于新加坡地处热带，耗能的主要用途是空调降

温，因此针对本地情况所开展的这项计划，既能通过遮阴凉爽降低城市温度和空调负荷，起到节能效果，还可以提高空气质量，减少噪声并保护生物多样性，更能使城市中的居民和游客得到审美的享受。

三 "十三五"厦门市建筑领域的节能减排目标及创新举措

（一）厦门市"十三五"期间建筑节能目标及实施措施

《厦门市"十三五"节能目标责任及行动方案》中明确提出，厦门市计划在"十三五"期间完成新建绿色建筑 800 万平方米，到 2020 年末，城镇新建绿色建筑比例达到 50%；加强既有建筑节能改造，推进公共建筑节能改造示范项目，完成 300 万平方米公共建筑节能改造；新增可再生能源建筑应用面积 300 万平方米。从具体的减排目标来看，厦门希望到 2020 年实现约 30 万吨 CO_2e 的减排量，其中居住建筑减排 11 万吨，商业及公共建筑减排 16 万吨，建筑业减排 3 万吨。而要实现如此积极的减排目标，必须要合理减少建筑能源使用量，积极提高建筑能源使用效率；降低建筑一次能源使用比例，提高建筑可再生能源使用比例；加强建筑节能改造，促进既有建筑节能；提升新建建筑设计标准，督促新建建筑节能；加快农村能源使用改革，减少或消除原煤使用；为打造持续、稳定、低碳、健康、和谐的厦门建筑环境而努力。

厦门市已经组织开展了多项研究来探索实现这些目标的具体路径，主要包括以下几点。①在城镇新建建筑中推行节能设计。新建居住建筑依据现行国家行业标准《夏热冬暖地区居住建筑节能设计标准》（JGJ 75 - 2012）和地方标准《福建省居住建筑节能设计标准》（DBJ 13 - 62 - 2014）来设计，而新建公共建筑依据《公共建筑节能设计标准》（GB 50189 - 2015）中夏热冬暖地区的节能设计，各项节能指标必须达到标准要求。②大力推广绿色建筑。以《厦门经济特区生态文明建设条例》和《厦门市绿色建筑行动实施方案》实施为契机，使建筑节能与绿色建筑行动有机结合，编制全市绿色建筑规划并融入多规合一，落实绿色建筑财政奖励。③对城镇既有建筑实施节能改造以促使其达到节能要求。而改造工作的重点是市行政区域内的公共建筑，包含办公建筑（如写字楼、政府部门办公楼等）、商业建筑（如商场、金融建筑等）、旅游建筑（如旅馆饭店、娱乐场所等）、科教文卫建筑（包括文化、教育、科研、医疗、卫生、体育建筑等）、通信建筑（如邮电、通信、广播用房）以及交通运输用房（如机场、车站建筑等）。引导社会资金投资节能减排，改造模式须采用合同能源管理或 PPP 模式实施。居住建筑节能改造应配合旧城区综合改造、城市立面综合整治、城乡环境综合整治、既有建筑抗震加固等工作同步开展。④在建筑领域继续大力推广可再生能源的应用，通过能源政策的调整和新能源的加速普及，对建筑能源使用结构进行合理优化，提高可再生能源使用比例。⑤在建筑中逐步推行燃气能源替代工程，加大天然气使用的普及力度，逐步将建筑燃气替换为以天然气为主的使用结构。另外，推广实行新的居民用电政策，如分时段电价、正常用电和采暖用电分开计量等，以缓解用电高峰期电网的压力，引导电能的合理利用。⑥对城镇既有建筑实行节水改造，以厦门作为海绵城市试点城市的契机，结合《厦门市海绵城市建设管理暂行办法》的落实，大力推行新建以及改造小区绿色屋顶、雨水花园、可渗透路面、下沉式绿地、植草沟等海绵城市建设措施，有条件的建设项目鼓励配套建设再生水回收利用设施，鼓励采用雨水以及再生水收集利用的新技术、新材料、新工艺，将建筑的节能减排与海绵城市节水型城市的建设有机结合起来。⑦推动建筑工业化，从全生命周期的角度实现建筑的节能减排和绿色低碳。依据《厦门市新型建筑工业化实施方案》，制定系统的新型建筑工业化指导政策，组织编制并实施系列建筑产业化地方技术标准体系及科技支撑体系，形成一个集成化、系统化、规模化的建筑产业集群，加快推进住宅产业现代化园区建设，建成集技术研发、生产加工、产品配送为一体的现代化园区。⑧改善建筑废弃物的资源化利用方式，加强建筑废土的处置管理，实施建筑废土运输企业特许经营并采用"联单制"进行监督管理。⑨加强绿色运营管理，加大项目建成使用后节能、节水措施的实施和运行情况的监管，建立信息化监控管理平台，公开透明化能耗水耗等运行数据，建立长效机制，以确保绿色低碳建筑真正运行到位，而非仅仅停留在设计施工阶段的监管。

（二）厦门市实现建筑节能的创新措施及政策建议

1. 创新对公共建筑节能的考核和管理措施

从目前厦门的实际情况来分析，公共建筑单位耗能水平远高于居住建筑，节能潜力巨大，同时也是政策比较容易影响和形成实效的部门。厦门市政府可以通过对公共建筑实施更为严格的需求侧管理，对于新建建筑，要科学设计，保证投入使用后都能达到绿色建筑的标准，以能源消耗量为强制性的约束目标，实施贯穿全过程的节能管理。

从世界各国和国内的经验看，建筑节能的社会公益性较强，仅仅依靠自发市场机制不能完全实现减排目标，因此要完善和实施对于政府办公建筑和大型公共建筑的节能监管必须以市场为基础，同时要充分发挥政府行政管理职能。

厦门市政府应该负责对城市政府办公建筑和大型公共建筑节能的监督管理工作，在整个大型公共建筑的节能监管中发挥政策保障的作用，包括以下几方面。

（1）结合中央和省级政府的相关文件及政策，制定适合本市推进政府办公建筑和大型公共建筑运行节能的具体实施细则和相关办法。

（2）组织厦门市相关政府部门互相协调，委托建筑节能专业机构对厦门市的政府办公建筑以及大型公共建筑的建设年代、结构形态、用能系统、能耗指标、寿命周期等进行统计调查和分析评价，建立本地能耗数据库。

（3）对厦门市的所有政府办公建筑和大型公共建筑的供暖供热、空调制冷制热、照明等能耗情况进行定期审计，并做到审计结果的透明化、公开化，让社会公众能够获悉具体的数据和结果。

（4）根据对全市政府办公建筑和大型公共建筑的能耗统计和分析，根据不同的建筑类型、建筑物的能耗等因素，制定和实施不同建筑类型的耗能量指标和相关用能定额。根据厦门市综合节能潜力等实际因素，确定重点用能建筑每年的节能目标和奖惩措施，对于超过用能定额的，制定明确的惩罚机制。对于相关的耗能指标必须根据时间的推移和技术的进步定期提高和调整。

（5）创新公共建筑节能投融资政策。厦门市应当鼓励地方金融机构针对公共建筑节能的融资需求特点，拓展担保产品的范围，开发和创新信贷产品，可以尝试成立专门的建筑节能融资机构或担保基金。简化建筑节能项目的融资申请审批程序，克服金融机构在节能技术和收益方面的信息障碍，按照商业化的运作体系去推广建筑节能项目。

（6）组织相关部门定期考察和学习其他城市节能监管制度和建筑节能领域的相关细则。组织厦门市大型公共建筑用能单位相关人员定期参加建筑节能培训，加强对本地建筑节能服务中介机构的培育以及建筑节能的宣传和教育。

在这个过程中，厦门市一方面要吸取全国各地先进的做法，另一方面也应该大胆探索创新，例如透明化公共建筑用能数据信息；探索有针对性的建筑节能奖惩措施，明确建筑领域节能的具体目标，对于超额完成目标的单位和完成量要建立灵活性机制予以激励；开发针对公共建筑节能的专项投融资政策和信贷产品等。

2. 积极尝试被动式节能技术等新建筑节能手段

被动式节能建筑是将自然通风、自然采光、太阳能辐射和室内非供暖热源等各种被动式节能手段与建筑围护结构高效节能技术结合建造而成的低能耗建筑。2009 年开始，中国住房和城乡建设部科技与产业促进中心同德国能源署（DENA）在中国推广建设"被动式低能耗建筑"。到 2015 年，28 个项目的 40 栋被动房示范建筑被列入住建部项目计划，总建筑面积 40 万平方米，分布于全国各个气候带。从被动式建筑在中国的推广应用来看，能够获得显著的节能效果和环境、经济效益。尽管目前厦门市在提供城镇化能效和推广绿色建筑、实现建筑节能等方面已经做出很多尝试，却并未建设任何被动式低能耗建筑。厦门市建设局的相关负责人已经提出，将推动厦门市在被动式低能耗建筑方面进行研究和尝试，在资金、技术等方面推动被动式建筑合作项目。

厦门市地处夏热冬暖地区，受气候特点的制约，建筑物在冬季室内基本不需要采暖，但夏季制冷要求比较高，而且主要依靠空调进行室内降温，因此能源消耗水平也较高。目前我国的被动式建筑设计和建设工作主要集中在寒冷地区，夏热冬暖地区的被动式建筑设计和建设的进展则相对落后，因此厦门市应当以此为契机，积极探索适合本地特色的被动式建筑应用技术。实际上厦门市已经开始尝试用这种技术来建设位于翔安的一栋别墅项目，在厦门市的其他领域，如东南航运中心在外观遮阳设计、海水源热泵技术应用等方面也都借鉴了被动式建筑的一些思路。展望未来，可以在更多类型的建筑内积极探索，通过这种技术帮助实现建筑领域的节能减排目标。

3. 在发展近零碳和零碳建筑方面进行大胆尝试

欧洲现在已经开启建筑零能耗的时代，对建筑节能的关注点从建筑材料转变为关注减少建筑的整体能耗，并在一些地区和城市开展新技术的应用试验。2010 年欧洲公布了新的建筑能效指标和近零建筑能耗计划，推动建筑节能向更好的方向发展。欧洲的下一个目标是产能建筑，要实现建筑不仅能够解决自身的用能问题，还可以向社会提供用能，让建筑同时也具备生产能源的功能。在这些领域，我国还处于追赶者的位置，厦门市应该充分发挥自身基础较好的优势，在近零碳和零碳建筑方面进行探索和尝试，通过政府层面的政策和资金支持，鼓励开展这些领域的研究乃至应用，打造一些在国内乃在国际都具有影响力的近零碳或零碳建筑项目，甚至可以积极学习欧洲一些案例的经验，在厦门尝试开展低碳建筑案例，并将其打造成为城市低碳建筑的标志性范例。

但是，应当考虑到，在建设实践中，不同类型的建筑在能耗水平、技术措施的实施条件等方面都存在着巨大的差异，目前在国内发展近零碳和零碳建筑要更多地考虑现实情况和条件，要兼顾建筑的基本功能和经济成本。厦门也应当从自身的能源禀赋出发，参考目前国际零碳社区建设、零碳建筑建造的成果和经验，在条件允许的条件下开展零碳建筑的建设。

4. 借鉴新加坡经验，将打造低碳建筑与改造城市景观结合起来

厦门与新加坡气候条件相对较为接近，可以更多地参考新加坡推广绿色建筑的一些经验，例如借鉴新加坡空中绿意津贴计划的思路，鼓励一些有益于改善城市景观的绿色建筑技术的应用和落地。应当说，厦门市也比较适宜于移植城市高层建筑绿荫计划的思路，可以通过鼓励既有建筑和新建建筑在屋顶和外墙面种植绿荫，鼓励楼盘开发商在高层建筑的地面和高层的公共区域提供绿色植物的空间来改造城市景观，同时帮助提高一些建筑的使用能效。例如，厦门市政府可以先在一些公共建筑，如购物中心、写字楼、学校、博物馆进行尝试。对于一些新建的高层建筑，也予以政策扶持和引导，鼓励建筑开发商积极采用先进的低碳技术，兼顾建筑的景观性，为厦门市民创造健康、舒适、美丽的生活环境，充分体现建筑景观设计的低碳环保和美观实用性。

第八章　厦门市低碳消费创新发展

一　低碳消费发展背景及相关概念

（一）低碳消费的发展背景

在全球气候变暖给人类生存和发展带来严峻挑战的大环境下，低碳消费成为全社会关注的一个热点问题。粗放式地使用矿物资源，不仅使 GDP 单位资源耗量和单位能耗过高，而且也加快了自然资源走向枯竭。随着人口的不断增长和经济规模的不断扩张，能源的大量使用使大气中二氧化碳浓度不断升高，从而带来全球气候变暖等环境问题。从世界能源储量看，在现有的经济技术水平和开采强度下，煤炭资源和石油资源可供使用的年限历历可数。如此严重的现实情况客观上要求我们必须寻找一条可持续的绿色发展之路，把应对气候变化的重点放在不断加大节能减排和开发利用新能源以及走绿色低碳发展之路上。[1]

---

[1]　潘安敏、胡海洋、李文辉：《城市低碳消费模式的选择》，《地域研究与开发》2011 年第 2 期。

2003 年 2 月 24 日，英国政府发表能源白皮书《我们未来的能源：创建低碳经济》（*Our Energy Future：Creating a low Carbon Economy*），首次提出"低碳经济"（Low Carbon Economy）的定义，并实施了更快走向"低碳社会"的全民总动员。目前，英国、欧盟其他国家及美国都在引导人们进行低碳消费方面开展了许多创新性的活动，但这些国家对低碳消费方式的研究，大多在低碳生产的视角下进行，而真正对低碳消费的研究仅仅处在起步阶段，诸多层次问题还在不断的探索中，目前学术界还没有形成具体的定义。[①]

（二）"低碳消费"概念的界定

本项目所研究的"低碳消费"是低碳经济在消费领域的具体化，同时包含了生产消费和生活消费，是指在生产生活过程中，以可持续发展为指导，以降低碳排放为重要特征的消费理念，人们在选择生产资料或物质产品消费时，不局限于满足自身生存发展的需求，而自觉选择那些二氧化碳排放较低的生产或生活方式。高碳排放的今天，世界各地都在大力保护环境与节约资源，努力减少二氧化碳的排放，最大限度地实现低污染、低能耗和低排放，发展低碳消费势在必行。

（三）发展城市低碳消费应该遵循的原则

城市是人类社会经济、政治、文化、科技、发展的中心，不仅人口高度密集，而且二氧化碳排放量最高。城市低碳消费以降低碳排放为重要特征，指城市消费者面对消费方式或者消费资料时，选

---

① 孙二伟：《贵州构建低碳消费方式的对策研究》，贵州财经学院硕士学位论文，2011。

择二氧化碳排放量较低的，以满足自身的需要。这将引导消费者拥有低碳消费资料，改变消费者的消费理念和传统消费习惯，选择低碳的消费手段，来满足自身生存发展的需要。其实质就是以"低碳"为导向，以当代消费者对社会和后代负责任的态度，有意识地选择低污染、低能耗和低排放的一种共生型消费方式。[①]

1. 节约性原则

节约性原则是指人们在选择低碳的消费资料和消费模式时，应该从对社会和子孙后代负责任的态度出发，珍惜并充分利用自然资源，实现人与自然资源在消费上的和谐。我国是一个"资源小国，人口大国"，众所周知，我国自然资源丰富，国土面积辽阔，地大物博。但我国人口基数大，各类自然资源的人均占有量很小。基于这样的现实情况，城市消费必须遵循"节约每一寸土地、每一滴水、每一份矿产、每一度电"的原则，发展城市绿色低碳经济，提高城市居民的生活消费水平。提倡节约，就是要反对浪费资源，并不是限制和反对人们消费。

2. 科学性原则

科学性原则是指消费者在选择低碳的消费资料和消费模式时，应该从实际出发，尊重科学规律，既满足自身发展的需要，又有利于城市的可持续发展。目前我国正处于工业化和城市化加速发展的阶段，每个区域城市的发展阶段不同、性质不同、规模不同、人均收入不同、人口密度不同，所以每个城市在选择低碳消费模式时，应按各自的特色选择不同的消费模式，不能千篇一律。例如，北

---

① 谢军安、郝东恒、谢雯：《我国发展低碳经济的思路与对策》，《当代经济管理》2008年第 12 期。

京、上海和广州这样的大城市，基础设施基本完善，居民的消费力强，所以在选择低碳消费模式时，主要应该考虑改变消费者的消费结构和消费观念，加大力度倡导环保消费、节约消费、健康消费。而对于那些中小城市，就应该特别注重基础设施的配套建设，调整经济结构，转变经济发展方式，大力发展低碳经济，提高居民收入水平和实际消费能力，引导居民选择健康、环保、文明、低碳的消费方式。

3.　环保性原则

环保性原则是指人们在选择低碳的消费资料和消费模式时，应以有利于保护城市生态环境为宗旨，不是简单地认为自己选择了低碳的消费资料和消费模式就等于做到了保护城市生态环境。一般而言，要做到环保就必须要低碳，而低碳不一定环保。这是因为许多低碳消费品，碳排放量不是很高，但对于城市的生态系统仍然有一定程度的污染。例如，城市各种各样的电子垃圾，是环境污染的直接来源。生活中，人们经常使用的洗洁精，这类化学合成物没有经过处理就排放出来，必然会对城市水资源造成不同程度的污染。因此，人们在选择低碳的消费模式时，必须与保护生态环境紧密结合在一起。如今，人们面对不断恶化的城市生态环境，认识到保护和改善环境迫在眉睫，而要做到保护和改善城市生态环境，就要改进人们的生活方式和消费理念，调整城市经济增长模式和发展战略，生态环境保护功在当代、利在千秋。

4.　愉悦性原则

愉悦性原则是指人们在选择低碳的消费资料和消费模式时，应以有利于提高城市居民的生活质量和生活水平为导向，使物质生活与精神生活协调发展，从而实现全面享受生活的乐趣。人不仅要有基本的物质生活，更要有丰富的精神文化生活，这样才能深切地感受到生命的价值，全面享受到生活的乐趣。如果人们过分沉溺于物质享受，而精神生活贫乏，这种不协调的生活很难让其真正地感受到快乐和幸福。因此，人们在消费中应注重均衡合理地安排其消费支出，在追求舒心的物质生活的同时，不断增加健康有益的精神文化消费，从而提升其精神境界，这样就会使快乐感和幸福感随之增加。

二　厦门市低碳消费发展成效评估

（一）厦门市低碳消费发展成效

1. 组织开展低碳示范点创建工作

围绕低碳城市建设，科学规划、创新思维，集中人力、物力、财力在全市范围内着力建设低碳示范城区、低碳产业示范区、低碳生活示范社区等低碳示范点，并组织专家进行咨询论证工作。探索建立一套符合厦门实际的低碳发展模式，并在政策、资金、项目、技术等方面给予大力扶持。

2. 开展"十城千辆"试点工程

在公交、公务商务、旅游、出租等领域推广使用节能与新能源汽车，通过应用示范，引导市场消费，截至 2012 年已经推广节能与新能源汽车 1100 辆，节省 60 万升燃油，减少 2000 多吨二氧化碳排放。

3. 开展"十城万盏"试点工程

在目前已实施试点工程的基础上，2011 年，根据 LED 照明技术发展阶段和场所应用条件，实施环岛路剩余路段新建政府投资大型公共建筑等 LED 照明产品示范工程，进一步扩大试点示范范围，重点是进一步完善路灯、隧道灯、室内照明和地下停车场照明等示范，实施 LED 产品 1 万盏以上，实现年节电 1500 万度以上。2012年以后，大面积推广 LED 高效节能照明产品和工程。

4. 实施"金太阳"示范工程

加大资金扶持力度，实施聚光太阳能并网发电系统核心组件研发及推广、太阳能光电建筑集成创新与示范工程、同安轻工食品工业园光伏科技示范应用项目关键设备的中试及推广等重点太阳能光伏示范项目，增强太阳能光伏产业的应用研发实力，推动光伏产业加快发展。

5. 建立健全节能技术产品推广体系

加快建设节能减排技术支撑平台，通过建立以企业为主体、产学研相结合的节能减排技术创新与成果转化体系，加快推进自动控制、变频调速、余热余能余压利用等节能新技术、新设备、新工艺、新产品及合同能源管理、分布式能源管理等节能新机制在工业企业中的推广普及和应用。

6. 引进国家推广项目、企业

加快引进国家及省级推广项目，以及符合厦门市实际情况的低碳产业发展方向的项目，重点是对新兴产业领域企业的引进，并给予相应的政策优惠。

（二）厦门市发展低碳消费面临的挑战

低碳消费是解决气候不断恶化问题的根本途径，也是低碳城市创新发展的一个重要途径，需要企业、政府及消费者的共同参与，同时要求在社会经济的各个领域不断进行机制创新。低碳消费不仅是一个系统问题，也是一个消费领域的问题，面临着社会、经济、消费及环保等不同领域的挑战。[1] 厦门市目前面临的挑战主要有三个方面。一是机制问题，例如，缺乏相关职能部门之间的机制协调，社会职能配套机制问题至今没有得到完善。二是体制问题，例如，低碳消费的实施需要一定的资金支持，能否为营造低碳消费模式提供足够的资金，是构建低碳消费模式的关键因素；市场是配置资源的主要手段，由于市场经济不够完善不够发达，没有充分发挥其有效配置资源的作用，对实施低碳技术和低碳生产都没有起到积极作用；无法判别产品是否为低碳产品，影响了消费者购买低碳产品的积极性。三是企业问题，主要是低碳技术开发不足和企业不能有效低碳运行的问题。例如，低碳技术的开发需要大量资金和人才的投入，没有强大的外部支持和丰厚的预期回报，企业很难真正进行低碳技术开发和低碳生产运营；粗放式的经营模式在工业化后期阶段依然存在；在资源配置方面，价格没有发挥有效作用，这就使企业没有进行低碳技术开发和进行低碳运行的动力。

三　国际先进城市低碳消费发展实践

如上所述，城市低碳消费是一个综合性的问题，包含了城市生产和城市生活的方方面面。由于所处的经济发展阶段的差异以及民众对生态环境的关注程度不同，在低碳消费发展方面我国与发达国

---

[1]　孙二伟：《贵州构建低碳消费方式的对策研究》，贵州财经学院硕士学位论文，2011。

家相比还存在着较大的差距，主要表现在消费者对低碳商品的购买行为上和消费者的低碳消费意识上。

（一）国际先进城市低碳消费发展经验

国外发达国家的低碳消费发展经验值得我们借鉴。[①] 国外低碳消费发展比较领先的国家有英国、日本、丹麦、瑞典等。英国低碳消费的特征是政府、企业、居民形成互动体系；日本则主要推行资源节约型的消费模式；丹麦的低碳生活方式已深入人心，如低碳交通、低碳建筑、低碳教育等；瑞典推进城市低碳消费的发展，主要体现在政府通过大力倡导实施低碳计划。

1. 英国

英国政府设立碳信托基金会，与能源节约基金会联合推动低碳城市项目。2003 年英国政府能源白皮书《我们未来的能源：创建低碳经济》中首次提出低碳能源消费的概念，并实施更快走向低碳社会的全民总动员。英国有多个城市鼓励市民出行时少开车、多骑车或乘公交，正在试行自行车城市计划。在英国许多大城市，鼓励节约、爱护环境也蔚然成风。倾倒家庭垃圾时，人们自觉地将纸张、塑料、易拉罐等分类送进垃圾箱，违者如被发现要处罚款。为降低新建筑物能耗，2007 年 4 月，英国政府发布了"可持续住宅标准"，政府宣布对所有房屋节能程度进行"绿色评级"，从最优到最差设 A 级至 G 级共 7 个级别，被评为 F 级或 G 级住房的购买

---

① 鹿英姿、李胜毅、鹿道云：《城市低碳消费模式的构建与推广》，《天津经济》2011 年第 11 期；宋扬：《低碳消费理念的伦理解析》，东北大学硕士学位论文，2011；董小君：《低碳经济的丹麦模式及其启示》，《国家行政学院学报》2010 年第 37 期；陈柳钦：《低碳城市发展的国外实践》，《环境经济》2010 年第 9 期。

者，可由政府设立的"绿色住家服务中心"帮助采取改进能源效率的措施，这类服务或免费或有优惠。每年政府都通过出版物及其他媒体，向公众免费发布节能减碳状况的信息。在政府及社会各民间团体的长期宣传教育下，节能减碳的生态环保意识成为全国的一种生活主流价值。已初步形成以政府为主导，以全体企业、公共部门和居民为主体的互动体系。

2. 日本

日本从 20 世纪 50 年代起就始终提倡使用节能和节材产品。迄今，日本商品的节能和节材水平均居世界领先水平。2008 年 6 月，日本前首相福田康夫提出了著名的福田蓝图，拉开了日本开展低碳革命的帷幕。日本政府选定了横滨市、带广市、富山市等 6 个不同规模的城市作为环境模范城市，表彰和鼓励它们积极采取切实有效措施防止温室效应。此外，日本的一些大中城市，如东京、大阪、京都、名古屋、神户等，采取补贴政策，鼓励企业和居民建造太阳能屋顶、花园屋顶、绿草墙壁；倡导居民出行乘坐公交车或骑自行车；饮食方面也提倡以低碳绿色食品消费为主。

3. 丹麦

丹麦的低碳生活方式深入人心，一是推广低碳教育。丹麦教育部要求 2008~2009 年所有教学大纲都要增加与气候相关的内容。为提高人们的低碳意识，还开展了很多公益性质的活动，如 2009 年 Danfoss 公司为 14~18 岁的年轻人举办气候和创新夏令营；丹麦能源局播放的电视片反复讲述着丹麦的气候行动，在实际生活中节能建筑、节能灯、风能等将被广泛应用。二是推广低碳建筑。通过大力推广建筑节能技术和对建筑设施能耗实行分类管理，大大降低了建筑能耗；为建筑节能改造提供补助，如窗户改换、外墙保暖可以得到政府财政补贴。三是推广低碳交通。在所有出行工具中，自行车为首选，公共交通为次选，最后才是私家车。丹麦一直保持全球最高的汽车税，轿车在生产过程中要加180%的税收；环保费一年要缴纳600欧元；汽油每升为1.4欧元。丹麦是自行车的王国，政府为这些自行车设置了专门的车道，哥本哈根市内所有交通灯变化的频率是按照自行车的平均速度设置的。哥本哈根公布要在2025年前成为世界上第一个零排放城市。

4. 瑞典

瑞典小城维克舒尔是欧洲人均碳排放量最低的城市，2007年被欧盟委员会授予"欧洲可持续能源奖"。维克舒尔从1996年就颁布一项世界领先的项目——维克舒尔零化石燃料计划，在供热、能源、交通、商业和家庭中停止使用化石燃料，降低碳排放。政府展开了一系列行动：逐步取消电力直接供热；向市民提供能源建议；在采购或租赁环节采用环保型机动车；交通设计及道路指挥体系要有利于步行、自行车及公共交通系统的使用；环保型机动车可免费停放于市区停车场；政府推行城市环境管理的生态预算模式。目前维克舒尔已经有51%的能源来自生物能、水能、地热和太阳能。1993~2006年的十余年，维克舒尔的碳排放量减少了30%，人均碳排放量仅为3.232吨/年，远低于欧洲（8吨/年）和世界（4吨/年）的平均水平，成为欧洲乃至世界上人均碳排放量最低的城市。

（二）对厦门低碳消费发展的启示

1. 大力发展绿色交通

一是完善交通组织与管理，加强智能交通系统建设，提高道路畅通率。通过适当控制私人小汽车通行、中心城区交通管制、设置单行道标识等一系列措施，引导市民绿色低碳出行。二是推广节能环保型汽车。完成国家"十城千辆"节能与新能源汽车示范推广试点工作，完善新能源汽车配套基础设施建设，充分发挥新能源车辆在低碳减排上的示范效应。从源头上控制高耗能、高排放车辆进入运输市场，强制淘汰部分污染严重的车辆，及时更新公交车辆。三是鼓励和推进以公共交通为导向的城市交通发展模式。调整优化常规公交线路，继续提高公交出行分担率。推动轨道交通和 BRT 建设，形成以大运量轨道交通和 BRT 为主、常规公交为辅的公共交通格局。建成 3 条城市轨道交通线路，绿色出行率（公共交通、步行、自行车）达 60% 以上，2020 年基本建成覆盖全市的轨道交通网络，绿色出行率达 70% 以上。四是规划建设人行步道和自行车道等慢行交通系统，包括流水休闲步行系统、山体健身路径等，完善城市步行网络。

2. 倡导绿色消费

加大新型清洁能源在社区的推广和应用，在全市新建小区推广太阳能、热泵、天然气等，尽可能使用可重复利用和可再生的材料。加大对市民低碳理念和节能减排的宣传和引导，培养居民适度消费和可持续消费的意识，引导人们在日常生活的各个方面做好节能减排。

3. 推进建筑节能，发展低碳建筑

一是严格建筑节能管理。对符合节能型建筑标准的建筑投资者、消费者给予适当财政补贴。把建筑节能监管工作纳入工程基本建设管理程序，严格执行建筑节能设计标准；推广使用节能型新型墙体材料、新技术、新工艺和新设备，并与建筑一体化进行设计、施工。二是推进既有建筑的节能改造。对城区既有建筑进行包括墙体、耗电设备等在内的系统节能改造;对公共机构采用合同能源管理方式对围护结构、空调制冷、办公设备、照明等系统及网络机房等重点部位进行节能改造。三是发展绿色建筑,积极推广精装房。推动厦门国际会展中心三期等绿色建筑示范项目建设,大力推广商品住宅装修一次性到位,逐步取消毛坯房。从 2011 年开始厦门岛内全面实施新建商品住房精装修,岛外逐步推广。从土地供应、设计、施工、验收等方面出台相应措施,对住宅精装修工作的各个环节给予规范化,加快实施一次性装修或菜单式装修模式。推动可再生能源在建筑中的规模化应用,实现建筑能源来源多元化。

4. 完善再生资源回收利用体系

新建生活小区全面推行城市生活垃圾分类管理。通过垃圾分类收集、综合利用,构筑生活垃圾综合处理及资源再生利用的产业链,建成东部固废填埋场填埋气体再利用项目、后坑垃圾分类处理厂、东部垃圾焚烧发电厂和海沧垃圾焚烧发电厂等项目。

5. 完善城市信息通信网络,推进城市管理低碳化

完善城市信息通信网络建设,尽量减少出行,减少消耗。推进国家三网融合试点工作,运用信息通信技术和手段开展节能减排行动,推广使用远程办公、无纸化办公、虚拟会议、智能楼宇、智能运输和产品非物质化等技术,实现城市管理低碳化。争取建成覆盖全市、有线无线相结合、高速互联、安全可靠的融合性网络,移动宽带网络实现全覆盖。

6. 加强两岸低碳交流

一是构建两岸低碳技术交流中心。发挥厦门市对台区位优势,加强两岸低碳技术、项目等交流与合作,推动两岸 LED 产业技术交流与联合研发等，发挥对台科技合作与交流基地功能，打造对台低碳技术创新交流合作的试验区，深化两岸产学研合作，加快培育形成以企业为主体、市场为导向、产学研相结合的低碳技术创新体系，积极推动技术引进消化吸收再创新。

二是构建两岸低碳产业合作基地。参与两岸产业"搭桥"计划，探索在厦设立两岸合资的产业投资基金、创业投资基金，充分利用台湾技术和资金优势，承接台湾平板显示、现代照明等低碳产业转移；构建两岸区域性金融服务中心，推动金融机构双向互设、相互参股，拓展两岸金融业务合作；提升"海峡旅游"品牌，延伸对接两岸双向旅游线路，完善两岸旅游协作机制和服务保障机制，争取率先实施赴金门、赴台湾自由行。深化厦台低碳产业深度对接，在产业布局协调、产业链衔接、能源产业等方面加强合作。

三是推进两岸低碳合作体制机制创新。建立两岸低碳发展合作促进机制、政策协调与创新性融资机制等，通过政策激励，积极拓展低碳技术和融资渠道，在相关制度协同、联合碳排放交易等方面加强合作，探索建立对台碳交易中心。

四　厦门市低碳消费创新发展对策建议

（一）政府层面

1. 用法律法规鼓励低碳消费

建立健全低碳消费的制度体系，通过政策和法律约束高碳消费。一方面，政府应尽快出台相关政策和法规，鼓励并支持全社会进行绿色低碳消费。对于从事低碳消费相关的企业，政府可以通过税收优惠给予支持。另一方面，通过物价、税收、财政补贴等政策手段，引导消费者做到主动节能减排，抑制高碳消费，实现绿色健康的低碳生活。

2. 完善低碳消费机制

建立健全促进低碳发展的体制机制。完善促进产业低碳化、城市建设低碳化、居民生活低碳化的体制机制，重点创新节能减排、低碳技术研发、碳汇培育等方面的体制机制；探索建立两岸低碳发展合作促进机制，深化对台合作交流；探索开展低碳产品认证和碳交易改革试点；建立政府引导、企业为主体、全社会参与的低碳发展机制。

3. 建设低碳消费社区

社区是社会的细胞，社区消费文化和消费习惯是整个社会消费模式的微观基础。厦门市低碳消费创新发展应重视对低碳社区消费行为的研究，通过对社区消费的研究，采取科学的规划和适当的措施，建设低碳消费社区。一方面，及时提供低碳消费的建议及信息。近年来，低碳发展已经成为全社会关注的热点问题，城市居民也愿意在低碳消费方面贡献自己的力量，这就需要社区结合自身情况给居民提供符合生活实际的低碳消费建议。另一方面，构建社区低碳文化。通过构建社区低碳消费文化强化居民低碳消费的认同感，进而实践自己的低碳消费行为。

4. 培育低碳消费相关产业

一是加快发展现代服务业。提高服务业比重，实现结构减排，降低碳排放强度。厦门市"十二五"规划明确将航运物流、旅游会展、金融商务、软件与信息服务业确立为今后重点发展的支柱产业，建设三大区域性服务业中心（即国际航运物流中心、金融商务中心、文化休闲旅游中心），推动对台服务业对接，加快建设两岸区域性金融服务中心和对台服务外包示范城市，形成以现代服务业为主导的产业格局，构建海西最具竞争力和带动力的现代服务业聚集区。

二是发展低耗能工业。加大与台湾地区产业对接与合作，做强做大电子、新能源汽车等低耗能工业，电子产业重点发展平板显示、现代照明和太阳能光伏、计算机与通信设备等，新能源汽车重点发展纯电动汽车、动力电池、驱动电机、电子控制设备等。培育发展一批掌握关键核心技术，具有市场需求前景，资源能耗低、带动力大、综合效益好的战略性新兴产业，重点培育新一代信息技术、生物与新医药、新材料、节能环保、海洋高新产业等，抓紧编制战略性新兴产业专项规划，研究出台扶持政策体系，推动政策落实，为"十三五"时期进一步减碳培育一批支柱产业。

三是推进技术减碳。打造区域性低碳技术研发推广和产业转移中心，辐射带动周边。发展和推广可再生能源及新能源的清洁高效利用、垃圾无害化填埋的沼气利用等有效控制温室气体排放的新技术。开展海洋碳汇技术研究和推广，支持国家海洋三所海洋微藻技术研发和推广。加强低碳技术的研发机构和公共平台建设，推进新能源和低碳技术的研发及推广应用。

（二）社会层面

1. 构建绿色供应链

绿色供应链最为突出的特征是将产品的回收与再利用作为整个供应链的一个环节。绿色供应链模型由设计、采购、加工、交付、营销、回收等基本流程构成。在当前低碳经济发展的背景下，厦门应当选择科学的供应链建设途径，在低碳创新发展建设中应推行绿色环保、节能减排、循环经济，探索绿色金融发展的创新机制，遵循绿色低碳的理念，在规划和城市低碳建设中坚持融入绿色供应链管理规范，全力打造绿色低碳示范城市。一是确立绿色供应链建设的战略地位。实践低碳创新发展，发展低碳经济，树立绿色目标，构建绿色供应链体系，这是厦门市实现低碳创新发展的有效途径。二是应用绿色管理规范。成立厦门低碳发展与绿色供应链管理服务中心，作为绿色供应链管理市场化综合服务平台，完善绿色产品认证、绿色建材与装修装饰材料认证、绿色建筑认证，组织制定绿色建材产品评价标准并开展评价工作。积极探索低碳城市建设中的绿色供应链管理规范。三是发展低碳产业和绿色金融。加快服务于实体经济的产业金融和绿色低碳现代服务业的发展，加快股权基金公司、金融租赁企业、综合经营集团、股权交易市场、商品要素交易市场等新型金融体的集聚，形成绿色、环保、为生产和生活服务的核心产业群，推出多元化绿色金融创新服务，同时争取促进绿色投资贸易便利化的自贸区，加速产业、资金、技术、人才聚集，打造绿色供应链服务中心，构建绿色金融中心。

2. 构建低碳消费文化

引导城市居民树立正确的消费观念，让低碳消费成为全社会的共识。利用电视、广播、报纸、标牌、宣传栏等媒介，引导居民适度消费、低碳消费。从城市政府到居民社区，在全社会大力提倡"低碳生活"，让人们从自己的生活习惯做起，控制或者减少个人的碳排量；反对和限制盲目消费、过度消费、奢侈浪费和不利于环境保护的消费；进一步弘扬节约是美德的观念，彻底改变与节能减排背道而驰的消费陋习。

3. 营造低碳消费社会认同

低碳的消费行为能够成为社会认同的符号。行为理论中有一个重要的概念就是符号互动理论。该理论认为人们追求某种符号或美德，不仅仅是为了这些符号或者美德的实际价格，而且是为了构建他们的自我认同，并使用这些符号或者美德来向外界描绘他们的形象。① 因此需要在社会层面采取积极的措施，建设低碳文明社区，促进低碳消费生活环境的形成，营造一种低碳消费的社会认同感，使低碳生活习惯成为全社会认可的行为准则，从而引导整个社会的低碳生活方式。

（三）居民层面

1. 规范和引导居民的消费行为

消费不仅是个人行为，也是一种社会行为。引导城市居民低碳消费，就要是按照低碳消费方式的要求，立足厦门市的实际情况，对厦门市社会消费和居民消费进行有意识的科学指导，以促进低碳消费方式的形成。在消费观念方面，以生态文明消费观规范居民的消费行为，抵制不合理的、不正确、不科学的消费理念，使消费观念与低碳消费有机融合。在消费政策方面，出台相关消费政策抵制高消费和奢侈消费，提倡适度消费、节约消费，使城市消费结构和消费水平符合经济发展水平和生态环境承受能力。在生产方面，消费品的生产在很大程度上决定着消费内容和消费方式，在满足居民基本消费需求的前提下，尽量多提供低碳消费产品，引导居民消费内容和消费方式的低碳化，减少高碳的消费行为。

---

① 孙二伟：《贵州构建低碳消费方式的对策研究》，贵州财经学院硕士学位论文，2011。

2．转变生活方式

一方面，转变诸如塑料袋等带有便利性特征和一次性特征的生活消费方式，这种消费方式在给生活带来便利的同时，也消耗和浪费了大量的资源。另一方面，转变"面子消费"和"奢侈消费"等高碳的消费习惯，这两种生活消费方式往往需要消耗大量的资源，排放更多的二氧化碳，必须从根本上扭转传统的高碳生活方式，形成低碳、节约的消费习惯。

第九章 厦门市城市低碳管理体系创新发展

　　城市低碳管理体系包括确定明晰的城市低碳发展目标，构建完善的低碳政策措施体系，执行科学、客观的考核和评价程序，根据低碳发展成效实施相应的奖惩机制。在城市的低碳化建设过程中实施科学、有效的绩效管理，能够促进低碳发展目标的实现，使城市低碳化变得更有现实意义。完善城市低碳管理体系是建设低碳城市的重要政府行为，是发展和推进低碳城市建设的战略性手段和保障。厦门在低碳管理工作中，已经积累了很多先进的经验，但同时仍需不断参考国内外先进的做法，推动整个城市的低碳建设工作进一步深入。

一　厦门市城市低碳管理体系发展总结评估

（一）厦门市城市低碳管理体系发展成效

　　厦门在 2010 年被确定成为全国首批 8 个低碳试点城市之一后，一直高度重视对城市发展的低碳管理，并不断在低碳城市建设过程中探索"厦门模式"。为了实现低碳发展目标，厦门市紧紧围绕建立节能目标责任制体系，积极完成本市所承担的减排任务。通过健全城市低碳管理体系的顶层设计，以规划引领、强化组织领导等措施，不断强化城市管理中的绿色可持续的低碳发展理念。

1. 通过完善顶层设计确保低碳管理工作扎实推行

厦门市委、市政府一直以来高度重视低碳城市试点工作。2011年成立了由市主要领导担任组长的低碳试点工作领导小组，领导小组办公室挂靠市发改委。在城市的未来发展战略规划，如《厦门市"十三五"城市建设专项规划》《美丽厦门战略规划》中，一直用重要的篇幅强调低碳发展的重要性和具体发展目标，并在各类规划中强调城市建设分阶段的能源强度目标、碳强度目标和碳排放峰值目标等。前两个目标作为约束性指标已经被纳入厦门市的城市国民经济和社会发展规划纲要中。这些举措为厦门市促进绿色低碳发展做好了顶层设计，通过强化规划的引领作用，为低碳城市建设指明了方向和道路。

2. 严格执行节能减排目标责任制所确定的目标

低碳城市建筑的重点方向就是降低城市整体的温室气体排放水平。节能减排是厦门市建设低碳城市的主要任务。目前我国在推进节能工作时，以节能目标责任制为主要手段，这种制度指的是上级政府同下级政府之间、政府同企业之间、企业内部上级和下级之间，设定明确的节能目标，并以签订目标责任书的形式，规定相关责任人某一时期内的节能目标，通过对能源消耗数据的统计和监测，在期末对相关责任人进行考核的一种管理制度。自"十一五"以来，厦门市政府一直积极针对上级政府制定的节能减排统计监测考核实施方案，结合该市的实际情况制定厦门市的单位GDP能耗考核、污染减排考核分解目标，并对厦门市各区人民政府和重点用能企业针对节能目标的完成情况和节能措施的执行情况进行考核。

为了确保这些节能减排目标能够按时得以实现，厦门市还制定了一系列清晰的奖惩措施，将节能减排工作完成情况作为对各区政府领导班子和领导干部综合评价的重要依据，实行节能工作问责制和"一票否决"制。并对完成或超额完成目标的各级政府和企业予以表彰或通报表扬。同时，对评价考核结果为未完成等级的企业，予以通报批评，并责令不准给予国家免检等扶优措施，对新增工业用地暂停核准和审批。

在这些奖惩措施和严格的执行机制下，"十一五"和"十二五"期间，厦门市均顺利完成或提前完成了所承担的节能减排目标，为推进城市低碳发展奠定了坚实的基础。

3. 率先探索"多规合一"，利用信息化手段保障城市低碳发展有效推进

从 2014 年 3 月开始，厦门在全国率先实践经济社会发展规划、城市建设规划、土地利用总体规划等"多规合一"工作，按照"五位一体"总体布局，摸清了城乡资源、环境、空间条件，明确了城市绿道、农田、水系、湿地、山体、林地边界坐标，协调统一了 12.4 万个原先"互相打架"的规划图本，进一步完善了城市空间规划体系，优化了城市布局，打造城市理想空间，保障一张蓝图干到底。经过近 1 年的时间，形成了"四个一"的工作成果，即"一张图"、"一个平台"、"一张表"和"一套机制"。

过去在城市规划中，由于规划主体、技术标准、编制目的与规划期限等不同，各种规划之间的矛盾与冲突确实存在。在城市的各种规划中，存在明显的"多规"不统一的问题。其中最突出的问题在于各个规划的技术交集部分，即在城市建设空间的利用上存在矛盾。《国家新型城镇化规划（2014～2020）》中明确提出，要推动有条件地区的经济社会发展总体规划、城市规划与土地利用规划等"多规合一"。

在厦门之前，全国也有一些地区在探索开展"多规合一"的积极尝试，如广州、深圳、武汉和重庆就开展了"一张图"建设工作，其方法主要就是将一系列法定规划的图形数据整合到一个统一的基础地理信息平台上；而广州、云浮和上海又在其基础上加以改进，将城规、土规和经规利用 GIS 技术构建一个"三规合一"的基础地理信息平台。厦门市的"多规合一"则推动了包括发改、国土、环保、规划、林业、水利和农业等多部门的统筹规划，利用先进的信息化手段，构建了全市统一的空间信息管理协同平台，实现各部门业务的协同办理，推动行政审批流程再造和简政放权，有效保障经济、社会、环境协调发展。通过"多规合一"工作，重新梳理了厦门空间规划布局，解决了各类规划间相互冲突的问题，让规划变得透明。同时，这种方式还明确了生态控制线内各类自然生态空间，制定从严管控的管控规则，为建立权责明确的自然资源产权体系和管理体制、完善严格的耕地保护制度、推动土地节约集约利用等奠定了基础。这种先进的信息化管理手段，也确保了在城市建设领域尽量不折腾，以高效、节能的方式推进城市建设工作。

4. 不断建立和完善低碳政策措施体系

厦门市政府明确提出该市建设"低碳城市"的战略定位，为了实现该目标，一直不断建立和完善相关的政策措施体系，编制完成了《厦门市低碳城市试点工作实施方案》《厦门市低碳城市建设规划》《美丽厦门生态文明建设示范市规划（2014～2030）》《厦门市"十二五"低碳经济发展专项规划》，为城市低碳发展提供了立法层面的保障，并每年制定低碳城市试点工作行动计划。在厦门市"十三五"规划纲要中，厦门市提出了争当"五大发展"示范市、建成美丽中国典范城市的目标要求，将"以绿色低碳推进可持续发展"作为规划中一节单独阐述，并明确要实施低碳社区示范工程，开展重点企业温室气体排放报告、碳排放权配额分配等工作，增加森林、绿地等生态系统碳汇，建立健全温室气体排放基础统计制度，以推动低碳城市建设。

通过这些战略规划和政策体系，厦门市将低碳理念全面融入了城市的整体规划，为可再生能源建筑工程、建筑节能工程等低碳项目开辟"绿色通道"。为了支持低碳发展，厦门市还制定和出台相关的财税政策，加大财政资金投入力度来帮助一些传统的高耗能、高污染、高排放产业进行改造升级，实现产业的低碳化生产。

5. 通过智能化低碳信息管理平台来实现工业节能目标

厦门市本地企业奥普拓自控科技公司所建立的碳排放智能管理云平台项目对目前国内运行的低碳信息管理系统进行了创新和升级，用现代化的网络信息化手段来监测、管理和评估低碳目标完成情况。该平台能够提供在线精准监测、自动碳规范盘查、减碳效果诊断和实施方案提供、智能提供报告和在线审核报告等综合性服务。这种低碳信息管理平台能够同时服务于政府和企业，适应了当前城市低碳管理工作从宏观向微观转变的大趋势。

这种先进的低碳信息化管理手段能高效利用和转化碳排放信息，帮助企业、地方层面实现减排目标，从而起到促进我国提前实现碳排放峰值和低碳转型的根本性目标；同时也能推动低碳信息管理效率的提升，并能推动地方的节能服务行业得以发展升级。

该平台目前已经成功应用到厦门市四家电厂中，运行状况良好。这种低碳信息管理平台能够充分调动企业参与减排的积极性，是一个最终可以实现多方获益的公共服务平台，对城市低碳建设意义重大。

6. 加强对居民低碳意识的培育和教育宣传，营造低碳发展氛围

近年来，厦门市将低碳发展理念与城市发展总体目标结合起来，通过加强对全民生态文明意识的教育宣传、倡导低碳生产和消费、优化产业结构、增加森林碳汇、推动低碳交通体系建设、推广可再生能源建筑、探索废弃物的无害化处理和资源化利用、实施建筑节能改造等措施，实现了单位 GDP 二氧化碳排放强度的大幅下降，并促进了人民生活水平的改善，体现了"机制活、产业优、百姓富、生态美"的建设方向和转型成果。

针对企业，厦门市先后组织涉及钢铁、发电、陶瓷等高耗能行业企业参加的重点企事业单位温室气体排放报告培训会，提高企业节能减排的积极性。对于普通群众，每年厦门市直属各部门、各区政府组织丰富多彩的低碳宣传活动，如以"践行节能低碳，建设美丽家园""节能领跑，绿色发展""清新厦门，低碳出行""共建生态文明，共享绿色未来"等主题开展低碳、节能活动，为全社会营造了浓厚的低碳发展、低碳生活氛围。

7. 提出碳排放达峰年份，形成倒逼机制促进城市低碳发展

2015 年，习近平主席代表中国政府宣布了中国二氧化碳排放将于 2030 年前后达峰并尽可能提前达峰的目标，一些城市已经开始提出各自的温室气体达峰目标。2017 年 1 月 7 日，国家发改委进一步发布了《关于开展第三批国家低碳城市试点工作的通知》（发改气候〔2017〕66 号），新增了 45 个城市（区、县）进入低碳城市试点范围，同时对这批低碳试点城市要求它们明确提出各自达到碳排放峰值目标的时间，将达峰目标的设置和完成作为考核低碳城市的重要指标之一。经过深入研究和多情景分析，厦门市也已经明确提出将于 2020～2022 年实现二氧化碳排放达峰，碳排放将在 2021 年前后达到峰值。为落实这一目标，厦门市将实施碳排放达峰计划，现已启动《厦门市二氧化碳排放达峰和减排路线图》研究制定工作。拟通过对厦门市经济发展趋势、能源结构调整趋势、人口增长趋势和能源强度下降趋势的分析来预测全市未来的二氧化碳排放趋势、排放峰值和峰值年份，提出减少二氧化碳排放的技术对策、管理对策，并明确未来一段时间应采取的具体路线。

（二）厦门市城市低碳管理体系建设面临的问题与挑战

近年来，厦门市政府通过对低碳生态型城市建设的支持助推、参与引导、宏观调控与有效监管，促使低碳生态型城市建设取得了阶段性的显著成果，生态环境保护与低碳节能建设效果显著，绿色环保机制与生态法规制度日趋完善。但同时政府主导下的低碳城市建设仍然面临一些具体的问题和挑战。

1. 城市低碳管理体系中存在一些政府管理体制不清的问题

目前国内很多城市在城市低碳管理中面临共性问题，即在城市低碳管理体系中，政府引导城市建设与经济转型的职能与其他多元主体的职能界限划分存在客观上的难度。政府引导功能日渐扩大，形成低碳发展和减排工作过程中政府干预过多的局面。政府对于实现低碳发展和节能减排工作的一手包办致使政府承担的环境压力与治理成本极大上升。由于政府职能的扩张、社会自组织发育不成熟等因素，厦门市在建设城市低碳管理体系时，政府功能发挥存在着"模糊地带"，政府与多元主体在城市低碳发展工作中边界的模糊性导致低碳管理工作由政府一肩挑的局面。

政府管理体制不健全，如政府职能界限的不清晰导致政府管理角色的越位与提供角色的缺位现象突出，低碳城市建设管理体制不顺。低碳城市建设中政府越位现象仍然频有发生，主要表现在政府对社会和市场的管制过多、过滥。尽管在城市低碳发展中政府引导作用很重要，但是政府角色的越位将会导致耗费公共支出、干预市场公平竞争以及提供生态产品的低效。政府将低碳重点领域资金投入、碳排放监控、措施处罚、生态意识普及等的责任和具体落实全部一肩挑，这种事必躬亲的结果必然是管理部门压力巨大，成本上升，而且对于相关的管理工作进程和成效缺乏有效的社会监督机制。

政府在低碳城市建设中发挥着主导性作用，公众的参与度较低，而且缺乏对管理成效进行社会监督的完善机制。尽管厦门市一直重视对公众的宣传教育，但是在低碳城市建设过程中，尤其是在管理层面，公众真正的融入参与极为有限。由于厦门市的市民社会、非政府组织目前发展仍显薄弱，传统思想根深蒂固导致市民社会对城市低碳发展和应对气候变化的使命感与责任感不强，因此低碳城市建设过程中公众参与生态建设的积极性并不足。

2. 城市低碳管理的重点逐步明确，但是管理机制还需创新

城市低碳管理的重点任务就是节能减排，但由于当前厦门的发展速度仍然比较快，城市规模还保持扩大态势，城市发展模式仍然具有一定的高耗能特征，这在一定程度上制约着城市进一步的低碳转型，因此，以节能减排为重点的城市低碳管理手段还需要进一步完善，管理机制也需要创新，促进地方政府职能定位的调整，强化政府低碳管理中的公共服务职能，建设服务型政府。

厦门市建设低碳城市的管理框架已经初具雏形，但是管理工具仍然有待完善，一些机制也需要积极进行创新。厦门市应该在低碳城市建设过程中打破各个政府部门各自为战的利益分割局面，消除一些不合理的管理机制障碍。积极将各种设想转为可行的方案、把方案转变为具体的行动，总结低碳城市建设中机制探索的成功经验，是未来厦门完善城市低碳管理体系需要突破的地方。

3. 城市低碳管理体系的配套政策有待完善

厦门市以政府为主导的低碳城市建设管理实践正在有序进行当中。通过统筹规划的立法保障，推动各种低碳试点开启。在各种规划引领下，厦门市低碳试点建设工作有了明确的着力点，集美新城、同安环东海域、东海科技创新园、翔安低碳研究所和低碳配套产业园都在按照低碳生态新城的规划进行建设。新建建筑严格实施建筑节能标准，全市还在对大型公共建筑积极进行节能改造，同时也在积极开展低碳交通和可再生能源利用的示范项目。

但与此同时，政府低碳管理的配套政策仍然有待完善，没有充分利用公共财政税收政策等来推进低碳发展、建筑节能和绿色消费等。从财税政策来看，缺乏独立的环境税种，因此促进低碳经济发展的针对性不强；一些财政专项资金的覆盖面较小，对于低碳资源和低碳产品的财政资金投入仍显不足。

二　厦门市城市低碳管理体系与国内外经验的比较

（一）国内城市低碳管理体系的经验

目前各地都在积极开展低碳城市建设工作，并在城市低碳管理体系的道路上进行了很多有益的探索，通过不同的政策来推动城市级别的实践。针对中国城市低碳转型政策和实践中的管理体系构建，可以总结出当前国内的管理体系和实践情况，如表9－1所示。

表9－1　中国城市低碳管理体系和实践情况总结

类别	政策类型	城市实践
目标类	制定碳排放峰值目标	其中32个国家低碳试点城市以及2个试点省份提出达峰年份，非试点省份中四川和吉林也提出了峰值目标
	单位GDP二氧化碳排放累积降低目标和年度降低目标 单位GDP能源碳排放累积降低目标	城市国民经济和社会发展第十二个和第十三个五年规划纲要中均明确提出发展目标 城市社会经济发展和国民经济统计公报
政策措施类	低碳/应对气候变化地方立法	南昌市和石家庄市的低碳发展条例都进入公开征集意见建议阶段
	低碳发展规划或应对气候变化规划	16个城市出台规划文件
	低碳发展工作方案	城市低碳试点工作实施方案
	温室气体排放监测、统计、核算制度及清单编制	国家低碳试点城市均完成2005年和2010年温室气体排放清单编制工作，未来将实施逐年常态化清单报告编制工作，如上海市、北京市、深圳市、天津市、重庆市、宁波市

续表

类别	政策类型	城市实践
	低碳发展专项资金	温州市、北京市、中山市、苏州市等
	固定资产投资项目碳排放评估及准入制度	镇江市、北京市
	城市碳排放核算及管理平台	镇江市
	低碳产品标准、标识和认证	广东省、重庆市、云南省、湖北省等开展低碳产品认证试点工作
示范类	碳交易制度试点	2011年启动了7个省市碳排放交易试点(北京市、天津市、上海市、重庆市、湖北省、广东省、深圳市)
	国家低碳试点城市	36个城市
	国家低碳工业园区	55个园区
	低碳社区试点	1000家
	省级(直辖市)低碳城市(区县)试点	四川、山西、江西、江苏等开展省级低碳城市和低碳县(市、区)试点工作

资料来源:蒋兆理、李昂、杨鹏、孙淼,《中国城市低碳转型政策和实践》,载《中国城市低碳发展规划、峰值和案例研究》,2016。

厦门市作为全国"十大低碳城市"和低碳试点城市,在一些管理工作上已经走在全国前列,如积极研究确定城市碳排放峰值,定期制定低碳工作方案,组织温室气体排放监测、统计、核算制度及清单编制工作,也有工业园区和社区入选国内示范试点,但是同全国其他地方的实践相比,在某些领域仍然有待于继续开展相关工作,例如争取和设立低碳发展专项资金,建立固定资产投资项目碳排放评估及准入制度,组织开展低碳产品标准、标识和认证工作等。

(二)国外建立城市低碳管理体系的经验

国外一些国家在低碳城市建设上的工作开展较早。从管理制度上看，一些较为成功的低碳城市存在很多共性，包括从政府的角度确定城市低碳发展理念，合理利用政府管理行为来积极实施对城市发展的低碳引导，对城市中的各种社会、经济行为实施强有力的低碳规制，管理机构带头遵守各种低碳发展标准等。

1. 积极确定城市低碳发展理念

重视低碳发展的政府，往往在行政行为中坚持遵循自然生态规律、强化风险意识、推进节能减排的新型政府管理理念，并以先进的低碳发展理念来指引、确定政府管理行为的目标、内容、任务和方式。部分发达国家率先认识到现有的管理模式无法引导城市和国家发展实现突破性的低碳转型，必须在政府的管理中注入新的低碳发展理念，用这种理念来正确引导、创立低碳时代的政府行为，才能有效应对全球性的气候变化。具体来说，很多城市积极以低碳发展理念为指引来促进城市低碳经济转型、通过宣传号召市民推行低碳生活。在城市发展过程中，以建设低碳社会为目标，以预防和减缓能源、气候变化为基本任务，以各种规制措施来减少以碳排放为主要内容和方式。

2. 政府管理以积极实施低碳引导和低碳规制为主要内容

国外一些地方政府在引导城市低碳社会建设时，充分发挥了政策的引导和规制作用。加强以低碳建设为内容的行政立法和行政决策，如编制低碳发展规划，全面系统制定促进低碳绿色发展的相关法律制度以及配套政策等；充分运用行政许可、征收碳税、行政处罚、行政强制措施等行政行为来控制城市中的碳排放水平；采取各种奖惩机制来鼓励碳减排行为，对超排或高耗能行为进行约束；加大对于低碳技术的投资，鼓励碳捕获、新能源技术在各领域的应用；运用各种行政手段推行低碳经济、低碳消费和低碳生活方式。

创新式地探索碳交易管理、碳融资、碳基金管理和碳汇管理等新的市场机制来实现节能减排目标。

3. 政府部门从自身做起实施低碳标准

从欧美一些著名的低碳城市的经验来看，它们的政府都会首先从自身做起，在组织方式、程序和物质保障等多方面以低碳的方式开展城市管理工作。

城市管理部门可以通过建立低碳高效的行政构架，从内部结构和人员设置等方面实现政府运行管理工作的低碳化，如英国曾在2005 年的《汉普顿报告》中指出，精简政府机构可以显著减轻行政负担，而这也可以转变为碳减排的收益。其经验表明，行政管理系统是可以实现低碳化改革的。

政府部门还可以通过行政程序方面的改善来实现减排，例如通过科学、高效、简便与节省的办公方式减少不必要的行政成本，控制因行政过程的烦琐带来的不合理碳排放。在美国、荷兰等国一些地方就已经积极开展行政文书削减制度，减少了纸张的公共消费，相当于间接减少了在纸张生产活动中产生的碳排放。这也相当于在城市低碳管理过程中节省了能源，减少了碳排放。

此外，政府部门还可以从行政行为的低碳方式上实现减排，随着现代信息技术的发展，一些行政行为可以借助电子系统来实现，例如行政许可、批复、行政裁决、行政强制和行政处罚等行为都可以通过网络的方式来实现，这都是低碳化管理方式的转变。国外一些城市在这方面已经走在前面，积极研究和创新各种节能、减少碳排放的行政管理方式。

政府在管理中还可以通过低碳化的物质保障来实现减排和低碳的目标。政府管理工作必须依赖于机构实体，而政府机构本身就是一个庞大的能源消耗实体。欧美一些城市已经积极地制定政府部门的减排目标,厉行节约、拒绝浪费,带头做到使用符合节能标准的建筑,节约使用各种能源,使用节能型的办公材料和设施等。

4. 国外城市低碳管理范例

城市政府是全球应对气候变化、向低碳转型的主要推动者。近年来,国外许多城市都已开展了以低碳社会和低碳消费理念为基本目标的实践活动。其中英国和日本都是较好的范例,可供厦门和国内其他城市学习和借鉴。

(1)英国:应对气候变化的城市行动。英国在城市低碳转型和规划实践方面一直是全球的领先者,为了推动英国尽快实现低碳经济转型,该国政府成立了一个私营机构——碳信托基金会(Carbon Trust),来负责联合企业与公共部门发展低碳技术,协助各种组织降低碳排放。碳信托基金会与能源节约基金会(EST)联合推动了英国的低碳城市项目(Low Carbon Cities Programme,LCCP)。首批 3 个示范城市(布里斯托、利兹、曼彻斯特)在LCCP 提供的专家和技术支持下制定了全市范围的低碳城市规划。伦敦市也就应对全球气候变化提出了一系列低碳行动计划,特别是2007 年颁布的"市长应对气候变化的行动计划"(The Mayor's Climate Change Action Plan)。总的来说,英国的低碳城市规划和行动方案有以下主要特点。

首先是制定出明确的低碳城市规划目标和城市碳排放减排量化目标。减碳目标的设定基本是依照英国政府承诺的在 2020 年全英国 CO_2 排放在 1990 年水平上降低 26% ~ 32%、2050 年降低 60%来进行。各种措施的制定、实施和评估都是以碳排放减少量来衡量。根据英国全国目标,伦敦市行动计划明确提出要将 2007 ~

2025 年的碳排放量控制在 6 亿吨之内，即每年的碳排放量要降低 4%。

其次是主要通过推广可再生能源应用、提高能效和控制能源需求等途径来控制能源消费和碳排放。例如，在布里斯托市的《气候保护与可持续能源战略行动计划（2004～2006）》中，明确提出控制碳排放的重点在于更好地利用能源，包括减少不必要的能源需求、提高能源利用效率、应用可再生能源等。

此外，英国城市在制定低碳城市规划时明确了一些重点领域，强调加强对这些重点领域的控制将成为低碳转型的关键所在。这些城市级别的低碳规划更加强调实用性，在提出明确的碳减排目标和基本战略的同时，也清晰地给出了实现的路径选择。如在《伦敦应对气候变化行动计划》中专门指出，存量住宅是伦敦最主要的碳排放部门，但是通过家庭采用节能灯泡的行动就能显著实现碳减排，这种清楚的政策建议使普通民众更加容易理解和接受这些低碳政策。

在英国的低碳城市建设中强调技术、政策和公共治理手段并重。政府发挥引导和示范作用，鼓励企业和普通市民的参与，综合运用财政投入、宣传激励、规划建设等手段，通过重点工程来带动整个城市的全面低碳建设。英国信托基金与 143 个地方政府合作制定了碳管理计划，旨在控制和减少地方政府部门和公共基础设施的碳排放。

（2）日本：推动低碳社会行动。日本的低碳社会建设有着自身特点，主要包括强调规划目标的灵活性，对于不同类型的地区，按照发展模式的差异设置不同的发展情景和目标，对于规模高密度、技术水平较高的大城市地区设置与小城市不同的发展目标。在低碳社会的实现途径中，强调各部门共同参与。在城市低碳规划中，注重重点领域的多元性，对于不同的部门在具体政策实施上有所侧重。强调政府在推动低碳城市建设中的主导性，提出政府应该推动城市交通网络建设，推行紧凑的城市布局，征收环境税并完善相关制度，促进有利于减排的经济活动，农村地区应该推广使用生物燃料的汽车，使用高效、低价的可再生能源。还强调低碳基础设施发展，从制度设施、软设施、硬设施和自然资本等方面给地方政府提供政策参考。

5. 其他低碳城市建设经验总结

除了英国和日本以外，欧美很多大城市都推出了以应对气候变化为目的的城市发展行动规划，其中涵盖了低碳城市建设的主要内容和重点领域。虽然不同国家的不同城市在进行低碳城市建设的过程中设定的具体目标不尽相同，采取的模式也各有差异，具体措施更是千差万别，但都是针对各自的具体情况，对本地的低碳发展进行了有益的尝试并取得了显著的成效。

总的来看，在城市层面的低碳管理体系上，各国不同城市的工作也具有一些类似点，例如都会明确设定具体的减排量化目标，这些目标为城市的低碳建设确定了明确的方向，也给城市中的各个部门形成了一定的减排压力。例如伦敦市在 2007～2025 年计划中将其整体的 CO_2 排放限制在 6 亿吨；加拿大的新斯科舍省 1990～2020 年计划将其温室气体排放量至少削减 10%；旧金山市在 2012 年时比 1990 年的温室气体排放减少 20% 等。

而国外低碳城市都会重点关注城市经济社会生活中可能形成排放的重点领域，在城市的设计和规划中以消费减税为主要宗旨，关注交通、居民用能和建筑节能等主要领域。注重在城市低碳管理体系中多种政策工具的综合使用（见表9-2）。在低碳城市建设过程中，通过制度和政策设计调动相关政府机构、企业单位、社会公众等的积极性，是实现低碳城市建设的关键所在。发达国家为实现其低碳经济的战略目标，设计了各种有效的低碳政策工具，其显著特点是充分利用市场机制，尽可能调动微观经济主体（企业、消费者）的积极性，政府发挥制定规则和弥补市场失灵的作用。注重在低碳城市建设过程中的制度、法规和文件的作用。西方国家在低碳城市建设过程中特别注重从法制、规则的角度将低碳城市建设目标、过程等进行详细的规范，并且借助于制度规则形成对低碳城市

表9-2　国外低碳城市建设制度的实践总结

城市	生产	生活消费	交通与城市建设
日本横滨	绿色能源项目，削减温室气体效应地区联合项目，发展风电等可再生能源	城市垃圾分类	零排放交通项目，住宅节能性评价制度，促进节能住宅的普及
韩国首尔	低碳发展、发展新能源和相关产业	提倡"变废为宝"活动	建设"能源环境城"，发展绿色公交和绿色铁路
英国伦敦	可持续发展价值评估	发展"碳中和生态村"，推进节能型住宅建设	—
英国布利斯托尔	发展清洁能源技术市场，鼓励可再生能源发电	建设节能建筑，固体垃圾处理	氢动力交通计划，城市规划的修订必须融入可持续发展和气候变化内容
法国巴黎	—	建设森林生态城市	建设城市自行车租借系统
阿联酋阿布扎比	—	人均每日耗水80公升，碳排放为零	城市里没有汽车，大量使用清洁能源

资料来源：戴亦欣，《低碳城市发展的概念沿革与测度初探》，《现代城市研究》2009年第11期。

建设过程中的各方面行动者的约束和激励机制。用制度规范各方面行动者的行为，用制度规则调节各方面行动者在低碳城市建设过程中的权利义务关系。

三 "十三五"厦门市城市低碳管理体系的创新举措

（一）厦门市"十三五"期间城市低碳管理体系的实施措施

厦门市在推进低碳城市建设过程中已经取得了一定的成果，市政府还计划在"十三五"期间继续通过强化法制约束、实施政策驱动、加强对台合作等推进体制机制创新工作。具体管理机制的实施措施包括以下几方面。

1. 继续抓好低碳建设组织领导

完善低碳城市试点领导机构，负责组织、指导和推动低碳城市试点工作，统筹解决在推进低碳城市试点中遇到的重大问题，研究低碳发展的扶持机制，加强对低碳发展工作的宏观指导。同时明确责任，将试点工作的各项任务分解落实到有关部门和相关单位。成立低碳城市试点专家咨询组，为试点工作提供技术指导和支持。

2. 健全城市碳排放核算体系

开展全市碳排放统计、监测和评价工作，建立完整的数据收集和核算体系，构建城市碳排放动态监控管理信息平台，将城市内所有供电、供气、供水系统集成到统一信息平台上，实时监控，及时发现用电、用气、用水浪费现象，逐步建立完善的城市碳排放评估、报告、监管体系。

3. 加强重大项目实施和监督工作

突出重大项目对低碳实现路径的支撑作用，抓好低碳项目的建设策划，实行动态管理、滚动推进。建立以低碳目标定项目、以项目定资金的长效机制，对纳入规划的重大项目，要千方百计落实建设条件，积极争取各级政府支持。

4. 推进低碳建设的国内外交流合作

加强与国际相关组织、国内外先进地区和研究机构在推动城市低碳发展的资金、技术、人才等方面的合作，建立低碳城市发展合作机制，推进低碳各领域合作交流，建立多层次的互动机制，实现互利双赢。开展低碳技术领域的国际合作，不断促进城市能源、建筑、交通、环境等各个领域高能效、低排放技术的应用和推广。

5. 加强对低碳发展转型的宣传引导

通过宣传、培训，并结合政策激励等措施，转变群众的思想观念，建立低碳意识，逐步达成低碳消费的行为和模式。将节能减排和建设低碳城市宣传作为重大主题，制定宣传方案，开展宣传活动，努力形成全社会关注、参与和支持低碳城市的浓厚氛围。

（二）厦门市城市低碳管理体系的创新政策措施建议

1. 继续推进地方性的低碳发展和应对气候变化的立法工作

发展低碳经济，无疑需要有法制的跟进与改变。近年来许多国家、地区都出台了促进低碳经济发展的相关立法。厦门市目前虽然有一些支持低碳经济发展的综合性立法和政策性、纲领性文件，但相较于低碳经济本身的系统性与复杂性，厦门市促进低碳经济发展的立法仍然比较缺乏，2012 年厦门市人大出台《进一步加强节能减排工作的决定》，以地方立法的形式，规范、推动厦门市强化目标责任，但是后续更新和创新并不显著，也没有更为详细的规定和条例出台。目前在国内像石家庄和南昌等地都已经开始积极酝酿正式推出细化的立法方案，厦门应当考虑在这方面进行有益尝试，在一些重点领域，从地方立法的角度加以保障。

2. 完善城市低碳发展管理绩效评估体系

尽管厦门市目前对于一些主要的约束性指标都完成情况良好，但整个政府的评估体系、方式、模式与低碳发展所需要的发展模式相比，仍然具有明显的差距。对节能减排和碳强度下降目标的考核办法有待继续细化和完善。缺乏用于衡量低碳发展状况与效果的明确指标和评估体系，这给厦门市未来推进低碳建设工作也带来了一定的困难。

低碳评价与考核对于各地方来说，仍然属于一个全新的课题，因此作为低碳建设的排头兵之一的厦门市可以探索式建立"低碳评估体系"，将各个部门的碳排放指标任务具体化，并建立细化的评估准则，将推进低碳和节能工作成效同各部门的政绩以及相关管理人员的工作表现挂钩，成为考核各部门工作、评估低碳发展实际进展与效果的关键指标之一。

3. 加大对未实行低碳发展目标的单位的惩罚机制

目前，厦门市在鼓励低碳发展的各项奖励机制建设方面已经形成了较为完整的政策框架和制度构建，但是对于一些碳排放超标的惩罚机制建设有限。厦门在进一步推动城市低碳转型的过程中，不仅应当在奖励机制上开拓创新，还应该积极探索在惩罚超额碳排放和节能目标无法完成的单位等方面采取更多的惩罚手段，鼓励各单位努力实现低碳发展，例如在实施差别电价和惩罚性电价制度方面出台更多具有针对性的执行办法等。

4. 积极推进低碳信息管理手段助推城市低碳建设

为了能够掌握准确的碳排放信息，更好地对城市节能减排工作进行管理，我国部分地区已经开发和建立了一些碳排放与管理平台示范项目。国家一直高度重视低碳信息体系和碳排放清单的建立工作，每年公布的《应对气候变化的政策与行动》也反复强调要在低碳试点地区探索建立城市碳排放核算与管理平台、碳排放影响评估、碳排放权交易、企业碳排放核算报告等行之有效的低碳发展模式。目前，国内不乏一些成功的低碳城市信息管理系统示范项目，例如镇江市开创建立的城市碳排放核算与管理云平台等。这些项目也受到国家领导的关注，习近平总书记形象地将镇江市的低碳城市建设管理云平台称为"中国第一朵'生态云'"。而厦门市建立的碳排放智能管理云平台对我国大部分现有运行的低碳信息管理系统进行了创新和升级，通过现代化的网络信息化手段来监测、管理和评估低碳目标完成情况，针对实际碳排放状况提供精准的减排潜力诊断和方案设计，可以同时为政府和企业提供相关服务，提高碳减排的成效。通过这种信息化的智能管理方式，还能推动节能减排新兴服务业的发展，支持这种高科技的低碳信息管理手段及在更多的工业部门和地区加以推广和应用，鼓励通过强化政策激励，让其在更广泛的领域推广应用低碳信息管理工具和平台。厦门市也可以强化对这种平台的服务管理，做好服务保障；培育相关专业人才，提高低碳信息管理的能力。

5. 创新促进低碳发展的经济手段

厦门市可以尝试在居民生活中借鉴一些其他国家的先进做法，例如引入碳信用、碳信用卡等创新式的经济手段来鼓励个人重视低碳消费方式，用经济手段鼓励居民保持低碳、环保的生活方式。

　　目前这些鼓励低碳发展的金融创新在国内落地的实例还较少，但在全球减缓气候变暖、推行低碳生活的潮流下，有些国家已经进行了有益的探索与尝试，例如澳大利亚一个小岛发行了全球首张"碳信用卡"，鼓励居民减少油、电等高碳排放量物品的消费，省下卡中额度以兑换成现金。厦门市可以进一步拓展思路，积极从国外的成功案例中吸取经验，敢为天下先，鼓励一些金融机构在本地率先尝试发行碳信用卡，利用大数据和信息化等手段将个人低碳消费行为与金融活动联系起来，在低碳建设过程中积极尝试金融创新手段来鼓励人们保持健康、低碳的生活方式。

第三篇
低碳城市创新发展的城市案例及经验借鉴

第十章　新加坡低碳发展的
经验与启示

新加坡是世界上人均 GDP 最高的国家之一，有许多发达国家的特点，且限于国家资源禀赋特征，这些特点往往比欧美发达国家更加极端，例如 100% 的城镇化比例、接近零的种植业、极高的人口密度同时保持高绿化率、极度依赖化石燃料等。然而不同于传统工业化国家，新加坡在建国之初就将环保纳入城市治理规划，避免陷入生态破坏、环境污染的"泥潭"。作为袖珍岛国，新加坡与厦门在地理环境和经济形式上有诸多相似之处，其低碳社会建设的先进经验为厦门提供了有益借鉴。

一　新加坡与厦门市低碳发展条件的对比

（一）相似的地理环境

1. 气候高温多雨，同属于海岛型区域

新加坡共和国是东南亚热带岛国，新加坡本岛形如帽子，隔着平均宽度 1.4 公里的柔佛海峡紧靠马来西亚半岛最南端，向南间隔马六甲海峡与印度尼西亚隔海相望。新加坡处于热带雨林气候区，平均气温高，年平均降水量约为 2400 毫米，属于降水量最高的国家之一。厦门同样为亚热带地区海湾型城市，降水丰富而淡水资源匮乏。

2. 土地面积狭小，人口密度高

新加坡国土面积为 715.8 平方公里，新加坡本岛占总面积的 88.5%。由于国土小而不分省与市，将全国划分为东北、东南、西北、西南和中区五个社区管理。据世界银行数据，新加坡 2016 年人口为 560 万人，人口密度为 7823 人/平方公里左右，是世界人口密度第二高的国家。以厦门市的主体厦门岛为例，面积为 158 平方公里，但厦门岛内人口密度超过 1 万人/平方公里，远高于新加坡。

3. 自然资源稀缺

新加坡国土狭小，河流流量小，没有适合水电、风电和太阳能等主流清洁能源发展的土地和资源。因为极高的人口密度和与邻国极近的距离，核电站的安全隐患也使核电暂时不在新加坡的考虑范围内。厦门能源结构以化石能源为主，但能源自给率不到 1%，且受土地面积和经济条件的限制，新能源发展较为缓慢。

（二）相似的社会经济条件

1. 外向型经济为主

新加坡有着极快的经济发展速度，是当今世界经济最强、最富裕的国家之一。新加坡在"国家资本主义"经济模式下，通过政府主导的吸引外资政策、跨国公司、绝佳的马六甲海峡地理位置、岛内优良深水港等优势，在建国后的十年内成为世界主要电子产品出口国、东南亚的金融与贸易中心，跻身"亚洲四小龙"。至今新加坡仍然是对外资最友好的国家之一，在新加坡投资的跨国公司所创造的产值占新加坡 GDP 的将近一半。而厦门在改革开放之初就被确立为经济开放区，引领中国的经贸往来活动。

2. 旅游业发达

新加坡亦是最受人青睐的旅游国家之一。新加坡的飞禽公园、夜间野生动物园、植物园、圣淘沙岛和环球影城，都是世界知名的旅游经典。据估计 2015 年有 1520 万游客入境新加坡旅游，而旅游带动的直接与间接收入可以占到新加坡 GDP 的 10% 左右。厦门将旅游会展作为千亿旅游产业之一，入境游客人数和国际外汇收入等指标持续保持在全国重点旅游城市和副省级城市前列，被评为"中国旅游休闲示范城市"。

3. 港口经济繁荣

新加坡拥有世界上吞吐量第二的港口——新加坡港，面对马六甲海峡东口，是东南亚重要港口。厦门港与新加坡港同样为天然良港，有极其重要的战略位置。厦门港与金门相对，是离台湾岛最近的港口之一，是海外贸易和对台交流的咽喉。

4. 区域功能定位

新加坡以吸引外资、发展电子产业起家，而后成为经济贸易中心、炼油中心，如今是东南亚经济最发达的国家，拥有良港、高新区、重工业区，以及南洋理工和国立大学两所世界级学府，是集港口贸易、金融中心、研发中心、工业和旅游业等功能于一体的国家。厦门是东南沿海重要的贸易节点，制造业基础雄厚，服务业较为发达，在科技创新和信息化建设方面也享有盛名，有全国最早的高新园区之一——厦门火炬开发区，以及国内顶尖大学——厦门大学，强大的科研实力使厦门成为福建省科技研发最多的城市和最具活力的城市。

5. 多元的文化

新加坡是世界文化多样性最高的国家之一,以华人为主体的新加坡社会兼收并蓄了当地华人的中华传统,也保留了东南亚的马来与印尼文化、娘惹文化,吸收了加入英联邦时传来的欧美文化。厦门的国际开放程度较高,闽南文化、佛教文化、海洋文化等形成了当地特有的多元文化优势。

(三) 碳排放水平不同,但碳源相似

碳排放统计机构节能数据显示,2014 年新加坡人均碳排放量达到 41.34 吨,高居世界第二,极高的人均碳排放主要有如下影响因素:发达国家消费需求旺盛,碳排放压力大;作为世界三大石油炼油中心之一、亚洲石油贸易中心和东南亚天然气贸易中心,经济高度依赖化石能源,而清洁能源缺乏;拥有世界上吞吐量第二的港口,以及众多工业区,耗能较高;热带气候下空调等高能耗电器的使用造成较大的排放量。厦门碳排放水平较低,人均碳排放为 7.2吨,但随着城镇化、工业化的继续推进,来自社会需求领域的减排压力逐渐增大,清洁能源成为改善能源结构、缓解能源供应压力的重要选择。

二 新加坡的低碳发展经验

新加坡从独立之初就制定了发展"花园国家"的核心目标,迄今形成了覆盖生物多样性保护、建筑、能源、交通、生活垃圾处理、水资源管理和文化建设等多领域的综合性城市治理规划。

（一）整体开发规划和小岛零开发政策

1. 围绕绿色概念制定整体开发规划

在立国之初，新加坡政府聘请联合国专家，耗时四年完成了新加坡概念性开发的整体规划。在整体规划中，将本岛中央接近3000公顷的原始森林、动物栖息地和湿地划为自然保护区，即为现在新加坡的中央集水保护区。在后续建设中又规划了三个自然保护区，形成了新加坡如今的四大保护区，约150平方公里，占到国土面积的23%，是世界上自然保护区占国土面积最大的国家之一。自然保护区中花草树木保持着原有姿态，随处可见的猴子、蜥蜴、鸟类依然是森林的主人。每一个保护区都设有多条野外步道，既实现了生态保护的目的，也成为人们锻炼的好去处。

整体规划除了对自然保护区的严格保护，还将绿色概念植入城市中，让新加坡人民与公园生活在一起。首先，城市公园与居民区穿插而建。在新加坡早期的每个聚居镇建设一个10公顷的公园，而在以后发展的居民区中每500米便建设一个小型公园，如今新加坡的公园数量达到340个左右。其次，大规模实施城市绿化。新加坡从世界上引进8000余种植物，筛选出2000余种适合种植的，在道路、公共厕所、排水沟等公用设施旁进行绿化，过街天桥两旁的"空中花丛"更是给游客们留下深刻印象。市区中的绿化基本覆盖了所有土地，没有暴露在外的土壤，既美化环境改善生活，又能防止雨季时冲刷土壤产生水土流失。世界银行2014年资料显示，虽然新加坡的人口密度高居世界第二，但整个国家绿化率达到45%，绿化覆盖率达到80%以上。

天然的保护区和繁华的都市近在咫尺，让新加坡居民可以轻松走进自然。如今新加坡是名副其实的花园国家,公园、雨林、鲜花、草地、湖泊与山丘,绿意盎然,处处是景,与巴西的里约热内卢同为世界上在市区中保留热带雨林的城市。大量保留的热带雨林赋予了新加坡极高的生物多样性,国花蝴蝶兰、随处可见的三角梅、城市里自由穿梭的八哥和小蜥蜴都是新加坡的国家名片。

2. 对小岛的零开发政策

在本岛以外,除了发展工业的裕廊岛、建设游乐园和赌场的圣淘沙岛之外,新加坡对其他小岛采取零开发的保护政策,鼓励人们去这些小岛保护区亲近自然。这些岛往往仅有几个小码头、几条骑行道、数条野外步道,没有其他人工痕迹。著名的离岛保护区有乌敏岛、龟屿、圣约翰岛、姐妹岛、实马高岛和韩都岛等。其中实马高岛也是新加坡的垃圾填埋岛,岛上有天然红树林,每个填埋满后进行覆土的垃圾填埋坑上也种植红树林,以红树林对于环境的敏感性来检测填埋坑的密封效果,如今天然红树林和种植红树林已经连成一片成为岛上景点。也有官员表明在几十年后,可以将填埋量饱和的实马高岛开发成红树林环绕的高尔夫球场。

(二) 统一的土地开发规划和绿色建筑

1. 推行组屋制度

1966 年,新加坡通过《土地收购法》,赋予政府强制征用土地并以开发前的价格进行补偿的权力,使新加坡政府可以以较低的价格大规模开发土地,自此新加坡政府以非营利为原则,大规模建设组合式的低价房屋(被称为"组屋")出售给人民。组屋不考虑建筑成本,而是以当时当地人民收入调整售价与房型,以社会的购买意向决定是否开工和组屋的规模,开发的亏损则由政府补足。从

20 世纪 60 年代到现在，新加坡的土地私有率从 50% 左右降至 10% 左右，而 80% 的新加坡居民住进了经济实惠的组屋，真正实现了"居者有其屋"。

在组屋制度下，新加坡形成了全国统一的土地开发规划，组屋社区整洁美观而相对廉价，极大避免了贫民窟、种族聚居区、落后区等社会不平衡区域的形成，低收入者可以负担组屋的价格，高收入阶层和富人也无绝对必要购买昂贵的高端商品房形成富人区，全国的居住条件得到了较均衡发展。

2. 制定通行标准，提高绿色建筑的比例

2005 年，新加坡建设局确定了 Green Mark 节能建筑认证体系，开始推广绿色建筑，并分步骤制定了绿色建筑总蓝图，推广伊始，只有 17 个建筑项目获得了 Green Mark 认证。Green Mark 体系分为四个标准，从低到高分别为认证级、黄金级、超金级和白金级。节能率在 10% ~ 15% 即可获得认证，在 15% ~ 25% 可达到黄金级，在 25% ~ 30% 即为超金级，节能率在 30% 以上获得白金级认证。据建设局官员介绍，Green Mark 认证的绿色建筑的成本并不高，通常得到普通认证的建筑的成本比一般建筑高 0.3% ~ 1%，白金级建筑则会比普通建筑高 2% ~ 8%，而额外的投入会因为节能的效果在 2 ~ 8 年收回成本。

2006 年，新加坡政府完成了绿色建筑总蓝图第一步，设立了 2000 万新元的奖金和 5000 万新元的科研基金，设立了相关立法，进行行业培训，开始向公众推广建筑蓝图。和新加坡其他改革一样，在绿色建筑的推广上政府部门同样以身作则，2007 年，新加坡政府强制要求所有政府建筑必须达到节能 15% 的目标。

2009 年，新加坡完成总蓝图第二步，新设立 1 亿新元的奖励，提高了绿色建筑的要求，规定5000平方米以上的建筑必须达到节能白金级，要求在国有土地的出让建设中必须达到白金级或超金级节能，而政府的既有建筑中，使用空调面积超过10000平方米的必须在2020年前改造成为节能超金级别。

2014年，新加坡政府完成了绿色建筑总蓝图第三步，将重点放在了改造难度和成本更高，同时节能潜力巨大的私人建筑、小型建筑和私人住户/租户。相应的补贴政策也有所倾斜，对于小型业主和租户/住户可以提供最高50%的改造补贴，总额为5000万新元。另有5200万新元的科研基金支持研究小型建筑的绿色改造。第三蓝图也开始注重主观节能的重要性，例如提出"绿色合约"概念，当商业楼租户或公寓楼租户达到一定省水省电标准后即可享有更低廉的水费电费。并设立"明珠奖"和"明珠威望奖"以鼓励绿色合约的推行。又例如调高办公楼和宾馆建筑的空调温度，将以往22~23度的提升到经济性最佳的26度，改变新加坡的低温办公和低温酒店传统。

到2015年初，得到认证的绿色建筑已有2100个以上，总面积超过6200万平方米，相当于新加坡总建筑面积的25%以上。新加坡建筑局的蓝图显示，新加坡的目标是在2030年达到全国80%的建筑得到绿色认证。新加坡的建筑能耗占总能耗的大约1/3，如果完成80%的建筑得到绿色认证的目标，将大大降低新加坡的总碳排放量。

3. 优良节能设计下的绿色公共建筑

国家图书馆和南阳理工大学艺术设计与媒体学院是新加坡著名的绿色公共建筑。

国家图书馆落成于2005年，为新加坡最早一批的新绿色建筑，杰出的节能设计使国家图书馆至今仍是最先进、节能率最高的绿色建筑之一。其设计特色主要体现在三个方面。

第一，通风的结构让建筑内部需要空调的面积压缩到最小，绝大部分空间可以仅靠自然风与风扇控制温度。图书馆结构为地上16层、地下3层，建筑面积5.8万平方米，造价为2.03亿新元。主要的设计思路可以概括为通风、遮阳、智能、植被。图书馆的主体结构悬于地面之上，让自然风可以从底部流通，并在全建筑多处应用凹口式开放设计，将免于阳光直射而温度较低的自然风引入。图书馆中心大厅保留垂直开放空间并栽种植被，让自然风流通，成为读者休息交流的好去处。

第二，图书馆对于应用自然光的设计非常独到，在顶层采用部分遮光的设计避免阳光直射升温，同时每一层的外墙都设有角度、长度、形状各不相同的遮阳铝板，在减少直射升温的同时将自然光反射进入建筑深处。同时，应用光感应系统，当自然光可以满足室内照明时自动关闭照明系统。智能设计的应用同样重要，建筑内部采用温控分区系统，可以监控不同区域温度，进行个性化温度调节，减少能源消耗。

第三，图书馆应用雨水收集系统来灌溉建筑内植被，建筑内建有超过6300平方米的绿色空中露台和顶层花园，既可以给建筑降温，遮蔽直射，又给予读者与自然亲密接触的轻松空间。据新加坡能源审计部门测试，国家图书馆的节能率高达36%。

新加坡南阳理工大学的艺术设计与媒体学院在设计上与国家图书馆差别显著，却同样达到了极高的节能率。

第一，建筑的绿色屋顶避免了阳光直射对于建筑的增温，降低白天的室内温度，减少空调使用。学院大楼由两个互相交错连接的四层半圆弧型建筑组成，而每一个建筑在平面和立体上都为圆弧结构，两边低中间高，宛如两座彩虹桥。两个屋顶铺满草坪，以对土壤要求最低的条件完成了 100% 绿色屋顶覆盖率。在两个圆弧建筑包围中是一个下沉小广场，中间建有一座池塘，这样的设计利用周边的建筑包围、下沉的冷空气，和池塘的水汽形成了一个既有自然光线同时又阴凉的开放空间，既是建筑的出入口，又为从教室、办公室、实验室出来的人们提供了舒适的休息空间。得益于这样的设计，建筑的底层也较周围环境凉爽许多，减少了空调的使用。

第二，先进的材料和科技也是学院建筑频频获奖的原因。整栋建筑采用能耗极低的照明系统和改造过的冷气系统降低能耗。为降低绿色屋顶的重量，采用轻而薄的火山岩砂来培育草坪，屋顶的刨面仅为 1.5 米厚。同时应用雨水收集系统，在屋顶底部安装汲水层向草坪根部供水，降低灌溉频率。在建筑的墙面采用高性能玻璃，降低建筑内外的热传导同时保证充分的自然光。每年艺术设计与传媒学院可以节约 12 万千瓦时的电能和超过 1170 立方米的水。

4. 探索太阳能建筑新方向

随着太阳能光伏系统技术的日趋成熟，以往光伏系统"不划算""寿命短""效率低""生产过程污染重"等缺点被逐渐减轻，而更显示出适合绿色建筑改造的一面，主要表现为灵活的空间应用，以及遮阳、降低热传导的能力。2013 年，新加坡公用事务局花费 1330 万新元在蔡厝港自来水厂和登格蓄水池分别安装顶层太阳能光伏系统和浮动式太阳能系统，以研究光伏系统的成本、收益以及可行规模。在 2015 的第五步绿色建筑蓝图中，建筑局开始注重太阳能光伏系统的应用，推出资金鼓励企业使用太阳能或在建筑上留出太阳能可发展空间，并设定了 Green Mark 认证体系中对于太阳能应用的打分系统。此外，要求在可行的政府建筑上使用太阳能板，例如公园建筑和政府组屋。新加坡国立大学的太阳能研究所专家预测，新加坡有潜力在 2050 年以太阳能清洁能源满足 30% 的国内供电。

（三）以天然气为主的电力供应能源规划

独立初期，新加坡以燃油发电为主，发挥马六甲海峡咽喉的地理位置进口燃油，满足国内能源需求。然而燃油发电所带来的较高的碳排放和污染，使新加坡政府着手改革能源结构。天然气仅由氢元素和碳元素构成，相比之下煤与燃油的组成更加复杂，还包含诸如硫、氮、金属和微量放射性元素等杂质，所以在同等能量产出的情况下，天然气的燃烧比煤与燃油有更低的碳排放和接近于零的其他污染物，于是新加坡政府于 2002 年制定了到 2012 年天然气发电占国内电力消耗 60% 的目标。

2013 年裕廊工业园的液化天然气接收站建成，开始进口海路运输的液化天然气，使新加坡不再单单依赖马来西亚和印度尼西亚的天然气管道，天然气的进口更加便捷和多源化。初始的天然气港年吞吐量为 350 万吨，政府计划继续建造其他天然气港，2017 年年吞吐量增加到 900 万吨，成为亚洲最大的天然气交易中心。

新加坡目前有唯一一座燃煤电站在运行，是由中国华能集团收购新加坡大士能源后在裕廊工业园修建的登布苏电站，在 2013 年投入商业运营。登布苏电站是最先进的燃煤电站之一，具有多功能、全封闭、高效率和低排放等优点。登布苏电站的功能包括发电、生产蒸汽、海水淡化和工业废水处理。多功能电站是未来的方向，目前电热双功能电站在技术上已非常成熟，主要利用冷却水和多余废热来产生热蒸汽。而登布苏作为海岛电站，利用水资源丰富的优势整合海水淡化和工业废水处理功能，提高了能源利用效率。靠着现今的除尘技术、棕榈壳与木屑等生物质掺杂混烧技术，登布苏电站在污染排放方面达到了和先进燃油电站同一水平，个别指标如氮氧化物排放和颗粒物排放甚至优于天然气机组。登布苏电站虽然在碳排放方面无法与天然气机组竞争，但能为工业园提供更为廉价的电力、蒸汽、淡水与废水处理服务，同时保持低排放水平。

如今，新加坡的电力能源主要有三个组成部分，燃气占 80% 左右，燃油占 18% 左右，垃圾燃烧占 2% 左右，其中燃气和垃圾燃烧的比例在持续提高，燃油发电比例在继续降低。随着三大电力公司都在逐步停用旧燃油电厂，改为燃气发机组，新加坡的燃油发电比例将继续下降。

（四）"推""拉"并行的绿色交通规划

1. 土地与交通统一规划

1996 年，新加坡政府颁布了交通发展白皮书《建设世界一流的陆路交通系统》，提出了 4 项基本政策，即土地建设与交通发展的一体化规划、优先发展公共交通、完成交通需求的管理、建设路网提高通行能力。并在长远愿景中表明要达到公共交通出行占比 75% 的目标。在规划公共交通蓝图时，新加坡以中心城区，最繁华的新加坡河入海口处为公共交通中心，将其他商业中心连接起来，形成一个中心城区—区域性中心—副中心—小型中心—社区的辐射性交通网，将 55 个社区放入这个土地与交通统一规划的网络。

2. "拉动"公共交通发展

早在 1987 年，新加坡开通了快速地铁 MRT（Massive Rapid Transport），是世界上最先进、高效的地铁系统之一，成为公共交通的主力。目前已有 113 站，153 公里的轨道，虽然总里程不长，但考虑到新加坡大面积的自然保护区与生态区，MRT 基本做到了全岛覆盖。与中国国内购物中心在选址建设或租赁楼盘时去"找"地铁站的模式不同，新加坡将位于区域性中心/副中心等重要位置的地铁站修建为地铁站—公交车换乘站—购物中心一体的复合型公交枢纽，既节约土地也方便周边民众购物。目前这样的大型复合交通枢纽有二十余个，仍有四条新路线正在规划建设中，计划到 2020 年将轨道交通总里程增加到 540 公里。此外，在 2013 年新加坡地铁用新的标准票代替了过去的磁卡，新的标准票为可充值的纸质单程票，可重复使用六次，在第一次使用时交纳 0.1 新元工本费，如果重复使用到第三次则将工本费返还到卡上，重复使用到第 6 次则会再奖励 0.1 新元。这种奖励制度鼓励乘客重复使用纸质车票，节约成本避免浪费。

与地铁系统相对，新加坡的公交车系统同样发达。在 2005 年已开通 270 条公交线，超过 4400 个站点，90% 以上的站点都配有座位和遮雨棚。由于出租车和公共汽车是日均行驶里程前两位的交通工具，具有极大的减排潜力，故新加坡在公交系统中推行出租车和公交巴士电气化。2016 年 8 月，新加坡与中国比亚迪和英国客车公司 Go Ahead 开展为期半年的纯电动巴士试运营，比亚迪同时得到了新加坡政府 100 张出租车牌照。需要注意的是，电气化公交系统对于低碳减排的贡献仅建立在清洁的能源结构之上，例如新加坡现有的以燃气发电为主的能源结构，使纯电动公交车和出租车只能少量减轻总碳排放。

3. "推进"私家车管控

新加坡在私家车管控方面具有超前眼光。仅 1965～1975 年私家车数量增长 80%，1968 年，新加坡政府意识到高速的私家车增长率已经和狭小国土及缓慢的交通道路增长率相矛盾，尤其是市中心核心区的拥堵已经日益严重。为了控制私家车增长，新加坡出台多样政策进行车流控制。第一，实行有偿调控车流高峰。经过 6 年的调研和 1 年的宣传，新加坡在 1975 年规定早高峰时进入核心区的车辆有偿通行。车主需购买核心区通行券进入，道路工作人员在核心区的 33 个入口检查，如没有通行券则视为交通违章，四人乘车可免除通行费，20 世纪 90 年代后逐步以电子收费替代。该政策的实施使早高峰时核心区域交通流量下降 73%，四人乘车比例提高 60%。第二，实行停车换乘计划。在核心区域周边建设约 10000个停车位，并增加专门巴士进行换乘区直达市区的接送，为鼓励人们停车换乘，每月的换乘区停车费及接驳巴士费用低至 30 新元。而核心区内的停车位提价一倍以上。第三，新加坡的购车注册税从 1974 年以前的 25% 提升到 100%，即购买一辆车需要花费和车等价的注册税。在多重政策下，核心区域的车流控制取得了优秀成果，到 1985 年，车流调控十年后，早高峰时核心区车流量依然比实施前少 60%，同时公交车规模扩大了 191%，出租车数量增长了112%。

在 1986 年经济危机后的反弹期，新加坡的私家车增长率迎来了第二波高峰，1987～1990 年，平均增长率达到 6.8%。与此同时，早期的私车管控和车流管控体系也渐渐暴露出问题。一是核心区周边停车场利用率不高，愿意乘公共交通出行的车主通常从家里直接乘公交车/地铁，而驱车前往核心区的车主也不愿为最后一小段距离而换乘，同时出现停车位挪用问题，部分货车、租赁车和旅游车长期停放，再加上换乘区停车位缺少荫凉，部分车主不愿使用。二是为了维持交通水平，不断调整上涨的核心区通行费和核心区停车费已经对核心区的商业运营和市民生活造成影响。三是高价而稀少的车位容易造成车辆往复搜索车位，加剧交通压力。

为此，新加坡对车流管控体系进行了改革。首先，不再单纯依靠价格调控控制车流，取消了四人乘车免通行费政策，并开始收取晚高峰时出核心区的通行费。其次，调整现有停车位制度，建立更多车位，由高价停车控制车流变为低价停车，增多停车位以满足需求。最后，为了从根本上抑制私家车的增长，新加坡将私车注册税费提升至175%，并要求购车人购买拥车证，只有购得拥车证后才有资格买车。拥车证由政府出售，依据车辆淘汰量和道路建设情况来确定每年新发放拥车证数量，每个月两次公开拍卖部分拥车证，采用最低价中标法。拥车证租期为十年，到期后可按最近三个月平均拥车证成交价续租10年或半价续租5年，但5年后不再有续租的权利。拥车证花费根据市场有所浮动，最高时曾涨到10万新元，远超普通车辆售价。另外，购车还要缴纳进口税、附加注册费、公路税等。在拥车成本最高时，政府的高收费曾引发民众不满，而后政府增加了拥车证数量，降低收费标准。不过新加坡依然是拥车成本最高的国家，往往需要付出比车辆售价高4~5倍的价格才能在新加坡拥有车辆。虽然做法极端，新加坡的车辆年增长率却得到了控制，从2000年后增长率逐步下降，到2015年已稳定在0.5%以下。与北京相比，新加坡2015年的人均GDP是北京的8.3倍，而千人拥车率仅为北京的60%。

（五）生活垃圾焚烧发电制度

新加坡在垃圾处理、回收、填埋和焚烧方面处于世界领先水平。以 2012 年数据为例，新加坡的日均垃圾产生量为 19862 吨，其中不可焚烧垃圾为 541 吨，占 3%；可焚烧垃圾为 7475 吨，占 38%；可循环利用垃圾为 11846 吨，占 60%。可焚烧垃圾在焚烧发电后，剩余灰烬为 1779 吨，体积则减小 90%。即每日产生的 19862 吨垃圾中，只有 2320 吨需要填埋处理。新加坡目前有四座在运营的垃圾焚烧厂，分别为大士南焚烧厂、大士焚烧厂、圣诺哥焚烧厂和吉宝西格斯焚烧厂，焚烧能力可以满足日均可焚烧垃圾的所有产量。新加坡的垃圾焚烧所产电能约为全国电力总量的 2%～3%，可谓变废为电，节约化石燃料，降低碳排放，同时节省大量垃圾填埋所需的土地。

以新加坡最大的垃圾焚烧厂大士南焚烧厂为例，日均焚烧垃圾 3000 余吨，所发电量 20% 供焚烧厂维持运营，80% 并入电网。焚烧厂收入主要为每吨 77 新加坡元的垃圾处理费和发电收入两部分。收支采取透明可监督的双线制，垃圾处理费上交国家，再由国家拨款支持部分运营费用。虽然垃圾的燃烧能量值较化石燃料低，且日常运营中垃圾的焚烧和控污流程较化石燃料更为复杂，但 2012 年大士南焚烧厂依然可以提供新加坡总电量需求中的 2% 左右，实现 1 亿新元盈利。

老式的焚烧厂在使用中存在异味、废气和金属排放、二噁英排放等诸多问题，新加坡在排放控制方面做到了现代化。采用干式和湿式清洗、静电除尘、除尘袋风道系统、在燃烧过程中遵守 3T 原则（时间、温度和湍流原则）等排放控制技术。现代化的垃圾焚烧厂可以做到周围环境清洁化、排放清洁化、无异味、对环境无危害。例如在新加坡,与居民区最近的一个垃圾焚烧厂只有两公里,且实时排放监控数据对社会透明开放,对居民影响基本为零。

(六) 淡水资源的管理

新加坡缺乏淡水资源,岛内 500 余万人口用水和工业用水曾经全部依赖马来西亚管道进口淡水。水资源的命脉被邻国牢牢控制让新加坡政府意识到水资源已是关系到国家发展甚至是国家安全的重要问题。为了解决这个问题,新加坡政府提出了"四大水喉"的发展概念,即进口水、天然降水、淡化海水和新生水四个水源。其中与节能紧密相关的水喉是新加坡的天然降水收集和全国严格的节水制度。

1. 天然降水收集

新加坡的天然降水蓄水系统是改变依赖进口水源的最重要的举措,新加坡将国内大部分天然湖泊和河流改造成蓄水池,用地表和地下的水路连接,收集天然降水和河水,再输入自来水厂进行处理,成为饮用级别的自来水。全岛共有 32 条河流,绝大部分河流被改造成 17 个蓄水池,既可储存河水和雨水,又可作为城市景观与绿肺。可以收集雨水和河水的集水区域占到全国的 2/3,可满足全岛 20% 以上的水需求,集水区内禁止任何工业设施,防止水体污染。目前新加坡每年水流失量仅有 5%,是世界最低。新加坡的蓄水池不但提供用水,也是人们休闲放松的郊外湖泊,例如中部集水区内的麦里芝湖和储蓄入海口河水的滨海堤坝,都是著名景点。

2. 节水制度

新加坡的节水努力可谓坚决而彻底。1978 年,新加坡政府强制在组屋中安装节水器，降低水压。所有组屋的厕所必须配备复式冲水马桶，分为 4.5 升的半冲和 9 升的全冲。1983 年，政府强制在所有公用卫生间内安装减压阀降低水压，安装延时自关水龙头。1992 年，强制在新的组屋中安装低水量马桶，冲刷水量为每次 3.5~4.5 升，1997 年 4 月后，所有新建筑也必须使用这种低水量马桶。2003 年，新加坡公用事务局又推出"省水之家计划"，向市民免费提供节水环、省水袋，两年来已在 19 万户家庭和物业建筑里安装，据估计可节约 5% 的用水量。

与推广节水配件相对，新加坡政府在政策上也制定了一系列支持节水的制度。首先，在生活用水上，推行按照用量递增的基础水费和节水税，鼓励家庭节约用水。以 2004 年为例，当家庭用水总量在每月 40 立方米以下时，水费加上节水税为 1.52 新元每立方米，而在 40 立方米以上时，则达到 2.03 新元每立方米，涨幅达到 33.6%。其次，对于企业用水，政府推出三个节水项目计划以及补贴：节水项目投资补贴，指对于实施节水项目的公司的补贴，当节水项目达到节水 50% 及以上，政府给予总节水项目仪器设备投资的 50% 作为补贴；节水贷款补贴，指对于购买节水设备的贷款，如果公司购买能够节水 50% 以上的设备时，政府提供最多 1000 万新元的低息贷款；节水顾问奖金，指当公司聘用专家顾问研究节水设施后，可以得到最高 10 万新元的奖金。

新加坡的节水措施成果显著，人均日耗水量从早期的 165 升下降到 2004 年的 162 升，再降到 2014 年的 153 升。新加坡的目标是到 2030 年将人均日耗水量降到 140 升。一方面节约用水，另一方面充分利用每一滴水，广开水喉，成功的水务管理让新加坡从早期人均水资源占有量世界倒数第二的位置一跃成为如今处处是水、湖光山色的国家。四大水喉的成功发展让新加坡的水资源有余量面对今后的发展与人口增长，甚至可以在 2061 年新加坡与马来西亚第二份供水合同结束后实现供水完全自给自足。

（七）绿色文化和治理理念

新加坡人民享受自然也保护自然，从小受到的花园城市教育让新加坡人民为优美的环境自豪，并有较高的环境意识。清廉的政府得到人民充分信任和充分支持，能最大化使用职能治理社会，调动人民建设国家的积极性。绿色的规划与保护区的建设由国家推动，而市民则在其中起到保护和促进的作用。尤其在新加坡这样没有国土纵深的国家，极易受到邻国污染排放的影响，新加坡人民对于环境的保护和促进功不可没。比如，虽然新加坡的本土农业极少，农产品依赖进口，但新加坡北部有数个私营的天然有机菜园，遵守零运输和零农药模式，人们可以采摘购买无农药无公害的本地蔬菜。

三　对厦门市"多规合一"的借鉴意义

目前厦门的城市建设已显露出交通、人口、能源和住房等多个领域的问题。能源结构的改革、为绿色建筑制定标准并推广、交通系统的低碳化、保持人口密度和城市活力、提高绿化率，都是低碳城市建设的重点。厦门已在"多规合一"的城市治理模式上做出探索，下一步应以低碳为导向，明确城市发展的重点领域和优先事项，制定长远的低碳发展规划。借鉴新加坡经验，厦门低碳治理规划的设计可着重考虑以下几方面。

首先，城市规划严守生态底线，打造"三生格局"。在新加坡的发展中，尽管国家快速城镇化，土地资源十分稀缺，但城市发展并未使自然保护区受到任何影响，得益于城市建设初期就重视环境保护，制定了整体发展规划，使自然保护区与居民生活区相融合。因此，厦门的城市建设中应以规划为先导，以低碳为方向，以生态、生产、生活格局的有机融合为目的，取得城市发展和环境改善双赢。

其次，制定统一标准，严抓建筑、交通节能减排。新加坡将清洁能源、绿色建筑和交通作为实现节能减排的最佳途径，制定了统一、严格的标准，为社会经济行为提供各类指导，比如完备的公共交通规划、详细的私家车管控税费制度、统一的低碳建筑节能标准等。厦门在打造公共交通网络和推行低碳建筑中，同样要重视顶层设计的完善，将节能行动纳入统一、规范、合理的框架中。

再次，树立创新思维。新加坡在绿色建筑设计、交通管理等方面，都采用了创新性的措施。厦门可学习其热带地区节能设计的思路，结合自身发展情况加以改造、突破，形成特色发展模式。

最后，新加坡建设为花园城市，除了政府所做的硬件建设之外，同样受益于公众的自觉行动。因此，在制定城市规划的同时，加强向公众的宣传教育，形成低碳文化，转化为群众的自觉意识必不可少。

第十一章　芝加哥市低碳发展的
经验借鉴

　　美国芝加哥近年来作为美国低碳发展先锋城市之一，大刀阔斧地采取了一系列针对性措施，出台了针对性的城市气候行动计划，并提出一个雄心勃勃的减排目标，旨在将芝加哥彻底改造成一个气候友好型的绿色城市。芝加哥作为美国典型的重工业城市，在地方政府的高度重视下，积极推动城市低碳转型，并取得了显著的成效。作为低碳转型面临压力较大的大型城市，芝加哥在低碳转型过程中将面临较多不利因素，其中很多问题都与中国的城市低碳转型具有相似性。芝加哥通过确定减排重点和针对性的政府管理，号召普通民众的积极参与，并定期披露减排规划进展的方式，值得中国的城市学习，也为厦门提供了有价值的经验。

一　芝加哥与厦门低碳发展条件的对比

（一）都是重要的港口型城市

　　芝加哥港口是美国最大的港口之一，而厦门则是中国东南沿海门户，是"华夏之门"，两个城市都是港口城市，以港立市，港口经济繁荣。因此从产业结构上看，均以制造业和现代服务业为主。两个城市都是依水而建的港湾型风景城市，厦门曾被评为"国际花园城市"，而芝加哥的城市发展目标也是建设"花园里的城市"。两个城市美丽的城市景观每年都吸引了大批游客到访，旅游业都十分发达，在城市 GDP 中占据显著的份额。

（二）都秉承开发创新的思路发展城市

芝加哥是美国第三大城市，被评为美国最均衡经济体，芝加哥的科技创新能力在美国位居前列，美国 500 家最大的公司中，有 33 家的总部设在芝加哥及附近地区，芝加哥是一个集港口贸易、金融中心、研发中心、工业和旅游业等功能于一体的城市。厦门市也具有雄厚的制造业基础，在科技创新和信息化建设方面也一直不断探索，厦门市的火炬开发区是全国最早的高新园区，一批国内顶尖大学也落户厦门，推动厦门成为东南沿海最具创新意识和活力的城市之一。

（三）都蕴含着吸引外来人口的多元性文化

享有水陆交通便利的芝加哥是一座充满希望的城市。自 19 世纪中期开始，这座汇聚了多元文化的城市便不断吸引着来自世界各地的移民，如加拿大、德国、英国、爱尔兰、瑞典、挪威、苏格兰、波兰以及意大利移民都纷纷来到芝加哥，并在此建立了本族裔的居住社区，使芝加哥成为一个名副其实的多族裔都市。而厦门市借助得天独厚的地理条件也以广阔的胸怀迎接着来自海内外各地的迁移人口，闽南文化、佛教文化和海洋文化交相辉映构成了厦门国际性城市的文化底蕴和氛围。

（四）政府都极为重视城市的环境保护和绿色发展

芝加哥市长理查德·M. 戴利（Richard M. Daley）在上任之后就充满前瞻性地提出要将所管理的芝加哥建设成为美国环境最友好的城市，打造成为大城市与自然环境和谐相处的发展典范。在政府、市民和企业的共同努力之下，如今芝加哥已经成为全球最绿色和宜居的城市之一，在环境保护方面所开展的一些工作在全球范围内都处于领先地位。其中促进城市绿色转型的政策，如建筑绿色屋顶改造，打造低成本、高能效的公共交通体系，提供方便的自行车停放空间，推进绿色家庭项目等举措无形中也推动了城市低碳化。厦门市作为中国第一批低碳试点城市，也一直致力于实现城市低碳、绿色的转型，从政府层面不断推出各项政策措施，使城市在环境保护、绿色发展方面居于国内领先地位。

（五）在碳减排过程中面临一些共性问题

芝加哥作为传统的重工业城市，能源消费需求较大，碳减排也面临巨大的压力，港口、工业基地等支柱行业能耗水平较高，经济较为依赖化石能源，因此人均碳排放水平也相对较高，2015 年的城市人均碳排放高达 11.4 吨；而尽管厦门市的人均碳排放水平目前较低，仅为 7.2 吨，但是在未来进一步的低碳转型过程中，也将面临许多与芝加哥类似的问题。因此参考芝加哥的具体措施和举措，尤其是实现了城市碳排放总量削减的重点领域将对厦门市进一步探索低碳城市创新有重要的参考价值。

二 芝加哥社会经济基本情况

(一) 生态环境

芝加哥位于美国中西部的伊利诺伊州,东临美国五大湖之一的密歇根湖,位于密西西比河水系和五大湖水系的分界线上。芝加哥市南北长40.23公里、东西宽24.14公里,总面积约为606.1平方公里,其中588.3平方公里为陆地,17.8平方公里为水域面积。

芝加哥是美国最大的城市之一,2016年该城市的人口约为272万,是全美第三大城市,仅次于纽约和洛杉矶。而在芝加哥城区和其郊区组成的大芝加哥地区,总人口则超过了900万。

芝加哥附近地区地形比较平坦,平均海拔高度为176米。这座城市位于美国中西部温带,属温带大陆性湿润气候,四季分明。与沿湖地区相比,内陆西部的气温更为极端,尤其是在春季和初夏。沿湖地区受密歇根湖的影响,气温一般要低于内陆地区。芝加哥冬季寒冷而漫长,潮湿、日照少,夏季相对炎热潮湿。年均降水量约为993毫米,降雪量为94厘米。

芝加哥城市中心位于芝加哥河河口一带的卢普区,是最为繁华的商业区。其面积仅占全市的1%,却集中全市约1/6从业人员。芝加哥市街区呈方格网状分布,风格各异的现代化高层建筑密集。高443米、110层的西尔斯大厦曾经是美国最高建筑物,其次是高346米、80层的标准石油大厦和高343.5米、100层的汉科克中心大厦,滨湖"绿带"为市民主要游憩场所,芝加哥城郊还有大片森林保护地。

（二）经济、文化与社会

芝加哥的经济总量仅次于纽约和洛杉矶，是美国第三大的大都会区，2016 年的 GDP 总量高达 6406.6 亿美元。[①] 这里是美国第二大商业中心区，也是美国中西部重要的金融中心和最大的期货市场所在地，都市区内的新增企业数量 2001～2008 年有 6 年都居美国第一位，市区经济态势发展稳定，被评为美国发展最均衡的经济体。芝加哥的科技创新能力也在美国位居前列，美国 500 家最大的公司中，有 33 家的总部设在芝加哥及附近地区，比较重要的有摩托罗拉、阿莫科及内陆钢铁公司等。

芝加哥工业部门齐全，重工业占优势，轻工业也很发达；工业以钢铁、金属、食品加工、电子、石油加工、印刷和运输机械设备为主，有著名的美国钢铁公司和加来钢厂，是全美最大的钢铁加工工业基地。农业机械、运输机械、化学、石油化工、电机、飞机发动机、印刷等也在美国居领先地位，还有木材加工、造纸、纺织、服装、面粉等工业部门。工业主要分布在芝加哥河南北及运河两侧，其中近城中心的卢普工业区工厂密度很大，为重要的轻工业区；市南的卡柳梅特工业区多大型企业，是以钢铁为主的重工业区，在卫星城加里有美国最大的钢铁联合企业。商业、金融业繁盛。市内有巨大的谷物和牲畜市场。贸易公司有千余家，批发零售额在国内名列前茅，还是世界主要的邮购中心，旅游业也很发达。

同时，芝加哥还是美国铁路、航空枢纽和世界最重要的文化科

---

① https：//www. statista. com/statistics/183827/gdp－of－the－chicago－metro－area/.

教中心之一。芝加哥交通运输业发达，交通四通八达，被称为"美国的动脉"，是美国最大的空运中心和铁路枢纽，也是世界上最大的内陆港口。城市拥有三个机场，郊区有奥黑尔国际机场（O'Hare International Airport）和中途国际机场（Midway International Airport）两个国际机场。其中奥黑尔国际机场是世界上最繁忙的机场之一，其飞机流量、旅客人数、货物吨位均居于美国乃至世界的前列，每年接待乘客6900万人次。拥有37条铁路干线，每日约有3.5万节货车来往，还有200个货车站、4个货运港口、8条城郊铁路和1013.8公里长的高速公路通向市中心，运输快速方便。芝加哥港口是美国最大的港口之一，可取道圣劳伦斯内河航道直达欧洲，也可取道密西西比河提供通往墨西哥湾的驳船运输。芝加哥城拥有世界顶级学府芝加哥大学（The University of Chicago）、西北大学（Northwestern University）等和享誉世界的芝加哥学派，大市区内有95所大专院校。截至2016年，逾百位诺贝尔奖得主在（曾在）芝加哥工作、求学（芝加哥大学92位，西北大学11位）。

芝加哥还是美国主要的旅游城市之一，2014年共接待超过5000万名各国游客。芝加哥的威利斯大厦、水塔广场大厦、格兰特公园、林肯公园动物园、云门等景点都是美国知名的旅游胜地。

芝加哥是全美人口最为密集的大城市之一，也是一个多种族的城市，早期移民有爱尔兰人、瑞典人、波兰人、意大利人、德国人和华人等。根据美国人口普查局（The US Census Bureau）发布的2010~2014年美国社区调查5年评估报告（ACS），大芝加哥区2014年白人（Non-Hispanic White）所占比例约为53%，非白人（Non-white）所占比例从2000年的42%增至47%。

三　芝加哥碳排放与低碳发展情况

（一）芝加哥的低碳发展历程

芝加哥是美国低碳城市的先锋之一，早在 2008 年 9 月，芝加哥就推出了《芝加哥气候行动计划：我们的城市，我们的未来》（*Chicago Climate Action Plan：Our City，Our Future*），[①] 针对整个城市的低碳转型，提出了雄心勃勃的减排计划，即在 1990 年城市二氧化碳排放量的基础上，到 2020 年削减 25%，到 2050 年削减 80%。

纵观芝加哥的发展历程，从城市管理和规划角度一直不断追求，向更加美丽、更加环保的方向努力。1871 年，芝加哥发生了震惊世界的大火事件，1/3 的城市被烧毁，将近一半的市民无家可归。但火灾结束后，在重建过程中，芝加哥开始尝试建造钢铁结构的建筑，重启城市的布局和规划，并开启了芝加哥作为美国重要商业中心重新崛起的新纪元。1909 年，著名建筑师和规划师伯莱姆（Burham）主持编制了《芝加哥规划》（又被称为《伯莱姆规划》），这也被誉为美国历史上第一个现代城市的总体规划。这份规划以"城市美化运动"为主题，对改造芝加哥的城市面貌发挥了至关重要的作用。时至今日，这份规划图仍然挂在芝加哥规划局，在城市的各项规划决策中依然发挥着指导作用。

随着气候变化问题的升温，芝加哥也开始意识到该问题给城市

---

① http：//www.chicagoclimateaction.org/filebin/pdf/CCAPBrochureMandarinLR.pdf.

发展带来的挑战和机遇。研究发现，从 1980 年开始，芝加哥的平均气温已经提高了约 2.6 摄氏度。气温的持续升高会给城市的经济发展和居民的健康带来显著的影响。城市管理者也认识到城市需要在应对气候变化问题中发挥重要的作用。在市长理查德·M. 戴利的推动下，芝加哥联合各界推出了全新的《芝加哥气候行动计划》，在该报告的编写过程中，芝加哥召集了大量专业的研究学者、专家以及美国知名的研究咨询机构参与讨论，邀请科学家基于研究描绘出气候变化背景下芝加哥未来的发展情景以及模拟出气候变化给这座城市带来的各种影响。基于研究结论，这份行动计划明确了到 2020 年芝加哥在减缓气候变化、实现低碳转型过程中所面临的一些关键任务和重要的行动。

这份行动计划明确指出，全球 75% 的温室气体是由城市地区排放的，因此减少城市地区的能源使用和温室气体排放是逆转全球气候变化的关键。报告提出了芝加哥实现低碳转型的五大重点战略，包括大力推广节能建筑、积极应用清洁和可再生能源、改善城市的公共交通、减少城市的垃圾和工业污染、切实推行适应气候变化的方案等。在这五项战略下，行动方案还提出了 35 种具体行动。芝加哥为了切实推行报告中提出的解决思路和方法，还将报告翻译成为多种语言在市民中加以宣传和推广。报告呼吁城市各界通力合作，把芝加哥变得更加美好，并以芝加哥低碳成功转型的经验去激励世界各地的城市。

（二）芝加哥的碳排放现状及变化趋势

为了推进城市的低碳转型，切实完成《芝加哥气候行动计划》提出的减排目标，芝加哥一直致力于建立完善的碳排放清单，并定期向公众发布芝加哥的碳排放变化趋势。这项工作主要由美国研究机构邻里技术中心（Center for Neighborhood Technology，CNT）承担，该机构负责严格核算芝加哥城区及周边 6 个郡的碳排放状况，预测未来的排放趋势，并基于这些提出针对性的减排方案。

芝加哥的减排目标将 1990 年设为基准年，但是目前难以获得准确的 1990 年排放数据，大致估算 1990 年芝加哥城市的排放水平为 32.3 $MMTCO_2e$（百万吨二氧化碳当量）。随后根据统计核算发布的研究报告，2000 年、2005 年和 2010 年芝加哥的碳排放水平分别为 34.7 $MMTCO_2e$、36.2 $MMTCO_2e$ 和 33.5 $MMTCO_2e$（见图11-1）。数据显示，2005 年之后，芝加哥的碳排放水平出现下降趋势。CNT 最新发布的 2015 年的芝加哥碳排放清单初步数据显示，2015 年芝加哥辖区范围内的碳排放总量约为 31$MMTCO_2e$，进一步在 2010 年的基础上削减了 7%，但与此同时，2010~2015 年，芝加哥的人口增加了 2.5 万，经济总量也增长了 12%，因此芝加哥的碳减排成效非常显著。

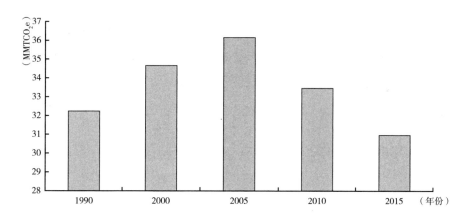

图 11-1　芝加哥市区碳排放总量变化趋势

芝加哥 2010 年的人均碳排放水平为 12.4 吨，远远低于同年美国 22.2 吨的平均水平，在一些大城市中也位居中游，比丹佛、华盛顿、巴尔的摩、达拉斯、休斯敦、波士顿、洛杉矶等城市要低，但是高于纽约、旧金山、西雅图、迈阿密等城市（见图 11 - 2）。

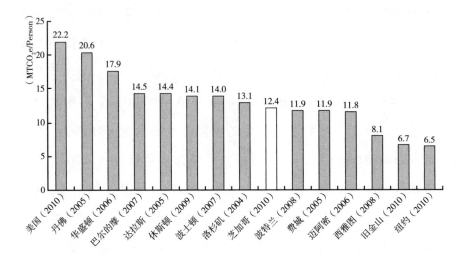

图 11 - 2 芝加哥的人均碳排放水平与其他大城市的比较

2015 年，芝加哥的碳排放清单数据显示，最大的碳排放来源是固定能源使用产生的碳排放，总规模约为 21.7 $MMTCO_2e$，约占城市排放总规模的 70%；交通部门产生的碳排放约为 8.1 $MMTCO_2e$，占 26% 左右；剩下 4% 的碳排放主要来自废弃物部门（见图 11 - 3）。

从固定能源使用来源下的子部门来看，芝加哥 2015 年碳排放中主要来源于四个部门，包括住宅建筑（28%）、商业和工业建筑（25%）、道路交通（17%）和制造业与建筑业（16%）。这四个部门产生的碳排放约占总排放的 86%。在芝加哥 2015 年

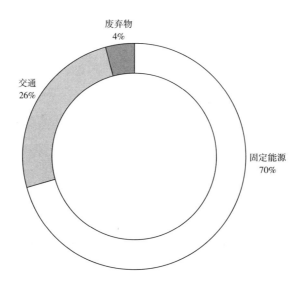

图 11 – 3　2015 年芝加哥的碳排放来源构成

的碳排放中，超过一半（54.5%）的排放来自城市范围内化石
燃料燃烧产生的直接排放（Scope1），来自电力消费产生的间接
排放（Scope2）约占 42%，剩下不到 4% 的排放产生于其他间接
排放来源，例如对城市固体废物和废水的处理过程中产生的排放
等。

　　芝加哥的温室气体排放和人均碳排放均经历了一个从增长到降
低的变化过程。2005 年前后，碳排放总量和人均碳排放水平均达
到峰值，随后便呈现不断下降的良好趋势。2010 ~ 2015 年，芝加
哥的温室气体排放总量继续保持下降趋势，由于在此期间城市人口
仍在不断增长，因此人均碳排放水平相较于 2010 年也降低了 8%，
降至 11.39 吨左右（见图 11 –4）。

　　从实现减排的重点领域来看，固定能源使用部门所实现的碳减
排规模最大，其次是废弃物部门。由于城市固体垃圾填埋规模不断

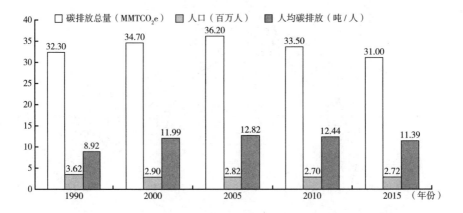

图 11-4　芝加哥碳排放、人口和人均碳排放变化趋势

减少，垃圾处理所利用的技术不断改善，废弃物部门实现的相较于2010 年的减排幅度高达 30% 。固定能源使用部门产生的碳排放相较于 2010 年减少了 10% ，其中住宅建筑、商业和工业建筑以及制造业与建筑业分别实现减排 11% 、12% 和 8% 。这主要得益于芝加哥一直不断推进城市中的建筑能效改进和建筑使用能源结构调整。与此同时，芝加哥的交通部门产生的碳排放仍保持增长态势，从2010 年到 2015 年，约增加了 8% 。其中 3% 的增长来自道路交通部门，这主要是由于芝加哥居民每年驾车行驶的距离总数一直保持增长趋势。

（三）芝加哥的未来碳排放趋势展望

全球科学家估计，为了将大气层中的温室气体浓度稳定在 445～490ppm 的范围内，到 2050 年，全球需要将温室气体排放水平在2000 年水平上削减 50%～85% ，以保证全球温度相对于工业前水平提高幅度被控制在 2.0～2.4 摄氏度。因此芝加哥也提出到 2020

年，要在 1990 年的排放水平基础上实现减排 25%，到 2050 年实现
减排 80% 的目标。根据 CNT 估算的 1990 年芝加哥碳排放数据，这
意味着 2020 年需要将城市的排放总量控制在 24.23 $MMTCO_2e$ 以
内，将 2050 年的碳排放控制在 6.5 $MMTCO_2e$ 以内。这无疑是一个
雄心勃勃而又极具挑战的目标。为了探究该目标实现的可能性，芝
加哥也组织了多项研究对未来的碳排放趋势进行预测，并识别出实
现减排目标的正确路径。

研究机构 CNT 曾对芝加哥未来的排放趋势进行了研究，根据
预测的基准情景下芝加哥的排放变化趋势不难看出，如果没有积极
的政策干预和引导，未来芝加哥的温室气体排放仍将保持增长态
势，到 2020 年和 2050 年将会分别增至 39.3 $MMTCO_2e$ 和
47$MMTCO_2e$，而减排目标的强约束要求芝加哥必须马上行动起来，
采取各种方式来有效减少城市的碳排放，因此在 2020 年和 2050 年
必须实现相对于基准情景 15.1 $MMTCO_2e$ 和 40.5 $MMTCO_2e$ 的减排
规模（见图 11 - 5）。

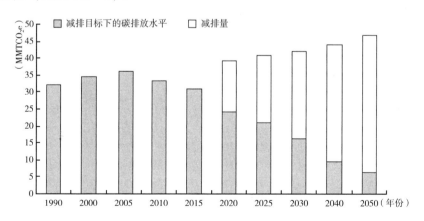

**图 11 - 5 芝加哥未来的碳排放基准情景和完成目标所需
完成的减排规模预测结果**

针对未来实现减排目标的路径，CNT 也进行了详尽的研究，根据全面的技术和调研数据，研究者为芝加哥实现减排目标提出了33 个具体的解决方案和战略，并指出只有同时采取这 33 个发展战略，芝加哥才有可能实现 2020 年的减排目标。具体的减排方案及减排效果可以参见表 11 - 1 的内容。

表 11 - 1 芝加哥为实现 2020 年减排目标可以采取的战略选择

类别	减排战略	具体内容	碳减排潜力（MMTCO$_2$e）
框架性战略	展现对气候问题的领导力	继续拓展对气候战略制定和执行的领导力,在地方、州政策制定的各方面大力支持减排工作	框架性战略
	促进市民和企业通过改变行为来应对气候变化	推广对各界的教育和宣传活动。为了实现 2020 年的减排目标,必须要求超过半数的芝加哥家庭和商业建筑从生活习惯上进行改变	0.80
	测度、核查各种相关数据来追踪目标完成情况,不断根据数据反映的情况调整政策重点	建立关于减排战略的数据收集、更新和信息分享机制	框架性战略
	鼓励尽快采取行动和做出改变	确保所有减排战略能尽快得以实施	框架性战略
交叉领域	实施碳税	展现领导力,推进美国建立一个全国性的碳税体系	15.10
	实施总量管制与交易制度	展现领导力,推进美国建立一个全国性的总量管制与交易制度	15.10
	保持有效的城市形态	促进未来的城市发展遵循以公共交通为导向的发展模式。计算公共交通枢纽附近的人口增长带来的减排效益	0.159 ~ 0.623

类别	减排战略	具体内容	碳减排潜力（MMTCO$_2$e）
能源需求	住宅建筑的能源改造	到 2020 年改造 47% 的既有住宅建筑（40 万套），能降低这些建筑中的能源消费量约 30%	1.30
	商业和工业建筑的能源改造	到 2020 年改造 50% 的商业和工业建筑，能降低这些建筑中的能源消费量约 30%	1.30
	家用电器更换为节能产品	促进家用电器更新换代时采用节能产品，帮助低收入人群使用节能灯泡	0.28
	实施绿色建筑翻修	要求所有的商业建筑（1000 套）和住宅建筑（60000 套）都进行翻修以实现绿色建筑标准	0.31
	更新和改进执行城市能源规范	更新芝加哥的能源规范，采用更加严格的节能标准，要求所有的住宅进行交易时必须达到该标准	1.13
	为绿色建筑的开发建设提供许可和激励	要求到 2020 年所有的新建住宅（65000 套住房）和商业建筑（4000 套新建建筑）都必须达到 LEED 或相同的建筑标准	1.17
能源供给	发展可再生能源发电	鼓励用可再生能源发电厂替代化石燃料驱动的发电厂并实现减排 20% 的目标，要求城市的电力供给中必须有一部分来自可再生能源发电，为低排放发电提供税收优惠，支持国会推动保障可再生能源发电的立法	3.00
	为现有的发电厂重新改造	重新改造伊利诺伊州的 21 家燃煤发电厂	2.5
	对新建发电厂实施碳捕获隔离处理	对新建电厂使用最先进的碳捕获隔离技术	2.17

续表

类别	减排战略	具体内容	碳减排潜力（MMTCO$_2$e）
	发展热电联产的分布式能源	根据芝加哥2001年能源规划中的要求扩大对分布式能源发电和热电联产项目的应用	1.12
	家庭可再生能源发电	增加以家庭为单位的可再生能源的利用，推广太阳能热水设施的使用	0.28
	对新的发电设施执行严格的能效标准	对于新建和既有的化石能源发电设备和装置执行更加严格的能效标准	1.04
交通流动性选择	增加公共交通服务	确保有稳定的资金持续投向公共交通部门，在基准情景基础上提高30%的公共交通覆盖范围	0.83
	增加步行和共享自行车使用率	确保在现有基础上使步行和自行车使用率增加一倍，达到每天实现100万次步行或自行车使用量	0.01
	增加共享汽车、共用汽车和货车的使用	相对于基准情景每年增加10%的共享汽车使用、10%的共用汽车和20%的商业共同用车使用	0.30~0.51
	发展城市中的高速铁路网络	到2025年，通过各种措施使芝加哥地区的高速铁路系统使用量增加1360万次	0.006
交通石油	提高替代燃料的供给和使用	通过使用替代燃料实现每加仑燃料减排二氧化碳等价物10%	0.68
	提高车辆效率	到2020年将所有出租车改造成为混合动力型，要求学校巴士和垃圾运输车采用B20生物柴油燃料，要求CTA使用混合动力型巴士	0.21
	使用更加有效的燃料	通过各种手段来推动从2010年起城市每年的天然气驱动汽车行驶里程增加4%	0.51~0.86

续表

类别	减排战略	具体内容	碳减排潜力（$MMTCO_2e$）
	货运方式的改变	增加货车和水路的货运量，降低货运中产生的温室气体排放，提升铁路运输的效率	1.61
	征收汽车使用者费	到 2020 年执行高峰期行车收费系统，实施市场机制下的停车收费体系	0.02~0.38
	根据温室气体排放量对交通工具征收使用成本	根据交通工具的燃料效率来征收相关费用，鼓励雇主为员工提供交通工具成本报销福利	0.03
工业生产和产品	替换电冰箱	按照《蒙特利尔公约》发挥影响力去推动州立和全国政府开展淘汰 HFCs 的行动，到 2020 年要在基准情景下实现使用减少 50%	1.16
废弃物和用水	零废弃物政策	实施零废弃物政策，包括扩大废弃物循环利用，要求城市中杜绝废弃物处置产生的沼气排放	0.84
	提高用水效率	减少水供应使用量，妥善处理废水	0.13
土地恢复和林业发展	通过植树和绿化屋顶实现减排	每年在城市的公共和私有空间中增加 500 个绿色屋顶和 83333 棵植物	0.10~0.17

　　资料来源：The Center for Neighborhood Technology，*Chicago's Green Gas Emissions*：*An Inventory*，*Forecast and Mitigation Analysis for Chicago and Metropolitan Region*，2008，http：//inventariogeesp. cetesb. sp. gov. br/wp－content/uploads/sites/30/2014/04/101. pdf。

四　芝加哥重点领域的低碳发展战略

　　在《芝加哥气候行动计划》中，通过研究得到 5 项关键发现，使城市管理层认识到如果不尽快采取地方性及全球化行动，气候变化对芝加哥所造成的影响还将进一步恶化；从芝加哥的实际情况来看，建筑和交通运输消耗的电力和天然气是芝加哥温室气体排放的主要来源；在减排的同时，城市还应该做好应对措施来面对已经发生的气候变化带来的影响；要实现城市低碳发展，不能只采取单一的解决措施，要多重举措并用，多管齐下可以产生多重效益；尽早采取积极的行动可以提高城市居民的生活质量，也可以为未来的子孙后代保存一座美好的城市。正是因为清楚地认识到气候变化的影响和可能带来的危害，芝加哥积极从城市层面采取各种举措来推动城市的低碳转型。通过综合考虑各种方案的减排潜力、成本效益、可行性、收益和所产生的负担以及区域影响和各种举措所能产生效果的时间，芝加哥确定了城市低碳发展的五大重点领域和战略以及35种具体行动，目标在于建立一座对气候变化负责、具有气候韧性的绿色大都市。

（一）建筑节能

2000年的芝加哥温室气体排放清单显示，来自建筑的排放占排放总额的70%左右。目前，芝加哥拥有超过23000栋商业、公共机构和工业建筑，其中包括市政大楼、商务写字楼、中小学校、大学、医院以及街角杂货店等。而对芝加哥未来经济社会发展情况的预测结果显示，居住在这种城市中的人口还将会持续增长，因此通过提高住宅、商业和工业建筑的能源利用效率，显著削减来自建筑领域的温室气体排放水平，将成为芝加哥实现中长期减排目标的关键所在。

在建筑节能战略下，芝加哥政府又明确了8项具体行动，包括：改造商业和工业建筑、改造住宅建筑、换购家用电器、节约用水、更新芝加哥的能源规范、建立新的建筑整修规章制度、通过植树和建造绿色屋顶来自然降温以及采取简单的措施。

芝加哥一些著名的大型建筑，例如西尔斯大厦（Sears Tower）和芝加哥商品市场（Merchandise Mart）都已经在建筑节能减排方面做出了很好的表率。芝加哥政府还在致力同一些政府组织、NGO和开发商合作来更新改造当地的住宅建筑。针对低收入人群，政府也在积极探索新的融资模式来帮助业主提高建筑能效，削减能源使用带来的开支。

作为芝加哥整体能效项目的一个组成部分，政府联合联邦爱迪生公司从 2008 年就开始推动城市的大型家电换购项目来帮助家庭换购能效水平更高的家用电器，此举一方面可以显著降低建筑耗能，为使用者节省能源开支，另一方面也可以带来更多其他益处，包括确保食品新鲜、更加有效的制冷和降低电器运行产生的噪声等。

除了常规的节能措施之外，芝加哥政府并没有放过建筑节能中的任何细节，美国环保署（EPA）的数据表明，一个水龙头持续流水 5 分钟所消耗的能源可以供一个 60 瓦的灯泡连续照明 14 个小时，因此在建筑节能中，政府也非常注意改进对建筑的供水效率，同时加大对市民的宣传力度。

芝加哥通过植树和建设绿色屋顶来实现自然降温的成果也在美国最为领先。通过在建筑物顶部进行绿化种植调节屋顶温度，夏季提供绿荫、冬季隔热保温，同时具备节能和景观改善的双重收益。从 2001 年开始，芝加哥就在城市范围内大规模推行通过"屋顶绿化"项目来储存太阳能并过滤雨水。该举措能够显著节省建筑中的能源消耗，据估计每年可以为芝加哥政府节约1亿美元的能源开支。2001年至今，芝加哥已经有400多个已建成或正在建设的绿色屋顶建筑，面积共计400万平方英尺（约合37.2万平方米），是美国绿色屋顶面积最大的城市。到2020年，绿色屋顶面积将达到700万平方英尺（约65万平方米）。此外，芝加哥还为城市中1000多个交通信号灯进行改造，换成节能灯泡（LEDs）；为居民提供了58万多个节能灯泡和节能控温材料；不同的市政部门为1000多户家庭进行改造，帮助这些住宅建筑实现节能控温。芝加哥所有的新建市政建筑都是根据美国绿色建筑评价指标体系（Leadership in Energy and Environmental Design，LEED）银奖标准进行设计和建造的，其中包括7座图书馆。

（二）清洁能源和可再生能源利用

为了应对气候变化，城市必须更加有效地利用现有能源，并逐步转为使用更加清洁的能源。在该战略下，芝加哥要求城市中的电力结构更加清洁化。这包括升级改造位于伊利诺伊州的21家煤电厂（其中两座电厂位于芝加哥）。同时，在兴建新电厂取代旧电厂时，还要求提高新电厂的发电效率。

政府还决定继续扩大在芝加哥和伊利诺伊州的可再生能源发电项目，包括在芝加哥的住宅建筑改造时安置太阳能热水器或太阳能光伏电池板，在伊利诺伊州兴建更多的风电厂等。芝加哥以"风城"闻名，美国北部七大风能公司总部皆扎根于此，风电发展潜力极为可观。芝加哥还积极为市政建筑、学校和非营利机构安装太阳能光伏电池板和太阳能集热装置；2007年，超过20%的城市建筑以及约30%的芝加哥公园区（Chicago Park District）设施的电力供给都是来自绿色能源。此外，随着技术的不断进步，分布式的小型实地发电厂通常比集中式的中央发电厂更有效率，因此芝加哥也提出要继续增加分布式能源发电。芝加哥市政府与当地公共事业部还计划通过共同合作来制定激励政策鼓励家庭用户采用小型的可再生能源发电技术来代替传统的化石燃料发电。

通过鼓励发展可再生能源和清洁能源发电，除了能够帮助实现温室气体减排目标之外，还能给整个城市带来很多其他收益，包括提高城市的空气质量、创造更多的绿色就业机会等。

（三）大力发展公共交通

芝加哥计划通过鼓励市民使用多样化的交通方式和更加清洁的车辆来实现减排，而交通出行方式的改善同时也有助于降低城市能源成本，创造出新的就业机会，改善城市空气质量和居民的健康状况，以及提高市民的生活质量。

芝加哥居民出行的目的地各不相同，需要为他们提供各种便利而又节能的交通出行方式。而这座城市拥有全美第二大客运系统，客运交通1/3的运量由铁路承担，2/3的运量由公交车承担。发展公共交通不但能够有效实现温室气体减排，同时也能为个人节约巨大的资金成本。

为了改善城市居民的交通行动选择，气候行动计划中提出了10条具体的举措，包括：增加客运设施投资；扩展客运激励机制；鼓励拼车和搭车出行；提高车队通行效率；实现更高燃油效率标准；选择更加清洁的燃料；发展城际铁路；改善货运运输等。

芝加哥政府致力于改善各种交通基础设施，积极推广如交通一卡通等新型支付方式，为市民在由城市客运、城际列车、拼车公司提供的出行服务之间实现自由换乘。除此之外，还鼓励企业通过为员工提供免税交通卡、为放弃使用停车设施的员工提供现金补贴等福利方式来鼓励员工选择低碳的交通方式。

芝加哥大力鼓励市民采取步行和骑自行车的方式出行，并将目标制定为力争让市民每年步行或骑自行车的出行次数在现有基础上翻一倍，达到 100 万次。为此，芝加哥采取了多种措施来鼓励市民更多地使用自行车。例如，千禧公园为骑车者提供自行车存车处、储物柜以及淋浴器；"自行车大使推广项目"（Bicycle Ambassadors Program）鼓励更多的人选择自行车出行，并致力于提高自行车的安全保障；芝加哥"自行车 2015 规划"（Bike 2015 Plan）建议修建 500 英里的自行车道、更多适宜自行车使用的道路和 5000 个新自行车架。

芝加哥还积极鼓励市民在驾车出行时采取拼车和搭车的方式。对于由公交车、垃圾车、出租车和货运车组成的车队，通过逐步换成省油型车辆也能显著降低使用过程中产生的碳排放。芝加哥客运管理局已经引进了 20 辆混合动力公交车，测试其在各种天气状况下的使用情况，还准备购买 150 辆新的混合动力公交车来替代目前使用的老式公共汽车。

为了提高交通工具的燃油经济性能，芝加哥市政府积极支持《2007 年能源独立和安全法案》（*Energy Independence and Security Act of 2007*）的落实，同时鼓励用生物柴油等替代燃料代替石油。

除了丰富城区内的交通出行方式之外，区域交通方式的改善也是交通部门重要战略目标之一，具体包括提高货运交通效率、减少航空排放和提高城际铁路的市场份额等。

（四）减少垃圾和工业排放

尽管垃圾和工业领域产生的碳排放在芝加哥总排放量中占比较小，但同样不容忽视。每年芝加哥约有 340 万吨垃圾被埋在垃圾填埋场，这大约占垃圾总量的 62%。在处理过程中会产生大量的温室气体排放，因此芝加哥提出通过减少运往垃圾填埋场的垃圾数量来实现减排目标。而要减少垃圾必须大力促进废弃物的循环利用。芝加哥坚持为居民提供废弃物再循环处理培训，并在整个城市开展"蓝色回收桶"（Blue Cart Program）项目，将产生的垃圾以安全的方式回归自然。与此同时，芝加哥还需要对城市垃圾收集和运输的方式的重构来降低垃圾运输过程中产生的温室气体排放。

为了减少垃圾处理和工业产生的排放，芝加哥近几年也在积极探索一些有益的创新方式，例如 2007 年，芝加哥市政府和芝加哥制造业中心（Chicago Manufacturing Center）合作开展了"变废为宝联络网"项目（Waste to Profit Network），将本应运往垃圾填埋场处理的 14000 吨固体废弃物转变成新型创新产品，如可以再循环的玻璃工作台面等。还通过向居民家庭推广蠕虫堆肥法（Vermicomposting），将有机食物残渣变为肥料。这种对剩余食品废弃物的处理方法不仅可以减少运往垃圾填埋场的废弃物，同时还能让自家花园里的土壤变得更加肥沃。

（五）积极适应气候变化

由于认识到气候变化对城市产生的影响是不可避免的，在芝加哥提出的气候行动计划中，也明确提出了应该积极适应气候变化给芝加哥带来的影响。研究表明，气候变化可能会改变芝加哥的原始生态环境，当地的枫树和白栎木等树种都会减少，山杨木和纸皮桦等树种则可能变得更为稀有，甚至灭绝。与此同时，南方赤栎和香枫树等树种则会变得更加茂盛。除了对植物系统的影响之外，气候变化对当地的动物影响更大，一些本地鸟类和动物可能会面临生存危机。整个芝加哥地区的气候条件也会发生显著的变化，冬春两季发生暴雨和暴雪的频率可能会大大增加。强降雨的增加不仅会增加出行的危险，还会淹没地下室、污染水体、毁坏农田，同时也会增加城市基础设施的运行负荷、扰乱交通运输秩序。

为了适应这些变化，芝加哥市政府、医院和社区组织决定联合起来，共同制定和更新芝加哥的气候紧急响应预案，确定最容易遭受高温风险的人群，并进一步研究"城市热岛"效应，以确定应对措施。市政府还成立了城市绿化督导委员会（Green Steering Committee of Commissioners）为极端高温和持续暴雨天气进行规划，分析城市建筑、基础设施和生态系统的风险隐患。芝加哥市政府还计划与企业合作，对企业应对气候变化的抵御能力进行评估，并帮助这些企业针对未来的发展作出长远规划。此外，政府还积极与民间和社区领袖携手，确保公众充分了解气候变化对个人生活的影响，以及如何应对这些影响。

五　对厦门低碳发展的启示与借鉴意义

虽然芝加哥的地理位置和气候条件同厦门存在明显的差异，但是作为一个傍水而建的开放型大都市和美国的低碳发展城市典范，芝加哥的低碳发展也对厦门有着极具价值的启示，为厦门进一步深化低碳转型提供了重要的借鉴意义。

（一）从政府层面重视低碳问题，树立低碳发展理念

芝加哥的低碳转型最早的推动力来自市长戴利的重视和大力支持，这也表明在政府决策层面重视低碳问题，是推动低碳发展最重要的动力之一。厦门也希望借鉴芝加哥的经验，发展成为中国低碳城市的先锋，因此应该重视低碳问题，树立低碳发展理念，组织开展全面的研究，编制城市的排放清单，明确减排潜力和重点领域，制定城市低碳发展和节能减排的目标，上下一心地推进城市低碳建设。

（二）确定正确的规划方向并加以坚持

芝加哥的城市发展得益于百年之前的《伯莱姆规划》，该规划确定了城市百年发展的基本骨架，也保证了芝加哥城市建设风格的百年传承，避免了因规划不当导致的建设折腾和不必要的排放。芝加哥在制定规划初期就广泛征求市民的意见，规划方向得到市民的普遍认可，同时规划充分尊重城市的自然环境特点，将环保理念贯彻在规划中。规划出台后百年，历任芝加哥政府一直大力支持并贯彻规划基本精神，并出台了一系列的法律法规保障规划实施。厦门在城市低碳建设的过程中也在积极践行"多规合一"，因此可以参考芝加哥的经验，制定出科学的百年规划，并坚定地贯彻下去。

（三）积极组织编制城市碳排放清单

应该说《芝加哥气候行动计划》制定的基础就是由 CNT 机构编制并定期更新的城市碳排放清单报告，在认真研究估算的基础上，芝加哥得以获得翔实、准确的城市碳排放清单，有利于对城市

温室气体排放进行全面掌握和管理，并能够对未来的排放趋势进行预测、展望。科学的碳排放清单能够使政策决策者清楚了解城市排放的主要来源，并根据研究结果获得可行性的减排政策建议。行动计划中的重要战略都是根据碳排放清单所提供的基本信息分析、凝练而成。作为全国低碳试点城市，厦门也在开展碳排放清单的编制工作，应当通过完整的清单来确定减排机会和潜力，为城市低碳发展决策提供重要的参考。

（四）制定翔实的低碳发展战略

在确定了低碳发展和减排的重点领域之后，芝加哥政府针对每个战略都制定了翔实而具体的行动清单和目标。在确定行动的过程中，研究者充分考虑了多种因素，例如每种方案的减排潜力和成本效益，避免选择一些不具备经济性的行动计划。然后还考虑各种行动的可行性与克服困难的潜力，对每个行动的优势和劣势进行了深入的分析，尤其是各种行动产生的就业、提高空气质量和保障居民健康的额外收益，并在推广这些战略和行动时对这些收益加以宣传。在选择行动时优先选择那些能够迅速带来变化和效果的减排行动方案，这些分析思路和决策方法得以帮助政府将低碳发展的概念通过宣传起到深入人心的效果。

（五）采取多元化的发展战略

在实现城市低碳转型的过程中，芝加哥一直致力于鼓励发展绿色低碳产业，使经济发展效率与高就业率相平衡。在引导发展绿色的新能源等新兴产业时，同时坚持就业优先的原则，并没有在短期内抛弃所有的旧有产业，切断城市发展的原动力。芝加哥在实现减排目标的同时，并没有完全放弃传统制造业，在废除老旧的火电厂时也一定保证兴建可再生能源或技术效率更高的新电厂来替代。这样多元化的发展模式，实现了经济增长、人口增加和碳排放总量减少的良性循环。

（六）坚持"以人为本"的指导原则

芝加哥的气候行动计划中，处处体现着对城市居民的关怀与重视。每一项具体的行动方案中都分析了除减排效果之外，可能给市民带来的其他收益，例如降低能源支出成本、提高生活质量、改善健康状况等。对于一些具体举措，如家电换购计划等也充分考虑了对低收入人群的影响，并为此制定专门的行动细则和政策。行动计划指出，《芝加哥气候行动计划》成功的关键因素是城市中生活的300万人口中的每一个人，号召每个人都尽一份力，改变生活习惯，通过一些小行动的日积月累起到减少排放、节约资金的效果，并让整个城市发生变革性的改变，成为全世界应对气候变化的良好典范。这些经验同样值得厦门和其他中国城市学习，更好地发动普通民众积极参与到应对气候变化的实践中。

第十二章 哥本哈根低碳发展经验及借鉴

一 挑选的依据及哥本哈根低碳发展基本概况

哥本哈根（Copenhagen）是丹麦的首府，"哥本哈根"的意思是：商人的港口。哥本哈根始建于 1100 年前后，逐渐从一个由城堡护卫的小渔村，发展成为一个生机勃勃的贸易港口，目前已成为丹麦最大城市及最大港口，丹麦政治、经济、文化、交通中心。哥本哈根亦是北欧名城，是世界上最漂亮的首都之一，被称为最具童话色彩的城市。坐落于丹麦西兰岛东部，与瑞典第三大城市马尔默隔厄勒海峡相望。

哥本哈根市容美观整洁，市内新兴的大工业企业和中世纪古老的建筑物交相辉映，使它既是现代化的都市，又具有古色古香的特色，丹麦全国重要的食品、造船、机械、电子等工业大多集中在这里，世界上许多重要的国际会议都在此召开。2008 年，*Monocle* 杂志将哥本哈根选为"最适合居住的城市"，并给予"最佳设计城市"的评价。选择哥本哈根作为分析案例，不仅是因为哥本哈根是一个滨海城市，在地域、自然资源及空间发展等方面与厦门有着某些相似之处，更主要的是因为哥本哈根低碳理念及践行低碳经济的成功经验值得厦门学习借鉴。

哥本哈根在 11 世纪初还是一个小小的渔村和进行贸易的场所。随着贸易的日益繁盛，到 12 世纪初，发展成为一个商业城镇。15 世纪初，成为丹麦王国的首都。此后经过多年发展，中间历经几次天灾人祸和战乱，哥本哈根发展到现在已经成为一座具有迷人魅力的现代化大都市。哥本哈根在其城市的发展进程中，奉行以减少城市中心的交通、改善使用者环境为目的的政策，不断提高城市发展质量。1947 年，哥本哈根的规划者提出了"手指形态规划"，该规划采用了手形的概念，五根手指从哥本哈根中心分别向北面、西面和南面伸出，每根手指汇集到历史上既有的丹麦市古市场旧镇，城市中心仍保持着中世纪的街道格局，有着宜人尺度的古老建筑仍占主导地位。1962 年以前，市中心所有的街道都挤满了机动车辆，所有的广场也被用作停车场。战后机动车辆的猛增使市中心步行条件迅速恶化。以后的几十年，哥本哈根根据规划每年都对市中心闹市区的步行环境进行拓展或改进。机动车辆一步步地被逐出了城市中心，或者至少要减慢速度和降低流量，以确保与步行者的使用不冲突。城市广场一个接一个地从汽车的领地变成迷人的为人所用的空间。以温和手段控制交通，整治街道并创造高质量的公共使用空间，哥本哈根市由一座以汽车为主导的城市转变成一座以人为本的城市。

除此之外，哥本哈根还在能源生产、能源消费、节能建筑等多个方面推行低碳理念，促进低碳发展，调查显示，丹麦在 1990 ~ 2007 年经济增长了 56%，而能源消耗只增长了 3%，二氧化碳排放减少了约 13%，丹麦被认为是全球低碳经济的领先者，丹麦首都哥本哈根更是发展低碳经济的典范。近年来，哥本哈根经济不断增长，能源消耗与碳排放却保持在较低水平，创造了减排与经济发展融合的"哥本哈根模式"。2012 年哥本哈根提出《CPH2025 气候计划》，该计划既是份整体又集合了四个领域的具体目标和倡议，包括能源消耗、能源生产、通勤以及市政倡议，以实现世界第一个碳中和城市的目标。[①] 所谓碳中性，就是通过各种削减或者吸纳措施，实现当年二氧化碳净排量降低到零。丹麦大力推行的是风能和生物质能发电，这使哥本哈根的电力供应大部分依靠零碳模式，在电力基础上实行热电联产，进行区域性供热。另外该市有严格的建筑标准，推广节能建筑（见图 12 - 1、图 12 - 2）。丹麦也推行高税能源的使用政策，当前每度电支付电费所包含的税额高达 57%，如果不采取节能方式，用户则会付出高额的代价。当然还包括全世界正在推广的节能交通，比如城市绿色交通，包括电力车、

图 12 - 1 毛草原的房顶

---

① 郭磊：《低碳生态城市案例介绍（三十八）：哥本哈根：碳中和城市（上）》，《城市规划通讯》2014 年第 20 期。

图 12 - 2　多样化节能建筑

氢动力车、自行车代步等，哥本哈根被国际自行车联盟（International Cycling Union）命名为世界首座"自行车之城"，自行车代步已成为一种城市的文化符号（见图 12 - 3）。哥本哈根还鼓励市民垃圾回收利用，同时依靠科技开发新能源新技术。丹麦的

图 12 - 3　城市自行车文化

风能很丰富，但是不能储存，通过风力所产生的电能进行电解水之后，产生氢能则能够储存。哥本哈根为低碳目标采取的措施累计有50多项。作为低碳城市建设的开路先锋和童话世界中的一颗明珠，哥本哈根的低碳模式值得厦门市思考、学习借鉴。

二　具体的做法及举措

哥本哈根建设低碳城市的成功经验主要表现在实行科学规划、绿色能源战略、制定碳中和目标、降低建筑能耗、倡导低碳出行、推进低碳技术研发推广、全民参与、非政府组织推动等方面。

（一）科学规划

哥本哈根一直以来秉承科学、低碳的发展规划，其城市步行空间获得成功与它本身的城市总体规划也有很大关系。一方面，合理的空间结构、集约的土地使用、混合的功能布局有助于减少不必要的交通出行，并且鼓励人们更多地使用公共交通和慢行交通。另一方面，低碳发展策略还要求采取公共交通导向的城市空间形态发展模式（transit-orientated development，简称为 TOD 模式），即城市土地使用和开发强度的空间模式应当与快速公共交通网络的服务水平相结合，在快速公共交通走廊沿线形成高强度开发地带，并在轨道交通周边地区采取更高强度的混合用途发展，为更多的市民使用公共交通方式提供有利条件。[①] 例如，1947 年完成著名的"手指形态

---

① 唐子来：《综合论坛：迈向低碳城市的规划策略》，http://lhsr. sh. gov. cn/sites/lhsr/neirong. aspx？ctgId = 3a222e8f - e1e5 - 4737 - 8697 - 41de8c789e31&infid = bb1929dd - 95b5 - 4705 - a281 - 3a2bc3b81cbf。

规划"，在 1930 年郊区铁路电气化政策的促进下，选择沿规划交通线路轴拓展城市用地，形成若干"手指"城市，指间保留绿地与农田。1987 年区域规划的修订版中规定所有的区域重要功能单位都要设在距离轨道交通车站步行距离 1km 的范围内。同时，为了便捷 TOD 站点区域居民的出行，公共站点周边还规划建设了完善的步行和自行车设施，以及常规公交的接驳服务，人们可以从不同地区非常方便地到达城市轨道交通车站。在新城的用地开发上重视就业与居住的平衡，并主要环绕轨道交通车站进行。开发轴从车站向外发散，连接居住小区，轴线两侧集中了大量的公共设施和商业设施，新城中心区不允许小汽车通行，步行、自行车骑行和地面常规公交在该区域共存。

（二）绿色能源战略

多年来，丹麦一直重视绿色能源的发展，欧盟设定目标是到 2020 年，可再生能源占比达到 20%，丹麦则提前在 2011 年实现目标，并计划 2020 年将可再生能源占比提高到 30%，提出在 2050 年之前建立一个不含核能、完全摆脱对化石燃料依赖的能源系统。丹麦政府宣布，作为发展清洁能源计划的一部分，将逐步淘汰国家的主要燃料——煤炭，取而代之，将开始以生物燃料为主要能源。这项计划包括减少首都哥本哈根在内的全国五大城市燃煤发电比重，逐步转向以生物燃料为主的能源消费结构。哥本哈根是首批零煤炭试点地区之一，要求在此基础上逐步减少、淘汰燃煤发电，并对一些发电站进行技术改造，以使它们能够利用生物燃料发电，最终生物燃料将代替煤和燃油成为城市生产和生活的主要能源来源。

哥本哈根严格执行绿色能源发展战略，其 75% 的减排任务要通过能源改造来完成。除了在能源消费上，积极推行绿色交通、绿色建筑、节能环保等，在能源供给上，也大力推行风能和生物质能发电，这使哥本哈根的电力供应大部分依靠零碳模式。同时，注重能源技术创新，对新能源进行综合开发利用，人们可以从日照、风、农田和城市"废料"中获得所需的能源形式——电、热和交通运输燃料。

（三）制定碳中和目标

哥本哈根提出碳中和目标，要求到 2025 年，成为世界上第一个碳中性城市。其计划分两个阶段实施，第一阶段目标是到 2015 年把该市的二氧化碳排放在 2005 年基础上减少 20%，此任务目前已经完成得很好，第二阶段是到 2025 年使哥本哈根的二氧化碳排放量降低到零。[①] 2012 年 8 月，哥本哈根议会通过了相关计划，制定了《哥本哈根 2025 年气候规划》行动计划书，该计划描述了人类对碳中和的追求，以及如何通过政府、商界、学术机构和哥本哈根人的通力合作，使哥本哈根在 2025 年实现碳中和。降低能源消耗，允许更多的能源负荷，可以满足当地的能源需求和低碳供应，例如，汽车电气化可以减少运输排放并对能源存储提供支持，土地利用和基础设施发展计划可以减少出行距离等，这些计划确定了建设低碳城市实现低碳经济目标的关键部分。

在《哥本哈根 2025 年气候规划》出台之前，哥本哈根一直致力于节能减排，2005～2011 年，哥本哈根的二氧化碳排放量减少

---

① 肖文：《哥本哈根 50 项措施建低碳城市》，《建筑日报》2009 年 7 月 6 日。

了21%。气候规划实施后，到2025年，哥本哈根的二氧化碳排放量将降低至120万吨，比2012年减少39%。而且，哥本哈根市民有望在电费和暖气费上平均每年节省537欧元。哥本哈根推行高税能源使用政策，1千瓦时电的价格由三部分组成：能源市场价格、运送费用以及税收，其中税收占比高达57%。如果不采取节能方式，就得付出高昂的费用。

（四）降低建筑能耗

建筑能耗超越交通部门和工业部门成为哥本哈根能耗的第一大户，因此也是能源消费领域的主要减排途径。

一是倡导严格的建筑标准，推广节能建筑。通过提高新建建筑物的设计标准和旧楼房的改造，达到降低能源消耗、更好地调节室内空气和降低噪声的目的。例如，建筑标准中对房屋保温层和门窗密封程度都有严格规定，墙壁厚达三层，中间层是特殊保温材料，夏天隔热，冬天防寒。窗户也有严格的要求，外边的冷（热）空气不会轻易进来。二是合理设计建筑结构，以充分利用自然通风实现建筑降温，选择合理的建筑朝向和遮阳方式等以加强建筑保温，增加建筑透光性，解决建筑照明要求等。三是充分利用建筑热回收系统，以及通过地下水、室外空气和海水对建筑降温等，减少能源消耗。此外，还采取减少化石燃料使用的主动式节能方法，发展以热电为核心的建筑节能技术，大量采用沼气、热泵、太阳能等可再生能源技术进行集中供热，鼓励使用节能电器。

（五）倡导低碳出行

哥本哈根一直倡导低碳出行，推行城市绿色交通，除了电力车、氢动力车以外，大力推行"自行车代步"，建设自行车城，哥本哈根以自行车拥有量闻名于世，哥本哈根人口 67.2 万，自行车却超过 100 万辆。[①] 在哥本哈根，设有贯穿全城的自行车专用道以及专供自行车使用的快车道，还为游客准备了免费市内自行车，游客可以在全市 110 个自行车租车点中的任意一个，留下 20 克朗的押金租用一辆自行车，在任何一个租车点归还车辆，并取回押金。自行车可以被带上轮渡、火车和长途客车，这无论是对本地居民还是游客，使用起来都非常便利。据统计，在哥本哈根，有 34% 的人骑自行车上班（搭乘公共交通工具的占 32%，开私家车的占 34%），58% 的哥本哈根市民每天会固定使用自行车。哥本哈根市民每年人均自行车行驶距离长达 900 公里，因此，哥本哈根市民每年的人均二氧化碳排放量只有 5 吨，相当于德国的一半。哥本哈根的儿童一般在学龄前就学会了骑自行车。在自行车专用道的道路配置上，哥本哈根也规划得非常细致科学，哥本哈根自行车道有两种：一种是独立设置的，路面铺有蓝色塑胶，没有机动车和红绿灯的干扰；另一种是与机动车道伴行的，但机动车道、自行车道和人行道从高度上依次分开，保证了相对独立，互不干扰。在哥本哈根，自行车的平均时速为 15 公里，而汽车平均时速仅为 27 公里。丹麦交通管理局对于自行车绿色通道的设计，使骑车人可以维持 20 公里的时速，且不受红绿灯的干扰。另外，十字路口的自行车停靠线比汽车停靠线靠前 5 米，自行车可以在汽车右转之前优先通过十字路口。而在部分交通繁忙的区域，自行车道也已被拓宽为双

---

① 郭磊：《低碳生态城市案例介绍（三十八）：哥本哈根：碳中和城市（下）》，《城市规划通讯》2014 年第 21 期。

车道来缓解日益增长的交通压力。

总体来说，哥本哈根的低碳出行策略主要包括以下四点：制定积极的自行车交通政策；政府财政的大力支持；坚持城市公交引导紧凑开发与有机更新；限制小汽车发展。政府对各种交通工具的重视程度：自行车居首、公共交通其次、私人轿车最末。

（六）推进低碳技术研发推广

哥本哈根还积极推进低碳技术的应用。其十分重视新能源的研发推广和提高能源使用效率，哥本哈根不遗余力地进行低碳技术研发推广和商业化。注重太阳能、生物质能、氢能的探索与利用，在新能源技术的开发利用中也初见成效，并向海外大量输出低碳技术，加快了低碳技术商业化的进程。[①]

哥本哈根的清洁技术公司涉及能源效率、能源产品、防空气污染、有效利用水资源等领域。哥本哈根拥有上百家清洁技术公司，提供低碳技术的服务。这些公司的40%每年以25%的速度增长，超过三成的公司营业额翻倍，清洁技术公司的生产力比世界平均水平高40%，清洁技术不仅支撑和促进了哥本哈根的低碳发展，而且已经发展成为哥本哈根经济的主要驱动力。

（七）全民参与

在哥本哈根，"低碳生活"体现在生活的各个方面，渗透进市民的骨髓。哥本哈根对市民环保意识的宣传与教育，从娃娃就

---

① 王岩：《国外低碳城市建设模式与经验——以哥本哈根和东京为例》，《现代商业》2016年第5期。

开始抓起，并体现在平时生活工作中的细小的方面。哥本哈根从一年级开始有环保课程，让孩子亲手制作环保产品，提倡全民参与，达到节能减排的目的。例如，增设气候知识网络，鼓励市民参与气候问题的讨论和交流行动经验；设立用电及取暖设施使用、交通方式选择、垃圾分类等方面的咨询机构，便利市民获取相关知识和信息；减少垃圾和实行垃圾分类计划；建立新的气候科学模拟中心以提高青少年的气候科学知识；鼓励和支持公司企业减少碳排放等。

哥本哈根的家家户户都使用节能灯，晚间通往郊外的路没有一盏路灯。许多人把电子钟更换成发条闹钟，使用传统牙刷代替电动牙刷；坚持户外锻炼，尽量少用跑步机；洗涤衣服让其自然晾干，少用洗衣机甩干；减少空调对室内温度的控制，冬天多穿衣服，夏天少穿西装；甚至酒店所用的卫生纸都用再生纸做成。在哥本哈根街头不时会看到这样的广告：今天你是用手洗衣服的吗？充电器不用时拔下插头每年能节约 30 克朗，用多少热水就烧多少每年能节约 25 克朗，使用一盏节能灯每年能省 60 克朗。一些车辆还印有这样的广告：一位年轻女子身着一件白色 T 恤衫，上面写着"I love waste（我爱废弃物）"，体现了哥本哈根人对垃圾回收利用的态度。

（八）非政府组织推动

哥本哈根相当注重环保非政府组织在发展低碳经济中的作用。在推动哥本哈根低碳经济发展的过程中，最重要的一个特色就是政府、企业、社会等部门职责分明，合作氛围融洽。政府主要负责该地区的基础设施建设、环境修复、制定政策、发展当地的科技与教育事业、培养人才以及引导境外企业和组织进入哥本哈根地区等。企业主要是按市场需求和产业运行规律，改造传统产业和发展新产业，提高竞争力。社会方面，其中一个主要体现是在环保非政府组织，它们在进行低碳理念的教育和宣传、与企业协商、掌握并公开企业环境管理信息、加强市民对企业的监督等方面发挥重要的作用。例如，有的环保非政府组织为宣传节能减排知识做了专门的网页，并附有二氧化碳计算器，免费为个人、家庭计算出家庭、电器和个人旅行三方面的二氧化碳排放量，并根据不同情况提供不同的减排建议。有的环保非政府组织为每家每户安装一个二氧化碳计算器，以提醒人们注意一些平时容易被忽略的小细节，养成节能减排的好习惯。还有一些环保类的教育和科研院校等非政府组织在促进低碳经济科技产业的发展和应用中也起到了重要作用。2009 年，哥本哈根气候峰会上，就出现了大量非政府组织尤其是环保组织的身影，它们在推动全球节能减排方面的作用有目共睹。

同政府机构相比，非政府组织拥有更多的民间资源，它更加贴近民众，也更加灵活快捷，可以弥补政府在管理和服务中的疏漏和欠缺，为全社会提供、传播低碳经济信息和知识。[①]

三　对厦门市的借鉴及启示

中国低碳城市建设的步伐不仅关系到我们自己的未来，更为应对全球气候变化做出贡献。不可否认，哥本哈根在低碳城市建设上是成功的，其创新性的思维和低碳发展的举措为厦门的低碳发展提

---

① 李斌：《发展低碳经济中的政府角色定位》，《辽宁行政学院学报》2016 年第 12 期。

供了可资借鉴的经验。

（1）城市规划及相关设计中要贯穿低碳理念，建筑物的朝向、能源利用，城市道路的布局，以及土地利用的规划都应以低碳理念为指导，为城市发展的低碳模式创造条件。在哥本哈根，几乎没有摩天大楼，最高的建筑依旧是存在了很多世纪的教堂塔尖。商业、办公和住宅楼一般都不超过6层高。国家设立了住房部，对国土的使用和住宅建设控制得非常严格。在很多美丽的海滨，看不到高档饭店和宾馆。居民申请土地建设住宅有严格的条件限制。符合条件者从住房的设计到施工，始终都要接受政府的指导和监督。因此，厦门市在进行空间、交通、建筑设计的同时必须注重与城市文化和意识的配合，构建形成具有自身特色的、生态的、宜居的厦门城市风貌。

（2）大力发展绿色能源。厦门市应在节约一次能源消耗的基础上，逐步提高清洁能源和可再生能源在一次能源消耗中的比例，发展绿色能源，这需要学习哥本哈根的经验，不仅要有破冰的勇气，更需要创新的思维。开发利用绿色能源不一定要上马大型水电厂、太阳能发电站等大型新能源工程，我们所追求发展的低碳，本身就是一个相对的概念，同时还是一个综合的概念，如果通过碳中和等途径，净排放量大幅度降低了，就应该也被认可为低碳的，如果我们能够把美化环境和能源开发结合起来，比如分拣分类制肥、焚烧发电等，不仅减少能源使用，增加能源供给，而且也会推动环境治理和低碳发展。更进一步地，如果我们以能源消费的最小计量单元为基本单位，鼓励生产商参与低碳细胞工程建设，成为减碳或低碳的生产单元，整个厦门就会形成一个低碳细胞聚合体，低碳发展就有了根本的保障和新生动力。

（3）倡导绿色出行，努力发展公共交通，同时增加与小汽车相关税的征收力度，提高停车场收费标准，提倡使用自行车等绿色方式出行，降低汽车尾气排放量，实现低碳城市目标。厦门市的共享单车很具有特色，近期发展和扩张速度较快，但也存在一些问题，比如自行车道被汽车占领，自行车任意骑行、随意停放及破坏共享单车等情况，亟须完善相关管理制度和加强对应配套基础设施建设。另外，厦门市还可以借鉴哥本哈根的做法，进一步促进绿色公共交通的发展，推广新能源共享汽车。

（4）发展低碳建筑，城市商业建筑是重要碳排放源，而通过建筑节能技术、建筑设计等措施，有助于将城市建成低碳城市。厦门可以学习哥本哈根，一方面提高新建建筑的设计标准和施工科学性，按照符合环境生态规律的低能耗原则进行设计，通过科学规划，减少能源损失，有效提高建筑物能源利用效率。另一方面，对旧建筑的翻新改造，要按照对环境有利的方式对所有建筑进行管理和维护，建筑物门窗都安装中间真空的双层玻璃，防止室内热量流失。对于供热取暖系统，每户都安装温度调节器和用量表，用户可以根据自己的需求调整供热量。所有市政部门的租房也都应达到节能标准。建立能源基金，将气候措施升级节省下来的钱用于资助未来的项目；对房主、承租人、房屋交易人和咨询机构进行碳减排方面的培训；在市政府官方网站首页设置"热量路线图"功能，帮助住户和商业经营者获取建筑热量流失信息；市政府与上级政府、下级政府及工商界展开对话，共同商讨节能措施及建筑节能带来的经济利益；采取措施鼓励节能设施的使用和可再生能源的综合利用。

（5）加快推动低碳技术的创新与应用。与哥本哈根相比，不仅厦门市，从全国整体来说，风电、生物能源等技术仍与其存在较大差距，为此，应加快厦门市低碳技术研发与创新，并推进低碳技术产业化，既为厦门市实现低碳城市建设目标提供技术基础，也为城市产业结构转型提供产业基础。必须加快建设新能源技术研发平台，加大对新能源前沿、关键技术的研发力度，整合海峡两岸优势科研资源，推进厦门市新能源领域技术研发和市场开拓的合作。为此，必须以深化能源体制改革为重点，加快推进重点领域和关键环节改革，进一步完善能源科学发展体制机制。通过能源体制改革转变能源管理方式，更好地发挥政府的作用，着力建设完善厦门全市能源科技创新体系，以能源重大工程为依托，加快推进能源技术自主创新，引导促进市场机制的建立及完善。

（6）加强公民的节能减排意识，提高其参与度。借鉴哥本哈根低碳生活全民动员的经验，厦门城市低碳发展，单纯依靠政府驱动不能达到理想的效果，需要大众的参与及推进。除了加强宣传和引导外，还亟须完善公众参与机制，在生产、生活、消费的各个方面，贯彻执行低碳、绿色、节约、环保的理念及具体举措。例如，通过改变居民的生活习惯，减少用电量；引导市民将垃圾视为可再生资源，使当地资源得以以新的方式回收利用等。

第十三章　台湾低碳城市创新发展的经验与启示

一　台湾社会经济基本情况

（一）　生态环境

台湾位于中国大陆东南沿海的大陆架上，东临太平洋，东北邻琉球群岛，南接巴士海峡与菲律宾群岛相对，西隔台湾海峡与福建省相望，总面积约 3.6 万平方公里，是中国第一大岛，包括台湾岛及兰屿、绿岛、钓鱼岛等 21 个附属岛屿和澎湖列岛 64 个岛屿。台湾 70% 为山地与丘陵，平原主要集中于西部沿海，地形海拔变化大。由于地处热带及亚热带气候之交界，自然景观与生态资源丰富。人口约 2350 万，逾七成集中于西部五大都会区，其中以都市台北为中心的台北都会区最大。台湾岛人口密度为 653 人/平方公里，厦门人口密度比台湾高，全市人口密度为 2422 人/平方公里，岛内人口密度达到 14097 人/平方公里。

台湾岛四面环海，北回归线穿过台湾中南部的嘉义、花莲等地，将台湾南北划为两个气候区，中部及北部属亚热带季风气候，南部属热带季风气候。整体气候夏季长且潮湿，冬季较短且温暖。台湾降水丰沛、气候湿润，平均年降雨量超过 2500 毫米，约为世界平均降雨量的 3 倍。台湾是中国受台风影响最多的地区之一，台风提供丰沛的水分，但降雨空间和时间分布不均，易引发洪水与泥石流等灾害。台湾大、小河川密布，大部分河流受到山脉走向的影响，主要从岛屿西方或东方流入大海。

台湾的森林覆盖率达到 58.5%，种类主要受海拔高度影响。海拔 700 米以下是亚热带阔叶林，海拔 700～1800 米是阔叶林，1800～2500 米是混合林，2500～3500 米是针叶林，3500 米以上的高山地带是苔藓或草原。台湾岛还栖息着丰富多样的野生动植物，11% 的动物和 27% 的植物为地区特有种类。

（二）经济社会与文化

台湾被世界银行、国际货币基金组织、美国中央情报局《世界概况》等机构认定为发达经济体，是"亚洲四小龙"之一。但台湾自 2010 年经济增长 10.6%，创下 2000 年以来唯一两位数增长纪录之后，就开始进入低增长时期，2011～2015 年经济年均增长率只有 2.5%，经济发展动能严重不足，2016 年增长率仅为 1.4%。

2016 年，台湾在外贸出口、投资与消费方面均表现不佳，整体经济疲弱，外贸、外资表现不平衡，台商对大陆投资占有很大比重，而大陆企业对台投资比例甚低。工业生产持续负增长，商业低增长，观光产业变"惨业"，尤其是大陆民众赴台旅游大幅减少，对台湾交通运输、餐饮、酒店等相关行业产生很大冲击。民生问题也未有明显改善。外向型经济为主的台湾，对外贸易是经济增长的主要拉动力。台湾经济从 20 世纪 60 年代开始发展成为资本主义的出口导向型经济体系，现今当局逐步减少对投资和对外贸易的干预，一些大型"国有银行"和"国营企业"陆续被私有化。国际贸易是台湾的经济命脉，中国大陆是台湾最大的贸易伙伴、进出口贸易第一地区，其次为美国和日本。不同于邻近的韩国和日本，台湾经济以中小型企业而非大型企业集团为主。台湾电子信息产业在全球产业链中的地位举足轻重，全球大多数电脑电子零部件都在台湾生产。台湾高新技术产业已取代劳动密集型产业，服务业与高新技术产业合计比例过半。台湾地区以"中华台北"的名义加入了亚太经合组织等国际组织，成为经济合作与发展组织、世界卫生大会等国际组织的观察员；以"台湾、澎湖、金门及马祖个别关税领域"的名义加入了世界贸易组织；以"中国台北"的名义保留亚洲开发银行席位。台湾四面环海，海上交通发达，国际贸易仰赖海上运输，目前有 7 座国际商港，分别为高雄港、基隆港、台中港、花莲港 4 座主要港和苏澳港、台北港、安平港 3 座辅助港。

台湾融合了明清时期移居的闽粤移民和二战后来台的外省人的民俗，堪称中国民俗文化的缩影。春节、端午节、中秋节是台湾的三大节日，每逢元宵节、清明节、中元节、七夕节等传统节日，民间也有与大陆相同或类似特色的庆祝礼俗。此外尚有多项深具中华文化特色的民俗庆典，如迎妈祖、盐水蜂炮、平溪放天灯、东港烧王船、头城抢孤等。

二 台湾碳排放与能源利用情况

(一) 碳排放状况

从可查询的统计数字来看，台湾的碳排放量偏高。根据国际能源总署（IEA）统计数字来看，台湾的出口高占 GDP 的 70%，且制造业占比大，特别是能源密集的产业偏高，导致二氧化碳的排放量与地区经济增长率明显呈正比关系。台湾行政当局"绿能低碳推动会"会议通过的 2016 年温室气体排放量，以 2012～2014 年的平均排碳量，即 2.5 亿吨为目标，且未来将逐年递减。在各部门平均温室气体排放量占比方面，分别为能源部门占总排放量的 10.53%，工业部门占总排放量的 48.76%，运输部门占总排放量的 14.18%，农业部门占总排放量的 1.08%，住商部门占总排放量的 25.44%。可见，台湾地区主要碳排放来源于工业与住商部门，而农业部门碳排放量所占比例相对很小。

近年来，台湾总体碳排放量虽有升降，但未超过 2.93 亿吨，能源部门所排放的温室气体增加是总体碳排放量增长的主要原因。但 2017 年，台湾总体碳排放量首度超过 2.93 亿吨，能源部门的碳排放量比过去五年的年排放均量多出约 300 万吨。

2015 年巴黎气候峰会，台湾虽然不是缔约方成员，但为了展示有效减碳的决心，台"立法院"经多年延宕后，在 2015 年顺利通过《温室气体减量及管理法》，明订台湾 2050 年碳排放量应降至 2005 年排放量一半以下①（见图 13－1）。巴黎气候峰会后，全世界关注这个影响日后人类生存的重要议题，台湾更因为本身的产业结构、地理环境、能源供给等问题，减排形势更加迫切。台湾是以出口为导向的地区，欧盟等国家力主碳足迹必须列入商品规范，未来低碳已呈必然之趋势，台湾势必要符合其标准。

---

① Tsai M. S., Chang S. L., "Taiwan's 2050 Low Carbon Development Roadmap: An Evaluation with the MARKAL Model", *Renewable & Sustainable Energy Reviews* 49, 2015.

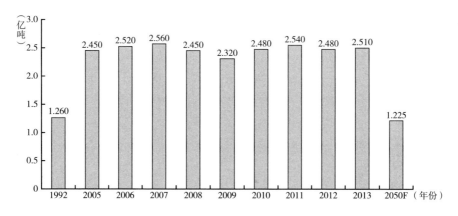

图 13 - 1　台湾地区 CO_2 排放量及预测

资料来源：经济部能源局。

（二）能源利用情况

台湾能源依存度高，电价却比中南美洲国家及非洲国家低。台湾近98%的能源必须依赖进口，其中，8.3%是核能，化石燃料占近九成，极少数的是太阳光电、风力及水力发电等。在国际能源总署的统计中，台湾住宅用电是全球第三低，每度2.86元，仅次于大陆和墨西哥，在工业用电上，台湾则是全球第四低，每度仅有2.71元。面对这样的情形，想要将碳排放量占最大宗的化石燃料压低，实现台湾2050年碳减排目标，以及2025年将二氧化碳排放量降至2000年的水平，并于2030年再降到比2005年的排放量再减20%的目标，如果不考虑零排放量的核能，电价继续维持目前的低水准，是很艰巨的任务。

台湾产业结构的特殊性，导致能源的使用率始终居高不下。再加上能源进口依存度高，目前高居九成的化石燃料，如燃煤、天然气、石油需要向外购买，自己没有主控权，成本高低、来源，都无法控制。所以，想要维持目前的低电价，并降低二氧化碳的排放，这两者很难兼顾。

台湾的水力资源有限，而目前正在积极发展中的再生能源，需要的条件，也非一朝一夕所能解决。台湾地狭人稠，2/3 的土地是山地，其中又有一半是 1000 多米的高山；以风电来说，风场较佳的 200 公里的西海岸已装设 314 座风机，但也仅占总装置容量的 1%、总发电量的 0.6%，且无法兼顾到供电稳定、持续等问题，特别是在夏天用电高峰时，因风小无法供电。这样的问题，不是只有风力发电，包括太阳光电以及再生能源等，衍生要考虑的因素更多。例如，若以太阳光电取代四座核电厂，则需 1.5 万公顷的土地及屋顶，约占台北市面积的 60%。太阳光电成本较高，一度约 6 元，甚至高于燃气的价格，对电价的影响将高于以燃气替代核能的增幅。如此一来，若以 2014 年的碳排放量当作峰值，逐年往下降，核能是个重要选项，是否全然放弃核能莫衷一是。

新北市市长朱立伦主张 2025 年达成"非核家园"，具体做法是在未来努力节电，提高电价，维持燃煤发电但增加天然气发电的比重，并且将核废料外移，将绿能发电的比例在 2025 年提高至 20%。蔡英文提出的"新能源政策"同样是以"非核家园"为诉求，未来将扩充天然气发电，10 年后的绿能发电比例提高至 20%，"不预期"电价会有上涨的可能，并且保证不缺电。完全回避了扩充天然气发电必须新建接收码头与贮存设施、绿能发电比例达标的具体做法、电价如何在持续高价补贴绿能发电时不上涨、如何做到不缺电等问题。蔡当局倡言九年内将台湾变成无核家园，废除境内所有的核能发电厂。然而始终没提出替代能源的方案来，却花了大笔经费购买日本二手天然气发电设备，用来补足台湾的发电缺口。

今后台湾的能源，75％以上要靠燃煤及天然气来取得，日后的排碳量势必大量增加。

（三）碳交易发展情况

台湾碳交易的政策要追溯至 1998 年。随着《京都议定书》的出台，台湾召开了第一次能源会议。会议决定，将碳排放交易制度与能源税列入未来应对温室气体减排的重要政策工具。2005 年，台湾开始制定《温室气体减量法》（简称《温减法》），将排放交易制度列为该法案的政策工具，引导台湾各部门主管机关，依据《温减法》相关规定，规划排放交易制度推动制定相关配套措施。能源与产业部门是台湾最主要的温室气体排放源，排放量合计超过80％。因此，台湾能源局与工业局于 2006 年启动能源密集制造业与电力行业的温室气体盘查工作，大致上已掌握主要排放源的温室气体排放数据。

在碳交易市场建设方面，韩国已在 2015 年启动碳交易。中国大陆的二氧化碳排出量最多，目前已在北京、天津、上海、重庆、湖北、广东及深圳七地开展碳排放权交易市场试点。2017 年，中国大陆启动全国统一的碳排放权交易市场，目标是成为全球最大的国家级碳交易市场。但台湾在"碳交易"方面还很落后。台湾目前短期碳排放总量管制目标、企业碳排放上限等都还未开始讨论。碳权交易像金融商品，它是个无形的产品，一定要由相关金融监理单位来管理。碳交易如同证券交易，有登录、额度、移转等，需要账户进行碳权移转。全世界都是由金融监理单位来处理碳交易，但是到现在还没看到任何台湾的金融主管机关表示要加入碳交易。除了碳交易做不起来，台湾的"碳权抵减"（Carbon Offsetting）推动情形也不见进展。"环保署"推动"碳权抵减"项目已有六年，根据"经济部"的统计数字，仅22家制造业者提出申请，还没有一家成功申请到碳权。因为官方对碳权的用途规定不明确，价格也没有制定清楚，未来能否抵销总量管制等都不确定，更别提进一步的谈自愿性与强制性的碳交易、未来如何与国际接轨了。台湾的诸企业对此不知如何因应，也无所适从。

三 台湾的重点领域低碳发展经验

从经济模式来看，台湾的经济高度依赖出口，出口市场主要集中在西欧和北美地区。2006年，台湾的出口及进口分别占GDP比例的58.93%及53.48%。20世纪六七十年代，台湾开始发展模式的转型，成功从依靠成本和数量引领的粗放型经济，转变为依靠品牌和技术引领的集约型经济发展模式，顺利走上了新型工业化道路。

台湾地区能源进口依存度高，化石燃料的使用高居九成，制造业占比大，特别是能源密集的产业偏高，其主要碳排放来源于工业与住商部门，运输业与能源利用部门次之，而农业部门碳排放量所占比例相比较而言很小。鉴于此，台湾地区从绿色能源产业、绿色建筑、低碳社区、低碳农业等方面入手，推动城市的低碳转型与发展。

(一) 绿色能源产业

2009年，台湾行政部门成立"新能源推动委员会"，就推动绿色能源产业、引导台湾的产业向低碳化和高产值化转移提出总体策略。台湾的低碳产业（绿色能源产业）主要包括绿能主力产业和一般潜力产业，绿能主力产业指太阳光电和 LED 照明，一般潜力产业为风力发电、生物质燃料、氢能与燃料电池、能源通信与电动汽车等。台湾低碳产业以能源科技研发为基础并引导产业进行应用型能源科技研发。在能源科技的研发上，主要涵盖了再生能源技术的太阳能、风力发电、氢能、核能、地质能源技术等，还包括节能减碳技术的净煤、碳捕获与封存技术、智能电网等。[①]

1. 能源节约产业

台湾在冷冻空调节能、照明技术、区域能源系统技术、绿色建筑、能源技术服务产业等方面具有一定的基础与优势。在冷冻冷藏技术方面实现节能突破，降低耗电量，是台湾能源节约产业中的发展重点，譬如将直流变频数码控制引入冰箱技术，台湾已经投入众多的研发经费。LED 照明产业方面，台湾是仅次于日本的世界第二大 LED 生产地，产量位居世界第一（约占 40.50%），产值位居世界第二（约占 25%）。绿色建筑方面，主要是利用节能的方法，降低整屋的用电，达到高效节能之目的。经由节能技术的融合，绿色建筑可使每户台湾家庭改善用电量，减少二氧化碳的排放量。

2. 可再生能源产业

台湾在太阳光电、太阳热能、风能、生物质能等方面，具有相当的产业发展基础。2002 年台湾行政部门核定《再生能源发展方案》，计划在 2020 年，使全台湾的可再生能源发电总量占总发电量的 10% 以上，达到 650 万千瓦时，降低二氧化碳排放量 2200 万吨，带动再生能源设备投资累计约新台币 3000 亿元。在太阳光电产业

---

① 黄俊凌：《台湾低碳产业的现状及其发展前景》，《台湾研究》2011 年第 3 期。

科技的研发上，台湾研发的重点在于矽晶太阳电池技术、太阳光电模组技术、太阳光电系统技术等，在薄型矽晶片太阳电池的研制、大尺寸薄型矽晶电池模组封装技术等方面，取得了不小的突破。台湾自 1980 年就开始投入风力发电技术的研发，相继带动台电公司以及民营企业投入风能开发领域，台湾的风力发电向海域发展，大力发展离岸风力发电技术，主要集中在风能评估与预测、离岸风电评估与开发技术、大小型风力机开发技术等。

3. 能源新利用产业

能源新利用指运用创新的科技，将初级能源转化成高效率、低污染的能源。在台湾，能源新利用的最主要领域在于燃料电池、氢能源、电动车辆。

台湾产业界对燃料电池的科研投入，集中在最具潜力的质子交换膜燃料电池、直接甲醇燃料电池、固态氧化物燃料电池等方面，这也是当前世界燃料电池市场中最具竞争力的三类燃料电池。投入研发或生产的单位和企业有台湾工业技术研究院、台湾清华大学、元智大学、远茂公司、光腾光电、盛英等。

氢能利用也是能源新利用产业中的重要领域，尤其是氢能燃料电池车辆的运用是世界节能减碳措施的重要一环。氢能源基础设施技术可分为产氢和储氢两大块，产氢技术有"分离助效式天然气重组产氢技术""分散式水电解产氢技术""太阳光电化学直接产氢技术""生质能产氢技术"等。储氢技术主要有高压或液态储氢、储氢材料与系统技术这两方面，台湾的中山科学研究院、工业技术研究院、大同世界科技等科研单位或公司，均取得了不小的研究成果，各系统厂商包括中兴电工、台达电、真敏、大同世界科技、鼎佳、亚太燃料电池等，基本上都积极投入与氢能相关的产业中，氢能利用在未来台湾低碳产业中将占据极为重要的地位。

在能源来源多元化以及二氧化碳减排的世界共识下，以电动车辆为主的洁净车辆是未来交通工具的发展趋势。台湾的电动车辆在电动机车的电池容量、充放电功率上的研发取得了相当大的进步。在电池研发上，诸如长圆、立凯、励志精化、宏濑等厂商纷纷投入磷酸锂铁材料的研发中，生产新一代更安全和长寿命的锂电池。电动汽车和油电混合动力汽车方面，台湾相关厂商如台达电、致茂、能元等，加大了在"整车即时模拟器与能量管理系统""电池组装与电池管理系统技术""电动辅助转向马达技术"等方面的研发力度。在电动车辆的研发和生产上，台湾仍然具有相当的竞争力。[1]

总而言之，台湾的绿色能源产业建立在能源科技产业的基础之上，而且具备了相当的工业基础，主要集中在冷冻空调节能、照明技术、区域能源系统技术、绿色建筑、能源技术服务产业、太阳光电、太阳热能、风能、生物质能、燃料电池、氢能源、电动车辆等方面，研发能力以及技术实力雄厚，具有较强的发展潜力。

（二）绿色建筑工程

绿色建筑工程对解决能源短缺具有重要意义，越来越被国际社会所推崇。台湾是亚洲首个、世界第四个正式采用绿色建筑工程标准的地区。据统计，2013 年，台湾已有近 3000 栋绿色建筑，若以密度计算，已稳居世界第一。台湾的世界第一绿色建筑比同类建筑节能七成。

---

[1]　方良吉等：《2010 年能源产业技术白皮书》，台湾"经济部能源局"财团法人中卫发展中心，2010。

台湾经济总量大而资源禀赋欠缺。所有能源供应几乎全部依赖进口，对外能源依赖度约为99%，这一点和厦门情况相同。近年来，因日本福岛核电事件引发了台湾岛内核电存废纷争，"能源危机"日益凸显。据统计，台湾建筑产业所消耗的能源占能源总消耗量的45%（包括建材生产、营建运输、住宅使用、商业使用），排放的二氧化碳量约占全台湾总排放量的38.8%。建筑领域节能减排自然而然地成为台湾永续发展的着力点。

20世纪90年代，台湾开始重视建筑领域低碳化、生态化问题，积极推动绿色建筑政策。1995年，台湾首次将"建筑节约能源设计"纳入"建筑技术规则"，对建筑面积超过4000平方米的办公大楼能耗水平进行限制。1999年，又将旅馆、百货商场、医院以及住宅列入管制节能对象，大型空调建筑管制建筑面积由4000平方米缩减为2000平方米；住宅管制面积定为1000平方米。同年，还建立台湾绿建筑评估系统，制定《绿建筑解说与评估手册》，推出《绿建筑标章》。2001年，推出《绿建筑推动方案》，全面加速公私有建筑物的绿色建筑设计。2002年，台湾"内政部"建筑研究所特别设立"绿厅舍改善计划"与"绿空调改善计划"，每年编列预算2亿~3亿元新台币，对政府所属机关与大专院校旧有建筑物，进行"绿色建筑之改善工程"，以及针对空调主机、冰水泵浦及空气侧设备等三大部分进行节能改造，以作为旧建筑物可持续发展的示范。2003年，台湾增列学校类为绿色建筑管制对象；百货商场之管制对象增加量贩店与购物中心。2004年，建立《绿建材标章制度》，接受生态绿建材、健康绿建材、高性能绿建材、再生绿建材等4种绿色建材的认证，同时在《建筑技术规则》中强制规定最低绿建材使用比例。2005年，台湾强化节能管制规模，住宅、学校、大型空间类定为 500 平方米，其他类定为 1000 平方米。2009 年，要求户外玻璃对可见光反射率不得大于 0.25，以减少玻璃反光公害。近年来，台湾在绿色建筑基础上，又进一步推出"生态城市建设方案"。

二十年间，台湾绿色建筑工程发展虽有波折，但总体进展顺利。台湾的绿色建筑的设计理念，最初起源于地处寒带气候的欧美国家。这些寒带国家的绿色建筑技术以保温、蓄热为主，环境调节技术以全年空调为主，根本无法适用于以遮阳、通风、间歇空调为主的热湿气候地区。因此，台湾的绿色建筑政策在推行之初，成效并不显著，甚至还遭到了业界的强烈反对。通过台湾建筑业主管部门以及团体的努力，台湾逐步明确了适合自身的绿色建筑思维，形成了行之有效的绿色建筑政策体系和切合实际的绿色建筑评价标准，取得了较好的收益。据台湾建筑管理部门调查，目前，台湾近3000 栋绿色建筑每年共节电 9.2 亿度，节水 4.3 亿吨，回收二氧化碳 6.1 亿吨，节省经费近 30 亿元新台币。台北 101 大厦、台北图书馆、台湾成功大学绿色魔法学校、桃米社区"纸教堂"等绿色建筑通过充分利用太阳能、自然通风、循环水路，更成为国际绿色建筑的标杆，被公认为"钻石级"的绿色建筑。

（三）社区低碳更新实践

根据台湾 2013 年能源报告数据，与日常生活息息相关的城市交通运输、住宅建筑、商业活动等主要领域的 CO_2 排放量已达到台湾总体碳排放量的 39.9%。

台湾社区低碳更新实践是对台湾现有城乡发展与产业结构体系进行一系列精心的调整和不断实施建设的产物。2010 年，台湾正式启动"永续低碳示范社区"项目，成为台湾"社区低碳更新"建设实践的先行力量。该项目执行期5年，目的是以"低碳示范社区"体系建构为基础，结合民间资源及力量，逐步发展"低碳城市"及"低碳生活圈"，加速实现低碳家园和永续社会。台湾环境保护部门作为项目执行主体，一方面跨部门联合了交通部门、地震部门（具有规划和土地管理职能）、户政部门和县市地方政府，另一方面跨领域联合了台湾工业技术研究院和台湾建筑中心两个专业设计研究机构，共同来实施实践示范社区。示范社区覆盖了全台湾岛22个县市114个社区，平均每个县市至少有4个社区参与低碳社区项目。需要指出的是，该项目强调的是已经建成社区的低碳更新，而没有涉及需要新规划新建设的未建社区的低碳控制内容。

如表13-1所示，台湾的社区低碳更新项目实施程序覆盖了既有社区低碳更新发展的全过程周期，具体分为"诊断—规划—实施—评价"四个阶段，具有可循环再实施的特征。[①]

表13-1　台湾"永续低碳示范社区"实施体系构建

项目阶段	执行主体	实施主体	测评方法	主要内容
诊断	环境保护部门	专业设计研究机构	碳排放测算体系	社区发展现状分析 社区减碳面相分析 社区减碳潜力分析
规划	环境保护部门	专业设计研究机构	减碳效益模拟测算体系	编制社区低碳更新规划 低碳更新规划投资估算和效益分析

① 于洋、刘加平、李刚：《台湾社区低碳更新的最新实践与经验借鉴》，《西安建筑科技大学学报》（自然科学版）2016年第5期。

续表

项目阶段	执行主体	实施主体	测评方法	主要内容
实施	环境保护部门	环境保护部门	—	划拨经费 提供减碳措施的技术辅导支持
	环境保护部门	基层社区管理机构	—	主持使用划拨经费 按照社区低碳更新规划实施建设
	环境保护部门	其他基层部门	—	分享划拨经费 协助基层社区管理机构落实社区低碳更新规划
评价	—	行政管理部门	项目实施后评价体系	对已实施完成低碳更新的示范社区评分评等

　　台湾新北市顺德里社区在 2011 年 11 月开始实施低碳更新规划，2015 年 12 月，按照《2015 年度低碳永续家园认证平等推动计划书》执行，完成最新实施后评价。按照评价结果，顺德里社区已执行低碳更新项目 20 项，其中生态绿化项目 3 项、绿色节电项目 3 项、绿色运输项目 1 项、资源循环项目 5 项、低碳生活项目 7 项、永续经营项目 1 项。其评价等级为银级，获得后评价最高等级。

（四）农业低碳转型

　　"二战"以后，台湾农业的发展经历了传统农业建设、现代农业发展和现代农业转型三个阶段，尤其是 20 世纪 90 年代初以来，台湾通过"三生"（生产、生活、生态）农业建设，强调农业的安全和生态，实现了农业功能的升级和角色的转型。台湾多年来致力于发展以保障食物安全和生态安全为目标的农业策略，即低碳农业策略。近年来，台湾更是积极推动应对全球气候变迁的农业"节能减碳"策略。台湾低碳农业的发展策略与特征,可为厦门农业走低碳经济的道路提供有益的借鉴,同时也为两岸低碳农业的合作提供参考。

台湾农业领域应对气候变化的政策措施,由"农委会"负责制定和推动,主要政策依据是1998年以来的各次能源会议和2008年的"永续能源政策纲领"。近年来,台湾低碳农业发展的政策目标是永续农业经营、维护生态平衡。总体策略是:建置农业气候灾害发生潜势评估系统,推动农业温室气体排放减量;加强植林减碳;开展耐逆境作物品种和生物质能源作物选育与推广;发展安全农业、休闲农业等低碳型现代农业,保障民众食品安全,塑造乡村生态风情,促进农业永续发展。[①]

1. 农牧渔业"节能减碳"

在种植业方面,为减少农田的温室气体排放量,台湾农政部门先后推动"水旱田利用调整方案"和"水旱田利用调整后续计划",办理规划性休耕及稻田轮休;推动粗放果园废园造林或转作,蔬菜部分分期休耕、转作绿肥;近年来为提高粮食作物、有机作物、绿肥作物和能源作物生产,推动"活化休耕农田措施"。为培育土壤永续生产力,提高碳汇,台湾近年来积极推广土壤诊断技术和合理化施肥,奖励施用优质有机肥料,推广缓效性肥料、生物肥料;鼓励利用农畜废弃物制作堆肥,循环利用农业废弃物;控制土壤(水田及旱田)含水量,推广旱作节水灌溉;加强灌溉水质管理维护。在提高作物抗性方面,开展耐、抗旱品种和高氮素利用

---

① 翁志辉、林海清等:《台湾地区低碳农业发展策略与启示》,《福建农业学报》2009年第6期。

效率作物品种的选育。在农残治理方面，严格控制化学农药用量，推广生物农药和物理、生物防治；宣导严禁残留农作物焚烧，辅导正确残留农作物处理或加工利用技术。在生物质替代能源发展方面，推动"能源作物产销体系计划"，鼓励农民利用休耕农地种植能源作物，打造"绿色油田"。

在畜牧业方面，畜牧业是台湾农业的主要产业，畜牧业排放的温室气体主要是 CH_4。台湾畜牧业的减碳策略主要有四个方面。①推动畜牧场减废与资源再利用工作，办理畜牧场节能减碳示范推广计划，辅导农民团体或产销班设立农牧废弃物处理中心。②调整畜牧产业结构，以内销为主，兼顾环保及生产；鼓励饲养规模小、去污设施和管理落后的畜牧场离牧转业。③加强畜牧业污染防治和畜牧业有机废弃物再利用，完善畜牧场污染防治设施，执行污染减量并加强监测与核查；改进废水处理设施，推广畜牧场废水回收；辅导禽畜粪等固体废弃物回收利用制作堆肥，辅导业者调整饲料配方以降低碳、氮的排放；研发除臭技术及采用水帘式畜禽舍或设置抽风设施等方式。④鼓励在畜牧场内广植林木绿化带，落实环境绿化美化。

在渔业方面，渔业节能减碳的主要目标是保护海洋生态、提高渔船节能减排效率。台湾渔业部门的主要做法有以下几点。①设置养殖渔业生产区，辅导纯海水养殖发展，促进产业发展与水土环境之和谐；进行各类型循环水养殖设施研究和推广工作。②减少作业渔船数，奖励减船休渔。③辅导养殖渔业合理使用水土资源，降低淡水养殖渔业产量比例，减少抽用地下水。④推动渔船废气排放限量措施与加强渔船废气排放稽查管制。⑤建立责任渔业，调整沿近海渔业产业结构，让产业规模与渔捞能力相符；

建构渔业资源永续利用管理机制，兼顾产业经济效益与海洋生态保育。⑥办理渔村景观改善，辅导渔业经营向休闲、体验、教育、服务形态发展；推动海岸新生，活化渔港机能，促进渔港多元利用。

2. 林业增加碳汇

台湾森林资源面积占全岛面积的 58.53%，森林林木的碳贮存量约 1.507×10^9 吨，每年可吸收大气中的碳约 4.56×10^7 吨。为应对全球气候变化，2005 年，台湾农政部门在温室气体减量推动方案下，确立了"健全森林碳管理"的目标。

台湾还实施了绿色造林计划。1996 年，台湾当局推动"全民造林运动纲领暨实施计划"。2008 年，马英九着手推动"爱台十二建设"，其中第 10 项为绿色造林，即 8 年内平地造林 6 万公顷，推动绿色造林直接补贴，每公顷每年补助 12 万元，推动设置 3 个 1000 公顷的大型平地森林游乐区。改善城乡生态景观，建构绿色廊道，美化台湾海岸景观，建造海岸景观环境林，建构全台绿源资讯系统及绿化教育训练网路。"农委会" 2009 ~ 2012 年投入 178.050 亿元新台币，计划平地造林新植面积 2.05 万公顷，山坡地造林 3000 公顷，累计抚育造林面积 6.6 万公顷，培育优质苗木 5930 万株。

3. "节能减碳"科技研发

为落实"永续能源政策纲领——节能减碳行动方案"，"农委会"整合所属农、林、渔、牧各研究机关及行政单位，于 2008 年成立了涵盖各农业领域的"节能减碳"重点产业研究团队，提出 2009 ~ 2012 年 4 年具体行动计划，包括碳减量、碳吸存、碳保留、碳替代 4 个方向，开展相关项目研究，加速研究成果的技术套装整合，以期研发出在农业领域可以实际运用的节能减碳集成技术及措施，发展环境友好型农业。

4. 低碳型现代农业发展

农业是最重要的民生基础产业，也是因应全球气候变迁最关键的绿色产业。台湾农业已从过去供应粮食，变为兼顾食物安全、乡村发展、生态保育、节能减碳等多种功能，农业正朝着多元化方向发展。台湾农政部门基于"健康、效率、永续经营"的理念，于2009年5月提出了"推动精致农业方案"，其发展愿景是：以安全农业打造健康无毒岛，以休闲农业打造乐活休闲岛。

台湾稳步推进安全农业发展，推动的主要项目有：吉园圃安全蔬果、CAS优良农产品、产销履历和有机农业。至2008年，台湾有机农业、产销履历、吉园圃面积合计2.5万公顷，占当年耕地面积的3%。台湾安全农业最大的特色是致力于推动农产品产销安全履历制度，建置"农产品安全追溯资讯网"，消费者可通过网站查询产销履历农产品产前、产中、产后的具体信息。

休闲农业是台湾近年来发展起来的农业与服务业相结合的一种新型农业经营模式。休闲农业是利用田园景观、自然环境、生态资源，结合农林渔牧生产、农业经营活动、农村文化及农家生活，提供人们以观光休闲、增进对农村的体验为目的的农业经营活动，具有教育、经济、游憩、医疗、文化和环保功能。21世纪初期，台湾休闲农业已进入了全面发展期。2008年台湾休闲农业年产值达74亿元新台币，游客人数959万人次，森林生态旅游事业年产值33亿元新台币，游客人数480万人次，休闲渔业年参访220万人次以上。台湾2009~2012年休闲农林渔业吸引游客3000万人次以上，产值倍增至199亿元新台币。

（五）低碳治理政策

1. 温室气体减排法案

1989～2004 年，台湾地区影响碳排放的主要产业是高速公路、钢铁和石油化学工业。台湾的温室气体（GHG）减排法案规制的温室气体与《京都议定书》相同。但是，与能源相联系的气体占台湾 GHG 排放的 85%，该法案主要集中在 CO_2 排放减少上，它包括六章共 28 条，各章分别是总则、政府的责任、减排测量、教育与促进、惩罚等。台湾的温室气体减排法案刺激了各部门间实施减排努力的工具应用与机制实施，它作为台湾岛内一体化和决策机制，也是连接国际组织间活动的桥梁，减少了国际压力，从而减少了减排政策的相对不确定性，健全了岛内 GHG 的政策机制。

2. 永续能源政策

台湾自有能源匮乏，99.3% 依赖进口，且为独立能源供应体系，欠缺有效的后备系统，致使能源安全度颇为脆弱。台湾低碳经济以"一点多面"的模式操作运行，"一点"即"经济部能源局"（受"行政院"委托），负责总体规划统筹；"多面"包括台湾能源会议、经发会、经续会等体制外政策智囊机构。2008 年 6 月 5 日，台湾"经济部能源局"出台了"永续能源政策纲领"，从规划的层次确定了台湾以能源安全为主导的低碳经济模式的战略格调。台湾永续能源发展兼顾"能源安全"、"经济发展"与"环境保护"，以满足未来发展的需要。由于台湾自然资源不足，环境承载有限，永续能源政策将有限资源做有"效率"的使用，开发对环境友善的洁净能源，确保持续稳定的能源供应，以创造能源、环保与经济三赢的愿景。根据这一思想，台湾"永续能源政策纲领"

制定的目标主要如下。①提高能源效率：未来 8 年每年提高能源效率 2% 以上，使能源密集度于 2015 年较 2005 年下降 20% 以上，并借由技术突破及配套措施于 2025 年下降 50% 以上。②发展洁净能源：二氧化碳排放减量，2016～2020 年回到 2008 年的水平，于 2025 年回到 2000 年的水平。发电系统中低碳能源占比由 40% 增加至 2025 年的 55% 以上。③确保能源供应稳定：建立满足未来 4 年经济增长 6% 及 2015 年每人年均 3 万美元经济发展目标的能源安全供应系统。"永续能源政策纲领"提案从更广泛的角度诠释了台湾以能源安全为第一考量，同时兼顾全社会需求的低碳经济模式。

2016 年 12 月，台中市政府通过《台中市温室气体排放源自主管理办法》，要求温室气体排放量超过 500 万吨以上的场所，包括台电、中龙及台中港务分公司，彻底执行排放量管理。这项自主管理办法通过后，将可有效列管辖内温室气体排放源，掌握及管制工业部门的温室气体排放量；市政府也将每年检讨成效，企业若未能达成自主管理计划的减量目标，则须提出改善方案，降低温室气体排放量。

四　对厦门市低碳发展的启示与借鉴意义

(一) 对厦门低碳发展的借鉴意义

1. 地理位置与历史渊源

厦门与台湾隔海相望，其地理位置优越且有良好的深水港湾，自古有"扼台湾之要，为东南门户"之称。自宋代以来，厦门与台湾同属一个行政单位，大陆移民始从厦门移往台湾。台湾人民 70% 的祖籍地源于闽南地区，两地人民情同手足。这种特定的地理与历史渊源关系使厦门成为与台湾各项交流交往的中转站和交通要道，更是经贸交往的集中地。因此，厦门应发挥对台区位优势，加强两岸低碳技术、项目等交流与合作，构建两岸低碳产业合作基地，深化厦台低碳产业对接，在产业布局协调、产业链衔接、能源产业等方面加强合作，推进两岸低碳合作体制机制创新。

2. 人口密度和能源禀赋

台湾与厦门一样能源短缺，岛小而人口密集，厦门面积远小于台湾且人口密度比台湾高，台湾岛人口密度为 653 人/平方公里，厦门岛内人口密度比台湾高（2014 年厦门人口密度为 2422 人/平方公里，其中岛内面积占全市面积的 9%，而人口占到全市人口的 52.2%，岛内人口密度达到 14097 人/平方公里），已经超过了以人口密集著称的香港和新加坡。台湾的经济实力、管理体系和社会价值观念等共同促进其在生态、环境和低碳城市建设方面长期具有一定的实践优势，对厦门城市的低碳发展具有很大的启示和借鉴意义。

3. 经济发展阶段

从经济发展的阶段性水平来看，2005 年不动产业、金融保险业、商务服务业、电子制造业、电气机械业、能源供应业等推动台湾人均 GDP 成功"破万"（美元），并实现了长期高速的增长，2011 年人均 GDP 突破 2 万（美元），并且在 2011~2015 年保持在 2 万美元以上，2015 年台湾人均 GDP 约 22294 美元。"十二五"期间，厦门全市地区生产总值由 2010 年的 2060.07 亿元增长到 2015 年的 3400.41 亿元，年人均地区生产总值达到 1.4 万美元，居东部地区先进城市前列。厦门与台湾经济文化交流密切，台湾的历史同期发展经验，值得厦门在下一步发展中选择性借鉴。

从低碳发展的进程来看，台湾地区比大陆早发展 20 年，也比大陆早经历环境问题，但始终无法有效解决环境问题，环保产业无法有效规模化是主要原因之一。包括厦门在内的大陆地区在节能减碳的未来规划主要集中在工业部门、交通运输部门、建筑部门。台湾这些部门的技术及发展，对大陆减少碳排放将有很大帮助。两岸在经济发展过程中都遭遇到环境污染问题，大陆近几年下定决心，有些地区确实做出了成绩，但对空气污染及雾霾一直无法取得有效突破。眼前环境议题与经贸问题是绑在一起的，碳排放不能有效解决势必会影响台湾未来出口，而出口又攸关台湾未来经济增长，因此两岸应在减碳议题上好好合作，共同发展减碳关键技术，并将节能减碳工作产业化，变成未来新兴产业，共同应对气候变化，使两岸同胞有宜居的生活环境，并避免气候变化所引发的诸多灾害。基于此，厦门作为与台湾各项交流交往的中转站和交通要道，更应发挥其既有优势，加强与台湾的低碳政策、产业和技术等的合作，推进两地低碳城市的协同发展。

（二）对厦门低碳发展的启示

1. 低碳产业

厦门市产业结构和能源结构优化潜力有限。厦门市受区域环境、自然资源要素影响，不具备大力发展水电、核电等清洁能源的条件，通过进一步调整优化能源结构降低碳排放的难度加大。要确保 2021 年达峰，必须有序安排好重大产业项目布局。台湾的服务业与高新技术产业占比过半，先进的技术和经验非常值得厦门学习和借鉴。鉴于此，厦门可深化与台湾的低碳产业深度对接，在产业布局、产业协调、产业链衔接、能源产业等方面加强合作，因地制宜发展能源节约产业、可再生能源产业以及能源新利用产业。

在低碳农业发展方面，台湾地区休闲农业开发比较早，现已形成比较成熟的模式，技术、资金、经营都比较到位，已成为台湾农业经济转型的重要领域，但资源有限，市场狭小。大陆休闲农业起步较晚，水平较低，人才、设施、经营理念和管理水平都有待提升，但具有农业资源丰富、农耕文化深厚、市场需求旺盛、政府积极扶持的优势，两岸休闲农业具有很强的互补性。厦门休闲农业发展可吸取台湾地区的成功经验和理念，加强双方的交流与合作，在发展过程中尤其要加强农业自然生态环境的保护，严守生态红线，稳步推进低碳型的现代休闲农业发展。其中，在林业增加碳汇方面，台湾森林资源面积占全岛面积的 58.53%，而厦门全市森林覆盖率达 42.8%，被评为"国家森林城市"，台湾的森林碳管理和全民参与造林运动对厦门有很大的借鉴意义。此外，要加强厦门与台湾的低碳农业政策、经济和技术的交流与合作，推进两岸低碳农业协同发展。由于厦门与台湾处于经济发展的不同阶段，农业经济结构和功能在长期的发展中形成了各自的特征，在低碳农业领域也各有其优势和不足，所以有着许多相互借鉴、协同发展的空间。因此，当前非常有必要加强两地低碳农业的交流与合作。一是与台湾建立农业低碳政策、经济、技术的交流平台，加强双方低碳农业领域研究人员的往来和学术交流；二是加强与台湾低碳农业研究与推广项目的合作；三是以项目带动为支撑，共同推进两地低碳农业的科技研发，成果共享；四是鼓励台商投资厦门低碳农业项目，台湾方面具有资金和技术的优势，厦门可制定相应的激励政策，鼓励台商投资低碳农业园区，达到互利互惠、合作双赢的目的。

2. 绿色建筑

《厦门市"十三五"节能目标责任及行动方案》中明确提出，厦门市要在"十三五"期间完成新建绿色建筑 800 万平方米，到 2020 年实现约 30 万吨 CO_2e 的减排量，其中居住建筑减排 11 万吨，商业及公共建筑减排 16 万吨，建筑业减排 3 万吨。厦门要实现如此积极的减排目标，打造持续、稳定、低碳、健康、和谐的建筑，台湾绿色建筑的探索与实践经验为其统筹推进城市化与生态文明建设提供了有益的借鉴。

一是加强绿色建筑领域科技研发推广工作。台湾绿色建筑由全新的理念变为成功的实践，建筑科技的发展功不可没。比如说，台湾成功大学绿色魔法学校就采用了多达数百种的环保材料，其中主建材是由台湾中钢生产的一种高炉水泥，其用量比一般水泥减少三成，强度却可以增加四成，同时还具有消音、吸臭、抑菌等效果。再比如，为准确评价建筑绿色等级，台湾根据欧美建筑研究组织环境评价法等设计了绿色建筑评价标准体系。福建省的《绿色建筑行动方案》和厦门市的《厦门市低碳城市总体规划纲要》《厦门市绿色建筑实施方案》明确了建筑节能范围和目标，但是新型建筑材料研发推广、节能建筑的标准制定还处于起步阶段，许多绿色建筑的发展目标难以实现。建议借鉴台湾的做法，成立由政府部门牵头、各方面专家组成的绿色建筑审核专家委员会，制定权威规范的认证办法和认证标准，加强新型绿色建材的研发和推广应用。

二是加快推进既有建筑节能改造工程。可以考虑效仿台湾成功大学绿色魔法学校建设校内公益林实现二氧化碳产排平衡的做法，推广立体绿化，提高城市"三维绿量"，大力营造城市的生态绿肺、生态脉络、生态走廊和生态保护圈；推进绿化树种向彩化、香化、美化、净化升级，逐步形成"春有花、夏有荫、秋有果、冬有景"的特色风光带；提升城市森林建设品位，建设森林中的城市和城市里的森林。

三是加大新建建筑的绿色监管力度。建议全面落实国家《建筑节能与绿色建筑发展"十三五"规划》，确保政府投资的国家机关、学校、医院、保障性住房、机场等大型公共建筑全面执行绿色建筑标准。从目前厦门的实际情况来分析，公共建筑单位耗能水平远高于居住建筑，节能潜力巨大，同时也是政策比较容易影响和形成实效的部门。厦门市政府应该负责对城市政府办公建筑和大型公共建筑节能的监督管理工作，在整个大型公共建筑的节能监管中起到保障作用。对达不到节能设计标准的建筑，厦门市有关主管部门应该按照管理权限，暂停批准或者核准新建项目。综合采取减免税收、费用以及发放贴息贷款、财政补贴等多种鼓励手段，增加开发商投资绿色节能建筑的积极性，冲抵绿色建筑前期建设增量成本，提高绿色建筑特别是绿色住宅的市场竞争力。但从世界各国和国内的经验看，建筑节能的社会公益性较强，仅仅依靠市场机制不能完全实现减排目标，因此要完善和实施对于政府办公建筑和大型公共建筑的节能监管体系必须以市场为基础，同时要充分发挥政府行政管理职能。

3. 低碳社区建设

台湾社会经济发展对建筑总量的需求规模已经长期处于基本稳

定状态，局部的、小型的、匀速的、低碳化的更新改造，以及继续提升环境生活品质是台湾规划和建筑领域当前的主要任务。台湾"永续低碳示范社区"项目的实施探索正是为回应这个社会需求而创设的社区低碳更新的台湾模式。在考虑对此模式进行借鉴之前，需先明确此模式得以形成有三个重要支撑条件。

第一，特有的数据获取基础条件。台湾有良好的社区建设基础，形成了"村里"行政机制，台湾社区低碳更新实施以台湾最低行政单元"村里"作为社区单元，每个村里有明确的行政界限、行政机构、行政管理机制等，尤其重要的是，村里的人口、土地使用、用水量、用电量、废弃物产生量等都可以从相应的官方网站上获取，数据每月进行更新。相较于中国大陆，社区建设的实时管理水平较为滞后。因此，厦门可借鉴台湾经验，充分研究实施社区低碳更新改造的基础条件，并在此基础上进行管理和基础条件的建设。

第二，台湾社区低碳更新模式的架构体系比较全面，其技术体系、指标体系和管理体系都呈现相当程度的普适性。台湾模式中虽然各类城市和乡村的社区在土地规模、人口规模、类型特征等方面差异很大，但是这些社区都采用同样的实施程序和碳排放测评体系。

第三，台湾社区低碳更新模式的形成有其相对完整的碳排放测评体系技术条件。低碳社区项目统筹考虑了经济上合理、法律上允许、政策上有为、技术上可能、操作上可执行、进度上可实现等多方面因素，这是厦门借鉴台湾经验的重点。

第四篇
推进厦门市低碳城市创新发展的建议与对策

第十四章　厦门市低碳创新发展
方向和路径

厦门创建低碳创新城市，是一个综合、集成、创新的全新课题，需要从生态、科技、社会等领域全方位、多角度地进行整体考虑与谋划。基于生态学的角度，低碳城市是一个有机的整体，内部由多个不同等级、不同层次的低碳细胞组成，需要重点开展城市低碳细胞工程，确保城市有机体的生态功能与低碳效率；基于科学技术的角度，各个低碳细胞之间需要有敏捷有效的物流、人流与信息流的交流与反馈机制，需要我们对城市低碳神经网络进行重点建设，以保障城市的低碳运行效率；基于社会发展的角度，需要我们明确低碳城市的创新重点与发展战略，保障低碳城市创新发展能够着力准确，集中优势资源解决关键问题。

因此，厦门市低碳创新发展尤其要注重以"低碳＋"为主的低碳创新发展战略、以低碳社区建设为主的低碳细胞工程建设、以构建智能化低碳城市为主的低碳神经网络建设以及明确下一步低碳建设的重点。

一 实施"低碳+"战略，助力厦门市低碳创新发展

"低碳+"战略是在借鉴"互联网+"概念的基础上，通过促进多产业升级、促进多政策协同和形成多角度渗透，为低碳创新发展挖掘新内涵、扩展新内容、注入新活力。从"低碳"到"低碳+"的跨越，把低碳发展理念与重点行业、重点领域和创新要素结合，有助于创新低碳发展模式，推动厦门市由低碳发展向低碳创新发展转型。

（一）"低碳+"的战略意义

我国经济已进入新常态，经济增速放缓，而资源环境问题严峻，因此低碳工作的强度不能削减。"低碳+"战略以发展方式向低碳化转变为核心内容，强调以低碳理念为指导，优化资源配置、调整产业结构和能源结构，这一理念正是供给侧结构性改革的应有之义，既为传统产业升级指明了方向，又为经济转型找到了切实路径。"低碳+"战略的实施，对厦门市实现低碳创新发展、推进供给侧结构性改革、实现多目标协同和促进全面改革具有重要意义。

（1）"低碳+"战略为供给侧结构性改革指明了方向。"低碳+"战略促进产业结构、能源结构向低碳化转型，"低碳+产业"，表现为逐步淘汰高碳产业，依靠清洁节能技术促进新兴产业发展，最终建立起循环利用、生产高效、产品附加值高的低碳产业链；"低碳+能源"，则是将化石能源的高效利用与清洁能源开发作为主要内容，加快太阳能、风能和地热能等新能源的开发利用，实现

能源消费结构的升级。

（2）"低碳＋"战略有助于实现政策多目标协同。"低碳＋"战略涉及产业、消费、交通、建筑、能源等领域的改革，与当前经济新常态下稳增长、调结构、保民生、防风险等政策有着共通性。为此，"低碳＋"战略应与新型城镇化、新能源城市建设等政策协同推进，力争融合各项政策、各种计划，形成最大公约数。

（3）"低碳＋"战略有助于从多角度渗透促进全面改革。"低碳＋"战略主张把低碳的"作用力"从经济扩大到社会、文化、政治等领域。"低碳＋经济"是低碳发展的核心领域，"低碳＋社会"是低碳发展的社会基础，"低碳＋文化"是低碳发展的内生动力，"低碳＋政治"是低碳发展的制度保障。"低碳＋"战略从多角度渗透，将掀起一场生产方式、生活方式、思想文化和政治制度的革命，一手打造低碳经济硬实力，一手培育低碳文化、低碳社会软实力。

（4）"低碳＋"战略为创新发展提供了现实路径。创新是供给侧结构性改革的驱动力，"低碳＋创新"就是打破高碳锁定效应，使低碳成为促进生产、生活、生态发展的动力源泉。推动"低碳＋创新"，目的是为低碳发展模式的建立开发新技术、利用新能源、培育新业态、培养新人才。在创新主体上，构建以政府为主导、企业为主体、研发机构为源泉的低碳创新体系；在创新技术上，加强低碳、循环、绿色技术创新，打造横向纵向交叉延伸的低碳产业链；在创新环境上，建立低碳科技服务平台，为创新创业提供资金、咨询、监测等一体化服务。

（二）以"低碳＋"战略推进低碳创新

在低碳城市创新发展中，"低碳＋"既体现为一种发展的特征，消除高碳理念的根植性，升级城市的生产方式和生活方式，营造宜居宜业的城市环境，又体现为一种发展路径，打破高碳路径的依赖性，将"低碳+"基因嵌入低碳城市发展的重点领域，激活低碳城市创新发展的内生动力。

一是强化低碳产业支撑，形成"低碳+生产方式"。加快低碳技术对传统行业的改造提升，大力发展服务业和新兴节能环保产业，创造新的经济增长点，带动新的就业机会；同时加快开发清洁能源，推动分布式能源发电，尽早实现城市经济增长与能耗的脱钩。

二是促进低碳理念渗透，培养"低碳+生活方式"。树立低碳消费观，培养节约环保意识，发挥公民在旧物改造、循环利用方面的创造力；打造以公共交通为主体的城市交通体系，采用新能源交通工具，倡导低碳出行；推广低碳建筑，加快旧建筑改造，应用环保材料，提高节能标准，逐步从公民个人日常起居中形成低碳生活态度。

三是坚持低碳规划引领，打造"低碳+空间布局"。低碳规划是指导城市发展的蓝图，在规划设计之初就应合理优化农业、工业、居住和生态保护等方面的土地利用结构，注重建筑和交通体系的紧凑式布局，通过高密度住宅格局和以公共交通工具为主的通勤方式，最大限度地实现节能节地；同时，建设绿色廊道，提升城市的连通性，形成城市绿色空间网络。

四是推动试点城市先行，探索"低碳+治理体系"。发挥试点示范区在创新发展模式、建立长效机制上先行先试的作用，贯彻绿色、集约、循环、低碳、智慧的发展理念，集合政府、企业、社会团体和公民等利益相关者的力量，形成多元主体参与的低碳城市治理体系，充分调动各方积极性，全面落实低碳政策，形成先进模式向全国推广，不断提高低碳城市的治理能力。

二 转变思维，开展低碳细胞工程

（一）低碳细胞的组织构架

低碳城市创新发展，其目的是要促进低碳社会的形成。低碳社会的基础是城市内一个个低碳"细胞"，包括低碳社区、低碳企业、低碳乡村、低碳家庭等。如果每个"细胞"都能达到低碳水平，就会带来社会治理、公民素质、人们生活方式和思想观念的深刻变革，对低碳城市创新发展有积极的意义。

借鉴这一思想，将低碳城市划分为若干个功能集中的细胞聚合体；各细胞聚合体内部由若干相互联系的细胞综合体构成，对于一些大型的公共设施分散布置，则形成相对独立的低碳细胞综合体；学校、医院、车站等相对独立的建筑群则是最为基本的低碳细胞单元。这样一来，整个低碳城市空间结构呈现的是一种具有低碳细胞层级特征的全新形式。

根据城市的空间形态以及低碳城市的细胞组织架构，城市低碳细胞聚合体可以分为生活型、生产型、科教型和公共型（金融、旅游等）低碳细胞聚合体；城市低碳细胞综合体可以划分为社区、新农村、CBD商区、大歌剧院、图书馆、文化中心、港口或码头、机场等大型公共设施；城市低碳细胞单元可以分为学校、医院、政府大楼、车站等。

（1）低碳城市层面：低碳城市由若干个存在有机联系的低碳

细胞聚合体构成（功能区），各个细胞聚合体可以划分为生活型、生产型、科教型和公共型（金融、旅游等）细胞聚合体。

（2）细胞聚合体层面：细胞聚合体由若干存在有机联系的低碳细胞综合体、细胞单元构成，如生活型的细胞聚合体主要由社区、学校、医院、商场等低碳细胞综合体或低碳细胞单元构成；生产型的细胞聚合体主要由工厂、港口、码头、超市等低碳细胞综合体或低碳细胞单元构成；旅游型的细胞聚合体主要由景区、码头、绿色建筑群、超市等低碳细胞综合体或低碳细胞单元构成。

（3）低碳细胞单元层面：低碳细胞单元是构成低碳城市最为基本的单元，其主要是由各类能源使用较为独立的建筑物构成，如学校、医院等。

（二）城市低碳细胞的运行机理

厦门要实现低碳创新发展，需要依托各低碳细胞的高效运转，通过低碳细胞建设工程，使各个低碳细胞实现减碳、低碳、近零碳乃至于负碳的效果。城市低碳细胞的高效运转离不开各低碳细胞之间物流、人流与信息流的交流与反馈，主要包括了低碳细胞之间的物理联系与信息联系。

在城市低碳细胞的物理联系方面，通过配套完善的公共设施，以步行交通作为日常活动的主要交通出行方式，各低碳细胞之间通过快速道路进行连接，同时在低碳单元之间形成城市的生态廊道，与城市的自然环境相融合，构建完善的自然生态系统，以此来达到减少城市交通出行，增加森林"碳汇"的目的，实现低碳理念。

在城市低碳细胞的信息联系方面，通过建设高效、敏捷的信息交流与反馈机制，完善信息基础设施，进一步加强 3G/4G/WLAN

网络覆盖能力，完善低碳城市公共信息平台，完善城市传感基础设施，实现低碳城市从管理到服务、从治理到运营、从零碎分割到协同一体的革命性转变，全面促进城市的生产低碳化、生活低碳化、能源清洁化融合同步发展，提升城市的低碳创新力、竞争力及可持续发展能力。

（三）开展低碳细胞工程

1. 低碳细胞规划的低碳化

低碳细胞规划设计要将低碳城市作为一个生态系统，通过优化设计，使低碳细胞内外空间中的多种物态因素在城市生态系统内有序循环转换，并与自然生态系统相平衡，获得一种高能效、低物耗、零排放、无污染的宜居环境，从源头上减少碳排放。因此，一是按照绿色交通的原则，科学布局非机动交通（含步行、自行车等）和公共交通，发展以人为本的交通体系和道路系统；二是按照环境美化的要求，节约用地，优先发展可高效吸收二氧化碳的景观绿化体系，充分发挥绿化系统的"碳中和"功能；三是按照因地制宜的原则，合理布置建筑平面和立体结构，既优化自然通风，减少空调能耗，又充分利用天然采光，减少人工照明能耗；四是按照经济环保的要求，配置绿色建筑材料和设备设施，改善建筑围护结构的热工性能，降低建筑空调采暖负荷；五是按照清洁能源优先发展的原则，充分、高效利用各种可再生能源（如太阳能、风能、地热能、废热资源等），合理选择建筑中各设备系统的能源供应方案，优化各设备系统的设计和运行，减少空调、采暖、生活热水、炊事、照明等常规能源的消耗，降低对环境的影响；六是按照循环经济的原则，优化社区给排水系统、污水处理系统、中水利用系统、雨水收集系统、垃圾资源化处理系统。

2. 低碳细胞建筑的低碳化

建筑耗能所产生的碳排放一直是城市碳排放的重要来源之一，建设城市低碳细胞需要重视绿色建筑的发展。一是完善政策和标准体系，加快绿色建筑发展。由于各界对厦门市绿色建筑发展认识还不够深入，目前还没有形成政府层面制定的具有厦门特色的宏观绿色建筑发展战略，缺乏有效的激励政策对绿色建筑发展进行扶持和激励，因此还需进一步完善绿色建筑发展政策和标准体系，尽快出台厦门市绿色建筑管理办法，促进绿色建筑的项目化发展，明确绿色建筑项目化发展的实施原则、推进政策、监督管理和法律责任等，同时出台相关配套标准等文件。尤其要大力发展并完善厦门地方绿色建筑标准体系，要依据厦门市情和资源禀赋，建立包括建筑用太阳能、风能、无害自然资源、水资源等能源资源使用标准、绿色建筑材料标准、室内外环境标准、建筑温室气体排放标准、建筑绿色改造标准、绿色建筑评价标准、绿色建筑能耗分级标准等系列标准体系，并依据绿色技术和能效技术的发展适时更新。二是强化绿色建筑发展的市场激励机制，完善绿色金融制度。绿色建筑中使用的节能环保技术往往对建筑材料、设备选型、建筑物设计方案等方面提出了更高要求，一般情况下绿色建筑的修建成本远高于普通建筑，因此高售价或高租金往往成为绿色建筑市场需求降低的主要原因，进而降低了开发商修建绿色建筑的积极性。应借鉴国外相关经验，建立多样化的市场激励机制。以国家绿色建筑财政激励政策为契机，制定绿色建筑财政激励政策，针对绿色建筑标识项目研究制定切实有效的激励措施，采用经济补贴、低息贷款、税收减免等经济激励政策来直接推动绿色建筑市场，调动各方主体推动绿色建筑项目化发展的积极性。制定《厦门市绿色建筑奖励实施细则》，对能耗、排放等方面符合规定的建筑给予政策优惠，并采取资质认证、政府宣传等措施来优化绿色建筑的市场价值，引导消费者购买。设立绿色建筑发展专项基金，对符合检测标准的建筑企业颁发绿色资质认证证书，给予专项资金奖励。进一步完善建筑节能监管体系，强化以建筑节能强制性标准贯彻执行为主要内容的工程全周期监管，特别要加强对大型公共建筑的节能监管，将建筑成本的部分外部成本转化为内部成本，使有效资源向绿色建筑领域合理流动。三是加强绿色意识宣传和教育，提高公民绿色生产和消费参与度。现代意义上的绿色节能建筑进入国内时间尚短，公民对其了解还较少，市场认可度低，目前建筑物使用资源、能源价格偏低，建筑资源能源消耗存在平均主义，导致绿色建筑节约资源和能源的优势体现不明显，建筑物运行过程中所产生的污染物收费较低，在建筑物运行中对环境造成的生态影响和破坏还没有开征环境税或生态税，使绿色建筑的环保生态效益发挥不充分；同时由于缺乏宣传教育和激励机制引导，消费者的绿色消费理念还比较薄弱，房地产开发商的虚假宣传和过度宣传，也导致消费者对绿色建筑持怀疑态度。因此需要政府和相关社会机构尽快开发系列绿色建筑教育读本，通过宣传和教育进一步提升公民在绿色建筑发展中的参与度。

3. 低碳细胞环境的低碳化

温室气体减排主要有两条途径，一是"碳减法"，又称工业减排，指通过工程技术措施减少温室气体的绝对排放量，达到"治标"和"节流"的功效。二是"碳中和法"，又称生物减排，即通过建设以森林为主体的生态系统，发挥森林生态系统的固碳功能，增加森林碳汇，中和温室气体排放，达到治本的目的。森林是二氧化碳的吸收器、贮存库和缓冲器。研究表明，10平方米森林绿地可以满足一个成年人每天的氧需要。每公顷阔叶林每天可吸收1吨二氧化碳、释放0.735吨氧气，满足975人的呼吸需要。因此，低碳细胞建设应该将绿化系统建设放在同等重要的战略地位，工程措施与生物措施并重，"碳减法"与"碳中和法"并举，实行标本兼治，相得益彰，实现生态与环境的良性循环。

4. 低碳细胞能源系统的低碳化

节能就是减碳，能源问题是低碳细胞建设最关键的问题。低碳细胞能源系统低碳化主要有两条路径，即节能化与清洁化。

在能源清洁化方面，加快优化能源结构，减少碳基能源开发使用，大力开发清洁能源，提高新能源和再生能源在总能耗中的比重。低碳细胞能源系统的清洁化可以从开发新技术、推广新方法入手，如扩大太阳能光电光热技术的应用，实施"阳光屋顶工程"，将屋顶打造成"太阳能电池板 + 太阳能热水器"的组合，使屋顶在阳光下不仅能发电，而且还能产生热水；采用天然导光技术，开发"光调系统"，将室外自然光通过专用导光部件引入地下车库或无窗建筑，通过与人工照明的有机结合，不仅可以大大节省用电，降低运营费用，还可以提高地下空间的光环境质量；地球上可利用的风能资源约为水能的20倍，风力发电、风力提水、风力致热、城市通风、建筑通风等，都是风能的有效利用途径。开发可再生清洁能源，可使能源供应更多地脱离传统碳基能源，达到碳减排的目的。在节能化发展方面，节约能源，大力提高能源效率，降低能源消耗，如使用节能电梯、节能冰箱、节能空调、节能灯等节能型电器；采用节能设计、节能建筑材料、节能施工、节能管理、资源循环利用等节能措施。

5. 低碳细胞资源利用的低碳化

低碳细胞资源利用要以资源的高效利用和循环利用为目标，以"减量化、再利用、资源化"为原则，以物质闭路循环和能量梯次使用为特征，按照自然生态系统物质循环和能量流动方式运行，实现污染的低排放甚至零排放，保护环境，实现社会、经济与环境的可持续发展。如低碳细胞内部生活垃圾减量化、分类化、袋装化、资源化，既可减排，又可变废为宝；建立低碳细胞中水处理系统，将部分生活污水处理后循环再利用，用于洗车、喷洒绿地、冲洗厕所等，既充分利用了水资源，减少污水直接排放对环境造成的污染，又可降低水费支出；建设低碳细胞雨水收集利用工程，把雨水留住或回渗地下，既增加了水资源，节约了自来水消耗，又减少了排水量，减轻了城市洪水灾害威胁，水环境得以改善。

6. 低碳细胞生活方式的低碳化

温室气体排放主要来源于两大类，一是生产性碳排放，也称直接碳排放，如工业碳排放、农业碳排放；二是消费性碳排放，也称间接碳排放，如经营服务业中的碳排放、生活碳排放等。倡导低碳生活方式是减少间接碳排放的重要途径。低碳生活是指减少生活能耗，降低消费性碳排放的一种生活方式。低碳生活需要从生活中的细节开始，从生活中的点滴做起，从每个人身边的小事做起。如戒除以高能耗为代价的"便利消费"嗜好，倡导环保消费文化，激励公众自觉参与"限塑"行动，自觉戒除"一次性"消费嗜好；戒除以大量排放温室气体为代价的"面子消费"和"奢侈消费"嗜好，倡导简约消费文化，激励公众以步代车、少用电梯多走楼梯、多开窗通气少开空调、少看电视少上网、多陪亲友多散步等。

三 科学规划，构建低碳神经网络系统

神经网络作为一门新兴的信息处理科学，是对人脑若干基本特性的抽象和模拟。它是以人的大脑工作模式为基础，研究自适应及非程序的信息处理方法。这种工作机制的特点表现为通过网络中大量神经元的作用来体现它自身的处理功能，从模拟人脑的结构和单个神经元功能出发，达到模拟人脑处理信息的目的。目前，在国民经济和国防科技现代化建设中神经网络具有广阔的应用领域和发展前景，其应用领域主要表现在信息领域、自动化领域、工程领域和经济领域等。

低碳神经网络系统建设是实现城市低碳创新发展重要且关键的环节，决定着低碳城市运行效率的智能化与低碳化。借鉴神经网络，从低碳城市创新发展的角度来考虑，低碳神经网络主要由三个关键部分构成，分别是各类低碳细胞单元、低碳诊断—反馈系统、低碳管理中枢，三者共同构建成一个全方位、多层面、高效的城市低碳神经网络系统。

（一）细胞单元建设

1. 加强网络信息基础设施

加大网络信息基础设施投入，加快城域高速网络、高速移动宽带网等基础设施建设，努力将厦门建设成为高速宽带互联的一流现代化光网城市、高速无线城市及先进的国内通信枢纽。一是建设一流城市光网。加速推进光纤到户、光纤到桌面，加快现有互联网的升级改造，加快有线电视网的数字化和双向改造，推进"三网融合"，打造下一代网络发展城市光网体系。二是创建高速无线城市。建设高速移动无线宽带网，扩大 4G 移动网络覆盖范围。以WLAN 作为热点区域高速接入的补充技术，提高接入带宽，不断提升用户体验度。三是构建国内通信枢纽。依托国际海底光缆、陆缆及卫星资源，将厦门建设成为"海、陆、空"多方向、多途径的国内通信枢纽。实施"宽带中国"战略，争取"宽带乡村"等重大示范试点，充分利用国内电信运营商通信网络资源，将厦门打造成为国内通信枢纽。

2. 加强信息共享基础设施

建成自然人、法人、地理空间三大数据库，搭建智慧城市公共信息平台，全面推动城市感知设施的升级改造，有效促进全市信息资源优化配置，提升信息资源共享服务能力及城市集约化建设水平，打造具有国际影响力的大数据枢纽。一是建成三大基础数据库。全面建成权威性高、开放性好的自然人、法人、地理空间三大基础数据库。建立跨部门协调机制，完善数据更新机制，不断丰富基础数据资源，保证三大基础数据库信息的准确完整和及时更新。二是搭建智慧城市公共信息平台。智慧城市公共信息平台是智慧厦门建设的核心基础平台，是以地理空间位置为基础，通过集约化采集、网络化汇聚及统一化管理，整合全市基础时空信息资源和行业时空信息资源，构建全面、海量的智慧厦门公共信息时空大数据体系，建成面向全市产业发展、政务管理、公共服务等的公共信息平台，实现跨部门的信息共享与协同。三是建设厦门碳排放云计算中心。建设碳排放管理数据中心，推动传统信息基础设施向云计算模式转型，打造高性能数据中心环境，建成覆盖数据存储、处理、分析、管理、发布等全流程的基础设施支撑条件，为低碳厦门建设提供基础设施服务。

3. 促进物联网产业发展

加强传感核心技术攻关和应用，以国家新型工业化电子信息（物联网）产业示范基地等重大项目为牵引，大力发展传感器、敏感材料、物联网芯片、射频识别设备、模组、智能仪器仪表、智能终端设备、通信传输设备制造。大力开展物联网系统集成、产品集成、应用集成等应用示范，促进产业集聚发展。

（二）低碳诊断系统建设

一是推行政务共享服务。以全市电子政务外网为依托，以政务信息系统互联互通、资源整合共享和业务协同为目标，集成市政府信息公开、跨部门通用办公、全市网上行政审批、辅助决策服务、行政效能监察等应用体系，建设形成规范统一、数据共享、业务协同、安全可靠的全市电子政务体系和政务共享应用平台，提升政府科学决策水平、社会治理能力和公共服务效能。

二是促进政府决策支持。依托全市电子政务外网等政务公用网络，以全市公共信息数据为基础，整合全市经济运行、社会管理、自然资源等各行业部门业务动态信息，构建跨部门的信息共享、交换和动态更新机制，面向政府管理决策需求建立决策支持服务系统，随时、随地、按需提供便捷的信息查询服务、智能分析及其他决策支持信息服务，及时、准确地为政府决策指挥提供综合信息服务。

三是加快低碳数据开放。借鉴国内外城市开放低碳数据的先进经验，以全市公共信息数据为基础，整合厦门市低碳城市时空云平台，建设厦门市综合碳排放市情系统，健全数据动态更新机制及共享交换机制，形成统一的数据开放平台，推动政府部门开放有价值的碳排放数据，鼓励社会力量挖掘数据价值，支持大众创业、万众创新。构建数据生态，提升社会公共服务水平，促进经济发展方式转变。

四是加强低碳信用体系建设。加快整合政务公共信用信息资源，逐步建成与法人库和自然人库相互关联、内容完整的厦门市低碳信用信息大数据。构建"低碳厦门"门户网站，开发面向信用主体、政府部门和信用服务机构的低碳信用信息查询系统，建成全市统一的低碳信息共享应用平台，为加快厦门市低碳信用体系建设奠定坚实基础。

（三）智能管理系统建设

一是推进政务共享服务、政府决策支持、政府数据开放、信用体系建设、社会综合治理、生产安全监管、生态环境监控、城乡规划管理、城乡建设管理、税务管理、市政管理、国土管理、水资源管理等系统建设，推动政府职能转变，创新政务服务和社会管理，提高透明度及业务办理效率，实现服务手段智慧化、管理过程精细化、管理方式多样化，确保城市低碳创新发展。

二是推进交通出行服务。加快构建集智能交通控制、智慧调度、预测诱导于一体的智能交通管理系统，建立基于多源实时交通信息，进行车流统计分析与预测，采用自适应人机交互技术的智能公众出行服务系统，以网站、热线、手机、车载导航等多种形式为载体向市民提供公共交通出行信息服务、慢行交通出行信息服务、智能停车信息服务、实时路况服务等全时空实时交通信息服务。

三是推进医疗健康服务。建立统一标准和规范的区域共享电子档案和电子病历，推动市级医院和区县医院检查结果互认试点，降低市民就医成本。建设惠及全市所有人口的电子健康档案数据库，建立科学合理的健康档案数据开放制度，促进电子病历、健康档案数据共享，鼓励第三方开展健康咨询服务，推动市、区县、乡镇（街道）、村（社区）各级医疗机构开展远程会诊服务。

四是推进优质教育服务。推动各级各类教育资源整合，提供涵盖基础教育、职业教育、高等教育、教师教育及继续教育等领域的教育资源公共服务。建设与行业企业相互协作的网络化职业教育服务体系和资源共享机制，创新教育资源供给模式，构建基于信息化的现代终身学习体系。

五是推进智慧社区服务。推动建设集城市管理、公共服务、社会服务、居民自治、互助服务于一体的智能化、精细化、人文化、社会化综合社区信息服务体系。加强社区人、地、物、事、组织、空间等信息资源开发和服务。构建智慧水电气服务体系（抄表、监控、节能），确保水电气供应的安全性、可靠性和经济性。鼓励第三方信息服务平台接入开展电子政务、虚拟养老、停车诱导、娱乐、消费、公众事业缴费、智慧楼宇、智慧家庭、智慧家政等社区智能便民服务。

六是推进智慧商圈服务。加快构建中小商贸流通企业公共服务平台，致力于打造"线上网络平台＋线下实体平台＋服务站（点）"的服务体系和联动服务网络。全面推动智慧商圈基础设施、电子商务网、金融平台、物流平台建设，实现商圈与社区互联互通，信息透明，为市民吃、住、行、游、购、娱等方面提供智能化、个性化的服务。

四　以系统化思维深化低碳城市创新发展

低碳城市创新发展是一个复杂的系统工程，至少应该包括规划、建设、治理三大环节。低碳城市规划是龙头，低碳城市建设是关键，低碳城市治理是保障。需要以系统工程思维深化对低碳创新发展的指导，以"低碳细胞工程"激活低碳创新发展内生动力，全面发挥低碳创新发展的示范效应。

（一）当前低碳城市发展缺乏系统化思维

我国的低碳城市建设不仅是绿色发展战略的重要组成部分，也是我国对全球气候治理模式转型的有益探索。《巴黎协定》首次明确了民间社会、私营部门、金融机构、社区、城市和其他次国家级主管部门等非国家行为体的全球气候治理主体地位，并确立了国家自主贡献的减排模式。低碳城市建设体现了城市以治理主体的身份肩负起应对气候变化的责任，有力地证明了城市可以在应对气候变化、推动低碳创新发展中发挥领导作用。

尽管我国低碳城市建设工作已开展多年，但是我国低碳城市建设理论研究和实践活动还存在许多问题，总的来看，低碳城市创新发展框架尚未形成，低碳城市建设缺乏系统化思维。一是有些城市对低碳的理解还有偏差，在实际建设过程中缺乏系统的战略规划，过于注重产业节能减排方面的要求，而对交通、建筑等生态基础设施没有统筹考虑，尤其是对低碳消费的治理力度不明显。二是现有低碳城市建设或只关注先进技术的研发和引进，或过分注重重大项目的影响力和形象工程，而缺乏项目成本效益的分析，尤其忽视本地适宜技术的运用。三是低碳城市建设中较多使用强制性政策工具，政策工具类型较为单一，对市场化手段的应用不足，如碳税的缺乏、碳排放交易市场尚处于初步探索阶段，而国外城市在政策工具的选择和组合上更加灵活。四是在低碳城市建设保障方面，国外案例大多通过立法和引入专门标准等手段来实现，而国内城市的保障手段显得比较匮乏。尤其是城市能源和碳排放的统计核算基础较弱，无法为低碳城市的规划和监测提供依据。五是城市低碳发展目标的先进性还需要加强，碳排放峰值目标的可达性有待进一步论证。各试点均提出了峰值目标，但实施路径不够清晰。不少试点城市在重大项目中尚有不少不符合低碳发展方向的高投资、高能耗项目。六是在体制机制创新方面，还没有找到更好的切入点。发改部门与其他政府部门的政策合力还未形成。在公众参与方面，政府的重视、表率和引导力度不够，更缺乏政府、企业和社区之间的联动机制。

（二）构建低碳创新发展的系统性框架

从系统工程视角看，低碳城市创新发展至少应该包括规划、建设、治理三大环节。这三大环节形成了紧密相关的三大研究领域——低碳城市规划、低碳城市建设、低碳城市治理。没有规划，发展就迷失了方向；只注重建设而疏于治理，就会无序发展。

1. 规划是低碳城市创新发展的龙头

低碳城市规划作为低碳城市建设和低碳城市管理的主要依据，必然在低碳城市发展过程中承担重要角色。低碳城市规划涉及面广，涵盖能源、产业、交通、建筑、消费等多个领域，但低碳城市规划不能无所不包、面面俱到。低碳城市规划应该抓住规划的几个核心要素，尤其是低碳创新发展的核心目标——一个综合的碳排放量指标、关键领域的可操作性措施和规划实施的保障机制。作为规划，不仅要明确目标，而且要有行动计划，应该给出达到目标的路径和措施。

2. 建设是低碳城市创新发展的关键

低碳城市创新发展是一个动态的过程，其发展和形成必然有其深层的规律。国外发达城市在进行低碳城市建设方面先行一步，取得了比较成熟的经验。目前总结出的成功模式包括：以节能零排放为方向的哥本哈根模式、以产业低碳转型为支撑的伯明翰模式、以低碳社区建设为中心的伦敦模式、以全面建设低碳社会为主体的东京模式，等等，不尽相同。借鉴国外经验，应根据每个城市的定位、类型与功能实行分类指导，形成各具特色的发展模式。

3. 治理是低碳城市创新发展的保障

低碳城市治理是一个新概念，从管理到治理是推进低碳工作的基本趋势。管理是他组织，治理是自组织。管理一般是单主体，治理一般指多主体。与管理相比，治理抛弃了传统政府管理的强制，强调政府、企业、团体和个人的共同作用，重视网络社会组织之间的对话与合作关系。提高管理工作的开放性和精细化程度，大力推进低碳城市治理体系改革和治理能力提升是城市低碳发展的重要途径。

（三）深化低碳城市创新发展的系统化思维

1. 尽快出台深化低碳城市创新发展的指导意见

低碳城市规划是低碳城市建设与管理的直接依据，低碳城市规划要科学有序地安排低碳城市的建设和管理工作。当前中国低碳城市试点尚处于探索阶段，工作力度明显还不足以助力国家层面全面气候治理目标的完成。根据"十三五"规划，低碳城市试点范围扩大到 100 个，并于 2017 年进一步确定第三批 45 个低碳城市试点。目的是鼓励更多的城市积极探索和总结低碳发展经验，将试点城市的成功经验向全国铺开。因此，建议从顶层设计上，基于前期低碳工作基础，尽快出台深化低碳城市试点示范的指导性意见，明确建设目标、行动领域和考评标准。

2. "软""硬"兼施，协调推进低碳创新发展

这里的"软"指低碳城市政策工具，这里的"硬"指低碳城市适用技术。很多城市已制定低碳发展的行动计划，但行动计划的落实需要制定和完善相关的政策，尤其是对政策工具的配合使用。另外，注重成本效益和可推广的低碳适用技术，对于低碳城市的创新发展具有现实意义。

3. 创新全社会参与的协同治理发展模式

应对气候变化，推动全社会的低碳行动，需要政府机关、企事业单位、社区、家庭和市民个人的共同努力。从总体上看，我国在低碳城市建设的公众参与方面，无论是在公众意识和社会发展水平方面，还是在体系建设和法规保障方面都与西方发达国家存在着很大差距。构建低碳城市创新发展的公众参与机制，推动社会各界和全民参与，可以起到事半功倍的效果。政府作为众多资源的拥有者和社会公共事务的管理者，应承担更多的责任，要着力构建政府、企业和社区之间的联动机制。通过投融资体制改革，把政府推进与市场自主参与相结合，让市场充分发挥配置资源的决定作用。

4. 加强智慧城市与低碳城市的融合

把低碳城市规划、建设、管理与智慧城市结合起来，建立低碳城市的智能化管理平台，是推进低碳城市的有效途径。智慧城市作为一种决策的手段和工具，在进行城市规划、建设、管理以及资源与环境保护的过程中，可以起到不可替代的作用。根据低碳城市工作的需求，低碳城市的智能化管理平台，可以针对低碳城市建设评价体系的应用而建立，基于大数据技术，实现对低碳城市建设评价的数据管理、数据分析、可视化结果输出等基本要求。智能化管理平台的开发，不仅是信息技术和智能技术的运用，更主要是将改变城市的治理方式。

5. 实施"低碳细胞工程"，激活低碳城市创新内生动力

在城市低碳创新发展方面，目前的政策以及研究主要集中在工业、能源、交通与建筑等方面，更侧重宏观的控制与引导，强调对源头的控制和实施大的建设工程，而对控制消费环节碳排放的重视不够，在落实微观主体低碳行动上有所不足。建议在微观层面实施"低碳细胞工程"，从社会、园区乃至具体的耗能与排放设施这种基本的计量与管理单元做起，进行精细化的减排管理，扎实推进生态文明建设。这些能源需求单元虽然单体体量较小，但整体数量巨大，每个单体的低碳或者近零碳努力，积少成多可以形成低碳聚合体，对激活低碳创新内生动力，意义重大而深远。

五　重点突破，确立低碳创新重点

低碳城市创新发展需要依托项目带动，重点在能源、交通、建筑以及城市管理等方面确定一批具有示范意义的低碳创新项目，推动厦门市低碳创新发展。

(一) 能源发展重点

1. 减少燃煤使用，提高低碳清洁能源使用比例

不再建设新的燃煤电厂，现有燃煤电厂积极采用节能减排技术，鼓励以 LNG 替代燃煤，降低碳排放。在已建和规划建设的热电联产集中供热范围内，不得单独新建锅炉。推广使用天然气、核电等低碳清洁能源，完成 LNG 二期工程和核电站建设，到 2020 年占电力消费比重达 25% 以上。

2. 积极发展可再生能源

大力发展太阳能、生物质能（垃圾发电）等可再生能源发电，在太古飞机维修中心、轻工食品工业园、三安光电园等建设光伏并网发电示范工程。加快智能电网建设。实行配网"调控一体"管理模式，推进配网调度集约化、精细化管理，进一步降低线损率，提高配电能效水平。

(二) 交通发展重点

鼓励和推进以公共交通为导向的城市交通发展模式。推动 BRT 和轨道交通建设，形成以大运量轨道交通和 BRT 为主、常规公交为辅的公共交通格局。调整优化常规公交线路，继续提高公交出行分担率。到 2020 年基本建成覆盖全市的轨道交通网络，绿色出行率达 70% 以上。

加强智能交通系统建设，完善交通组织与管理，提高道路畅通率。通过中心城区交通管制、单行道标识等一系列措施，适当控制私人小汽车通行，引导市民绿色出行。

规划建设自行车道和人行步道等慢行交通系统，包括流水休闲步行系统、山体健身路径等，完善城市步行网络。

促进节能环保型汽车的发展。完成国家"十城千辆"节能与新能源汽车示范推广试点工作，完善新能源汽车配套基础设施建设，充分发挥新能源车辆在低碳减排上的示范效应。从源头上控制高耗能、高排放车辆进入运输市场，强制淘汰部分污染严重的车辆，及时更新公交车辆。

全面推行在用机动车环保检验合格标志管理，提高绿标车和黄标车发放标准。根据不同标志限制车辆行驶路段和时段，并根据城市空气质量情况做出临时性限制措施，淘汰高污染不达标车辆，控制尾气排放总量。

（三）建筑发展重点

1. 严格建筑节能管理

对符合节能型建筑标准的建筑投资者、消费者给予适当财政补贴。把建筑节能监管工作纳入工程基本建设管理程序，严格执行建筑节能设计标准，对达不到民用建筑节能设计标准的新建建筑，不得办理开工和竣工备案手续，不准销售使用；大力推广使用节能型新型墙体材料、新技术、新工艺和新设备，并与建筑进行一体化设计、施工。

2. 推进既有建筑的节能改造

对城区既有建筑进行包括墙体、耗电设备等在内的系统节能改造；对公共机构采用合同能源管理方式对围护结构、空调制冷、办公设备、照明等系统及网络机房等重点部位进行节能改造。

3. 发展绿色建筑

推动厦门国际会展中心三期等绿色建筑示范项目建设，大力推广商品住宅装修一次性到位，逐步取消毛坯房。在厦门岛内全面实施新建商品住房精装修，岛外逐步推广。从土地供应、设计、施工、验收等方面出台相应措施，对住宅精装修工作的各个环节给予规范化，加快实施一次性装修或菜单式装修模式。推动可再生能源在建筑中规模化应用，实现建筑能源来源多元化。

（四）城市管理发展重点

1. 构建智能化城市管理体系

发展智能交通，挖掘分析交通大数据，实现综合交通监测预警、交通诱导、指挥控制、调度管理和应急处理的智能化。发展智能电网，支持分布式能源的接入，推进居民和企业用电的智能化管理。发展智能水务，构建覆盖供水全过程、保障供水质量安全的智能排水和污水处理系统。建设智能管网，实现城市地下空间、地下管网的信息化管理和实时运行监控。发展智能气象，建设公众参与、私人定制、基于移动互联网的公共气象服务平台。发展智能建筑，实现建筑设施、设备、节能、安全的智能管控。构建测绘地理信息云，建设统一的地理空间"一张图"。

2. 完善城市信息通信网络，推进城市管理低碳化

完善城市信息通信网络建设，尽量减少出行，减少消耗。推进国家三网融合试点工作，运用信息通信技术和手段开展节能减排行动，推广使用远程办公、无纸化办公、虚拟会议、智能楼宇、智能运输和产品非物质化等技术，实现城市管理低碳化。尽快建成覆盖全市、有线无线相结合、高速互联、安全可靠的融合性网络，移动宽带网络实现全覆盖。

3. 加快形成低碳交通"五位一体"发展格局

按照低碳城市的建设要求，以综合交通信息运行指挥中心建设为抓手，打造厦门智慧交通发展平台。通过制定厦门市交通运输行业统一的信息化标准规范，整合交通运输行业的信息化数据资源并进行挖掘分析，形成面向政府、企业和公众的，以综合交通运行动态监测、综合交通信息数据互联互通、综合交通应急协调指挥调度、综合交通决策支持和综合交通信息服务为核心的厦门智慧交通"五位一体"发展格局。

4. 加快推进政务服务信息化

建设集约高效的服务型政府，深化政府信息化建设，优化行政审批流程，提升政府工作效率。建立跨部门、跨行业、跨区域的政务信息共享和业务协同平台，推进市、区两级城市综合运行管理服务平台建设，整合各部门公共服务和社会管理事项，实现公共服务事项和社会管理服务的全人群覆盖、全天候受理和"一站式"办理。促进政府数据对社会的开放共享和创新应用，引导带动社会增值应用，促进信息服务业发展。

5. 提升民生服务智能化水平

发挥信息化对保障和改善民生的支撑性和带动性作用，实现信息化与民生领域应用的深度融合，推动社会保障、医疗卫生、教育、养老服务、就业服务、公共安全、食品药品安全、社区服务、家庭服务等民生领域的信息化建设。通过信息化手段优化教育、医疗、社保等基本公共服务的均等化、普惠化，不断创新养老、就业等公共服务模式的多元化。

6. 构建公众智慧出行服务体系

加快推进交通一卡通与全国全省范围内的互联互通，拓展交通一卡通增值服务空间。推动公众出行信息一站式服务，开发覆盖全省路况、航班、铁路、旅游景区等各类出行信息的应用平台。大力发展城市智能公交，实现智能公交覆盖设区市主城区交通干道和公交线路。完善客运联网售票系统，推动电子客票服务，提供网银、信用卡、支付宝、微信等多种电子支付方式，鼓励第三方运营企业提供机票、火车票、长途客运车票等多种运输方式的联程联运售票服务。

7. 提升行业信息化管理水平

大力推进交通运输网上在线许可，促进跨区域、跨部门行政许可信息互联互通。以信息化支撑交通运输综合执法，启动厦门市交运通移动执法信息系统、客货运驾驶人信息管理平台等重要系统的建设、改造。完善交通运输综合统计决策支持系统，加强各种运输方式数据资源共享。强化交通运输运行监测与应急处置体系。

第十五章　厦门市低碳创新发展
重点项目

一　快速慢行道系统建设

（一）高速自行车公路系统

1. 科学规划自行车慢行系统

基于厦门城市人口密集的特点，借鉴国际的发展经验，一是要明确自行车慢行系统的发展理念。二是要有纲领性的慢行交通发展规划，包括城市交通全局性的规划和慢行交通专项规划，在全局性交通规划中体现慢行系统的建设，如法国巴黎的《大巴黎地区交通出行规划》（2000 年）、日本修订的《道路交通法》（2007 年），英国伦敦的《伦敦市长交通战略 2030》（2008 年）等全局性的规划；在慢行交通专项规划方面则包括了诸如美国纽约的《纽约自行车交通总体规划》（1997 年）、韩国首尔的《易于步行的首尔规划》（1999 年）、英国伦敦的《伦敦自行车交通规划》、丹麦哥本哈根的《2002～2012 年自行车交通规划》（2002 年）等。三是注重慢行交通基础设施建设。不仅注重自行车道和人行道的改善，更应注重相关联的基础设施的成熟设计理论和优化方案,特别注重慢行交通和机动车交通的交互环节,如人行横道、交叉口及信号控制、公交车站、自行车租赁点和停靠点等,也应包括桥梁、人行天桥、地下空间等衔接空间的建设。

2. 建立智能的自行车慢行系统管理体系

智能化的管理模式及高科技的应用可使公共自行车系统不仅对偷盗、损害等恶意行为起到防范作用,同时可加快自行车数量的调节,进而保证整个系统快速及良好的运作。由于城市居民密集度较高,在某些高峰时段站点内自行车数量无法满足使用者的需求,通过智能管理系统可推出提前网上预约的服务项目,并且在超过预约时间后允许其他使用者租用的模式,以便运营者及早规划与调度各站点的自行车数量,最大限度满足使用者的需求。

3. 提高自行车慢行系统的安全性

为改善城市交通拥堵现象,许多城市没有自行车专用道路,普遍存在机动车与自行车共用道路的现象,鉴于城市居民在遵守交通法规方面仍缺乏自觉意识,自行车慢行系统安全性不强。应在建立城市公共自行车系统后提供相应的自行车专用道或相对安全的行驶通道,并通过公益宣传广告等方式提升自行车使用者及其他交通参与者对交通法规的重视程度。

4. 完善自行车慢行系统的运行机制

运行机制设计是城市公共自行车系统高效运行的关键。一是增加和完善便捷多样的支付方式;二是提供与其他交通方式相比极具竞争力的价格优势;三是自行车体的人性化设计能够满足各种需求,提供适合各类人群需求的自行车;四是完善的即时信息反馈系统。

5. 科学布局自行车租赁点与存放点

我国各大城市面积相对较大，在设立公共自行车租赁点与存放点时不能完全效仿国外做法，原则上应以网状结构覆盖整个市区并在主要交通枢纽密集分布，建议更偏向于在各主要交通枢纽附近（如公共汽车中转站及地铁站、学校、商业中心等地）向主要人口密集区以放射状结构布局。

6. 推行低碳健康出行理念

利用电视、广播、报纸、标牌、宣传栏等媒介，广泛宣传低碳健康出行的深远意义，积极营造良好的社会舆论氛围，引导城市居民树立低碳健康出行的观念，让低碳健康出行成为全社会的共识。

（二）岛内外公共自行车系统近期建设

结合城市 BRT 系统、公交系统及旅游休闲系统，加快建设公共自行车系统，结合自行车道系统建设，近期在厦门布设 422 个公共自行车服务点，公共自行车 14400 辆。

1. 海沧区自行车换乘枢纽规划

结合厦门市自行车租赁网络的布设，建设非机动车与公共交通的换乘枢纽，包括自行车停放、租赁设施等，鼓励居民采用 "B + R"（Bicycle&Ride）的出行方式。

一级枢纽：主要包括海沧区周边的轨道交通枢纽站、大型居住片区、高教园区及绿道大型驿站等高密度人流集散点，该类换乘枢纽主要承担非机动车换乘量较大节点的需求，出行目的为通勤性交通和休闲性交通。

二级枢纽：主要结合普通公共交通枢纽站、大型公园、商业区和居住区，主要服务通勤交通。

三级枢纽：结合村庄、新开发区、普通公交站点等城市人流相对密集区域自行车停放点，服务旅游休闲人群。

2. 集美区自行车系统

规划 10 条自行车骨干路线、12 条二级自行车道、28 条三级自行车道。

规划慢行系统，在现状基础上，结合上层绿道系统和城市绿廊、公园进行布局和优化设置，使其能够形成便捷、舒适、高效的慢行交通网络。

3. 湖里高新技术园区自行车系统示范工程

（1）云顶北路（金湖路—环岛北路段）自行车道建设，服务沿线 BRT 站点客流及周边公共服务设施，并连接湖里高新园区与五缘湾，全长 3000 米。

根据云顶北路现状断面及自行车通行需求，确定云顶北路步行和自行车道建设方案为人非共板，人行道和自行车道之间保留现状的树池，自行车道铺装采用"黑色沥青 + 白色 logo"模式。

（2）环岛北路（云顶北路至环岛干道段）自行车道改造工程，依托现状道路，利用辅道通行自行车，设置 2.5 米宽自行车道，自行车道与机动车道之间通过减震带隔离，全长 650 米。

（3）环岛干道（环岛北路至枋湖北二路段）自行车道改造工程，利用现有辅道，增加 2.5 米自行车道，并通过减震带隔离，全长 1500 米。

（4）枋湖北二路（云顶北路至惠灵顿路段）自行车道改造工程，改造方案与云顶北路一致，即改造现状靠路缘石部分人行道为自行车道，宽度 2.5 米，全长约 2200 米。

（5）金湖路自行车道改造工程，利用现状辅道建设自行车道，通过铺装加以区隔，全长 440 米。

（6）园区自行车道完善工程，主要是做好园区步行和自行车道与云顶北路、环岛北路、环岛干道及枋湖北二路步行和自行车道的衔接工程，包括无障碍设施、断头路打通等工程。

（7）五缘湾步行和自行车专用道完善工程，包括五缘湾部分路段自行车道铺装改造、五缘湾步行和自行车道与周边道路及设施的衔接工程。

（8）公共自行车调度中心，结合湖里高新园区的公共设施建设，选址在 304 地块，主要包括信息监控与调度指挥设备及自行车储存中心。

（9）公共自行车服务点，主要分布于沿线公交站点、湖里高新园区内主要集散点、五缘湾环湾沿线公共设施点。

（三）步行慢行系统建设

1. 环筼筜湖步行系统完善工程

在湖滨西路北段海湾公园星光大道入口处增设行人过街天桥，连接海湾公园和筼筜湖步道；完善市政府人民会堂南侧滨湖绿地内的步行路径并增设休憩设施，步道长约 650 米，宽度控制在 2.5 米；完善白鹭洲大酒店北侧 25 米宽绿带内的步行路径，线路按现状土路即可，长 240 米，宽度按 2.5 米控制；在白鹭洲中路与湖滨中路路口北侧结合公交白鹭洲公园站增设人行地道，连接白鹭洲公园与筼筜书院，兼顾环湖步行及白鹭洲公园穿越湖滨中路人流；将筼筜湖东导流渠东延接湖滨东路，长度 100 米，宽度控制在 4 米，并建设休憩节点；建设凤屿路跨筼筜湖步行桥，该步行桥长 130 米，宽度控制在 6 米；用木栈道连接育秀东路排洪渠、莲岳路排洪渠、湖明路排洪渠和凤屿路排洪渠两侧的步道，栈道总长172米，通行净宽均按2.5米控制，并在莲岳路西侧绿地内增设步行节点；增加开花色叶中小乔、地被，以丰富全线绿化景观效果，结合人为踩踏的路线，适当增加园路，以藤本植物、灌木与原有的栏杆、围墙结合设计形成较好的景观效果。在筼筜湖环湖步道沿线设置慢行指引标志牌。

2. 老铁路带状公园步行系统完善工程

（1）后埭溪路口在铁路桥北侧加设人行桥，与铁路机务段分离，消除安全隐患，使老铁路步行道与金榜公园步道形成一条安全、连续的步行通道；并在该节点设置入口标志铭牌及导引图，增强指示标识性。同时拓宽完善后埭溪路以东的老铁路步行道。

（2）文屏路口、万寿路口、育青路口、思明南路口、民族路口及镇海路—同文路口在已有的老铁路基础上延伸铺装，形成统一整体，增设彩色人行过街横道，设置停车让行标志，提高行人过街安全性。

（3）纪念碑南侧步道与老铁路步道之间的护栏进行局部开口，设置与步道等宽的台阶与老铁路步道连通，同时完善纪念碑园内步行道路。

（4）文园路厦门宾馆处增设人行天桥，利用地形高差将纪念碑步道与厦门宾馆步道连接，并设置梯道与文园路北侧的公交站衔接；形成一条由植物园至中山公园及中山路的独立步道。

（5）植物园门口增设人行天桥，由老年活动中心跨过虎园路与植物园大门南侧衔接，使行人和机动车彻底分离，保障行人安全；由于天桥植物园端临植物园的内部机动车通道，必须在路口设置停车让行标志及减速坎。

（6）清理虎园路至警备区铁路步道路段东侧的路边停车，此路段设为单行道，在东侧增设宽 2 米的人行道，增大行人通行空间，增强行人舒适性。

（7）思明南路口往厦门大学方向的东侧人行道受一间老旧房子的影响而部分中断，行人需进入机动车道绕过房子再上人行道，建议拆除该房子，使人行道连续，保障行人安全。

3. 环东海域滨海景观带慢行提升项目

（1）优化慢行体系。沿滨海形成南北贯通的慢行步道主线（含自行车道）。结合沿线公园、休憩场所、公共空间形成若干条慢行步道支线，并串联 BRT 站点等交通设施。

（2）强化旅游自行车系统。结合主要景区就近布置旅游自行车停车点 6 处，并与停车场等交通设施换乘衔接。

二　空间优化紧凑布局

一是建设紧凑型城市，组团式推进厦门本岛组团、集美组团、海沧组团、同安组团、翔安组团五大城市组团建设，整合城市空间资源，合理布局城市功能，完善社会事业和公共市政配套基础设施，有效分流中心城区人口，建立科学高效的城市土地利用机制。

二是将低碳理念全面融入新城的规划建设中，推广居住小区节能试点经验，新城公共设施率先采用节能模式、中水回用等，推广使用太阳能、水源热泵等可再生能源。

三是优化产业布局，力促产业集约化发展，提高土地、水、电等资源的利用效率，降低区域碳排放量。厦门岛内组团以发展现代服务业、高新技术产业为主，建设东部高端商务区，促进研发中心、企业总部等高端服务业聚集;岛外进一步完善集美机械工业集中区、火炬(翔安)产业园区等各类特色工业园区,促进平板显示、新能源汽车等支柱产业向相应的工业区聚集,形成配套基础设施完善、产业公共技术平台等共性资源共享、产业分工合理、各具特色的产业布局。

四是建设公共交通系统、慢行交通系统以及配套生活设施等,争取实现70%以上的居民在组团内能就地就近实现工作、生活等各项混合功能。

三　低碳诊断系统建设

厦门市低碳诊断系统建设包括了行业低碳诊断系统、建筑低碳诊断系统、交通低碳诊断系统以及城市综合低碳诊断系统等四个方面的建设。

(一) 行业低碳诊断系统

建立厦门市行业碳排放智能管理云平台,实现工业碳排放的在线精准检测、自动碳规范盘查,生成碳排放分析报告以及提供减碳分析方案等诊断功能。为政府以及企业提供低碳诊断服务,在政府端注重碳盘查的高效、准确和智能功能的实现,为政府制定碳排放政策提供大数据基础;在企业端注重碳盘查的便捷、成本、规范等功能的实现,为企业实现最终减碳提供大数据基础。

行业的低碳诊断系统应实现以下功能。

(1) 获取行业碳排放的准确一手数据。通过建立诊断系统,在智能平台实时与企业生产现场数据同步,可以在第一时间了解各企业真实、准确的碳排放情况。同时利用信息化的实时性，可以对某种能源或者产品数据从源头进行实时的跟踪与管理，从而准确了解其整个生命周期内的碳排放情况，为企业制定碳减排策略提供可靠的数据支撑。

（2）实现更科学的数据分析功能。除了数据的采集功能外，将高端的分析算法融入低碳诊断系统，形成大数据统计分析、减碳分析等算法模块，更科学地分析碳排放数据。此外，低碳诊断系统还应预留各种扩展接口，不断满足今后企业和政府的新需求。

（3）提高企业的参与度与积极性。减碳是进行碳交易的最终目标。低碳诊断系统的减碳分析应从企业的实际出发，为企业提供切实可行的减碳方案，提高企业的参与度与积极性，使企业在碳交易中从被动购买到主动建设，提升碳交易权交易市场的活跃度。

（4）为政府创新低碳政策寻觅亮点。低碳诊断系统的大数据展示与分析，可为政府职能管理部门进行低碳政策创新、相关法律法规创新、企业奖励机制建设创新提供坚实的数据支撑，为城市低碳创新发展提供亮点。

（二）建筑低碳诊断系统

实现建筑节能减碳是厦门实现低碳城市创新发展的关键环节，应尽快建立建筑低碳诊断系统，促进建筑耗能的低碳化。通过对政府办公建筑和大型公共建筑运行能耗监测与节能诊断可及时发现建筑耗能系统各用能环节中的真正问题和节能潜力，并采取相应措施改善系统运行状况，提高能效。同时，通过能耗统计、能效公示、用能定额等制度提高节能运行管理水平。

建筑低碳诊断系统应实现以下功能。

（1）帮助建筑用户实现能源系统由粗放型管理转变为精细型、科学化管理。在原有的能源管理方式下，一般只记录建筑电源总进线的月耗电量和月费用，即使能做到记录每天的总耗电量也不可能记录所有线路的耗电量和实时电流数据。能耗监测平台能实时监测大部分的运行能耗数据，使建筑用户能实时掌握能源系统运行情况，对运行做出合理的调整。

（2）帮助建筑用户实现对能源系统的低效率、准故障运行的诊断，提高能源系统的运行可靠性，即实时监测供暖、空调系统运行状况，及时发现运行中存在的问题。可得到水泵输入功率、扬程，制冷机组供回水温度等实时数据；可减轻测试人员的工作量并减少人为的测量误差；可解决过去由于只能现场短期测试而造成的数据量少、缺乏分析依据等问题。

（3）帮助建筑用户实现国家能源统计要求的能源管理和能源报表上传，提高业主的管理水平。节能诊断系统可根据能耗监测数据自动生成规范化能源报表，完成能耗统计、能源审计报表的生成等。

（4）持续性地为建筑用户提供建筑能源系统优化运行咨询报告。空调系统是电耗的主要组成部分，建筑节能改造也是以空调系统为主，在拥有大量能耗监测数据的前提下，提出有效的空调系统优化运行报告，为后期节能改造提供技术保障。

（三）交通低碳诊断系统

交通是城市碳排放的主要来源之一，加快构建交通低碳诊断系统有助于在交通领域实现低碳排放。一是要构筑公共交通低碳化信息平台，实现交通低碳排放管理的智能化。加快建立一体化城市交通信息系统，整合不同部门和不同交通系统的信息，加强交通信息采集基础设施建设，逐步建立和完善交通信息发布与诱导系统，形成多层次、多模式、运行高效的信息平台，为公众开放服务，实现居民出行的"零距离换乘"和交通运输的"无缝衔接"。城市智能公交信息系统平台可为居民提供出行交通方式选择、路径导航换乘、实时路况等交通信息服务；引导城市交通网络需求、运力供给均衡发展；提高交通服务效率，减少无效碳排放。出租车智能调度信息平台可通过出租车统一停靠点实行差别化运营，以电信预约方式为主、巡弋出租和专用候车点出租为辅，提高实载率，减少碳排放。二是准确快速提取交通信息。交通管理是交通信息收集、提炼和传递的过程，低碳交通诊断系统应建设成为交通管理部门获取精确可靠数据和提炼准确有效决策支持信息能力的重要手段；成为出行者获得实时路网状态信息，进行出行选择的现实需求。加快实现车辆联网机制，将每辆汽车都作为一个动态交通信息源，通过无线通信技术接入网络中，建立以车为网络节点的信息系统，实现车—车、车—路信息的互相交换，以实现对交通流的主动和被动调配。交通管理者和出行者充分获取道路交通动态、静态信息并实时地分析和有效地利用，可以大大提高交通安全性和效率。三是加快发展 ETC 系统。电子不停车收费系统（Electronic Toll Collection，ETC）是一种用于高速公路、大桥和隧道的电子自动收费系统。ETC 系统可以显著提高车辆的行驶效率，减少能源浪费和碳排放，是缓解收费站交通堵塞的有效手段，降低了收费站的管理成本。加快 ETC 系统用于城市核心区域拥堵收费，通过在不同时段执行不同收费标准，抑制高峰时段过度交通需求，可引导居民选择公交出行，提高交通通勤效率和降低无效碳排放。

交通低碳诊断系统应具备以下功能。

（1）信息采集功能。利用交通数据的采集设备，将路面的交通流量、车速、占有率、天气情况等原始数据通过地面检测线圈、气象监测系统等设备采集到低碳诊断系统，将采集到的原始数据进行过滤，除去无效数据并对有效数据进行格式化处理，然后提交到信息处理与分析子系统。从各子系统按规定的格式提取共享数据，完成对交通信息的重组，并保证数据的正确性、可读性、简洁性，避免大量数据冗余。

（2）信息的分析与处理功能。根据采集到的信息，低碳诊断系统对采集到的数据进行分析，根据车辆检测器采集的交通流参数分析各个路段车流拥挤与饱和程度，分析城市的车辆流向、车辆行驶速度、拥挤程度、信号灯的变化；根据气象监测系统采集的气象参数分析天气好坏情况，计算分析出车辆最佳运行速度及最佳行驶方向。除此之外，也可以通过对地理信息系统与低碳诊断系统的数据库进行连接，丰富低碳诊断系统的地图特性，在地图上显示城市内部区域的交通事故分布、交通违章分布、道路的现状和道路规划情况。

（3）信息提供与发布功能。系统信息提供与发布功能主要指交通指令的发布，通过分布在道路上的 LED 电子显示屏，对交通行为做出正确的引导，通过互联网对联网车辆发送实时交通信息，进行正确的交通引导等。

（四）城市综合低碳诊断系统

低碳城市的创新发展对城市治理碳排放传统模式提出了更高的要求，需要建立各低碳诊断子系统相互协调配合的城市综合低碳诊断系统，才能最大限度保障城市碳减排的实现。

构建城市综合低碳诊断系统，需要在系统基础、系统展现、系统支撑以及系统应用等四个方面进行重点建设。

（1）在系统基础建设方面，重点建设面向使用者的各类低碳业务应用功能模块。一是城市低碳运行信息综合展现，如面向区政府及部门、街道的主要领导，通过移动终端、电视墙大屏幕及 PC 桌面等各种终端，展现城市建设、交通运行、社会发展等领域碳排放的关键信息。二是城市低碳管理智能协同。实现视频监控、部分传感终端与各低碳诊断系统的智能协同，达到城市低碳运行管理事件从自动发现告警到协同业务系统完成处理的全过程管理与控制。智能协同的关键是以全新的角度看待城市低碳运行管理，把之前分散的涉及城市低碳运行管理的各种领域，如人、交通、政务、环保、城管、通信、视频等，综合起来考虑，并发现这些低碳领域之间的关系，将城市中的物理设施、信息资源、社会资源等连接起来，形成"事件驱动、规则判断、联动处理、流程监管"的智能协同体系。三是城市低碳运行管理智能决策。基于对城市低碳运行历史数据的全面整合，建立城市低碳运营管理分析决策模型，分析、挖掘城市低碳运行管理领域的内在规律、发展趋势，为城市低碳运行管理决策提供支持。

（2）在系统展现建设方面，重点建设面向不同使用者和不同操作终端的个性化展现与交互能力。在使用者层面，一是城市管理者综合门户建设。整合城市管理者关注的信息展现、日常办公、协同指挥、应用商店等功能，面向各级城市管理者提供个性化的定制门户。二是协同工作门户建设。整合城市低碳管理智能协同功能，并集成相关低碳业务应用的界面，为工作人员提供协同工作的环境。三是应用管理门户建设。整合应用支撑和应用集成相关的功能，为低碳业务和系统管理人员提供管理、维护的操作门户。在操作终端层面，一是移动终端视图建设。相较于传统的 PC 桌面，移动终端有着显著的特性，屏幕较小、携带方便、触摸屏幕、手势操作等，基于移动终端的交互特性，针对适合在移动终端上使用的功能（主要以信息展现为主），设计符合移动终端操作习惯的交互界面，提供城市低碳运行管理中心移动客户端应用门户。二是电视墙大屏幕建设。大屏幕是城市低碳诊断系统的重要展示手段，在政府开会、日常工作、参观接待中作为直观的低碳信息展示墙使用。系统提供符合大屏幕操作习惯的交互界面，根据电视墙大屏幕的展示和使用特点，综合展示城市低碳管理工作中关心的城市建设、交通运行、社会发展等领域碳排放的关键信息，通过表格、图片、视频、多媒体等多种方式展现，支持良好的互动功能，支持信息再挖掘，支持与城市其他低碳诊断系统切换展示。三是 PC 桌面视图建设。城市低碳运行管理中心同时也提供传统 PC 桌面的使用门户。使用者通过浏览器访问系统服务器获取信息，通过鼠标和键盘与系统进行交互。PC 桌面操作具有稳定、安全、易管理、通用性强和配置较为灵活等特点，系统的主要功能都可以通过 PC 桌面门户进行访问使用。

（3）在系统支撑建设方面，重点建设低碳应用商店，包括首页定制、系统管理、安全管理等基础功能，为符合城市低碳运行管理中心系统接入规范的应用提供统一的管理和控制功能，并通过首页定制，为面向不同使用者的个性化门户提供首页定制功能。

（4）在系统应用建设方面，重点是应用集成建设。应用集成层包含服务、数据、流程、门户及内容等五方面的管理与集成功能，为本系统与周边其他各业务系统的对接和应用的协同处理提供支撑。一是服务管理与集成，提供服务的注册、接入、协议适配与转换，担当各个低碳系统间的服务总线，降低系统间交互的复杂性；二是数据管理与集成，提供元数据管理、数据整合等基础数据管理功能，并为上层应用和外部系统提供数据共享服务，为各业务系统数据的管控、共享和应用提供支撑；三是流程管理与集成，提供流程定义、执行和监控功能，为应用内部和跨应用的流程协同提供支撑；四是门户集成。提供应用界面整合、单点登录、统一账号、认证、授权与审计功能，支撑各个应用的统一访问。五是内容集成与统一发布，提供对各类媒体内容资源的基础管理功能（包括上传、审核与发布），并支持通过多种网络，将各类碳排放内容按需发布到多种显示终端。

四　低碳标准化建设

当前我国低碳城市建设由各地方政府自主规划和实施，缺乏统一的指导和衡量标准，也暴露出过于分散化、缺乏可比性等问题。应充分认识和把握国际标准化趋势，以标准化为抓手，多层面积极推进低碳城市创新发展。

（一）标准化对城市低碳创新发展的重要作用

标准化对促进我国城市低碳创新发展发挥着重要作用，至少体现在三个层面。在国家战略层面，标准体现国家利益和价值观念，起到规范和引领的作用，是创新技术产业化、市场化的关键环节，是我国参与国际合作与竞争的重要手段，也是国家经济利益和经济安全的保障措施。在行业发展层面，我国已经出台了 104 项能耗标准和 60 多项能耗的强制性标准，淘汰落后产能，限制低端产能发展，促进产业转型升级和供给侧改革。2015 年 11 月，全国首批温室气体管理国家标准发布，包括发电、电网、镁冶炼、铝冶炼、钢铁、民用航空、平板玻璃、水泥、陶瓷、化工行业核算和报告要求以及工业企业核算和报告通则，该系列标准于 2016 年 6 月 1 日实施，对建立碳市场至关重要。对各级政府而言，标准化也是提升政府治理能力的重要手段。ISO 已经推出城市可持续发展的国际标准，并开展试点和城市数据平台建设。低碳城市的规划、建设、治理等各环节更离不开各类标准。

（二）低碳城市建设相关的国际标准

自 1992 年里约联合国环境与发展大会以来，全球可持续发展运动风起云涌，绿色低碳发展势不可当。联合国人居署、联合国环境规划署、联合国教科文组织、世界卫生组织、经合组织、亚洲开发银行、欧盟等国际组织和各国学者开发了大量有关低碳城市、生态城市、绿色城市、可持续城市的评价指标体系。层出不穷的各种指标体系主题略有差异，覆盖面和指标选取也各有侧重，但往往都包含经济、社会、能源、环境等一些核心指标，内容也多有交叉重叠。相比较而言，可持续城市包含了绿色、低碳等理念，内涵最为丰富，国际上讨论也最多。但由于标准化的缺失，给国际比较带来困难，限制了各城市观察和了解世界城市可持续发展趋势，也不便于共享推进城市可持续发展的最佳做法和相互学习的机会。因此，迫切需要从标准化的角度研究建立一套综合评价城市可持续发展状况的指标体系，对城市可持续发展状态进行评估和监测。

为此，2012 年 ISO 成立了 ISO/TC 268 技术委员会和 ISO/TC 268/SC1 分技术委员会，前者负责城市和社区的可持续发展领域的标准化工作，后者负责城市基础设施智能化的标准化工作。2014 年 5 月 15 日，在加拿大多伦多举行的全球城市峰会期间，ISO/TC 268 正式发布了第一个针对城市服务和生活品质的国际标准——ISO 37120 城市可持续发展指标体系，强调以人为核心，以推动城市可持续发展为最终目标，包括管理体系要求、指南和相关标准，不涉及城市发展建设方面的具体技术和标准。

ISO 37120 文本共有 22 章，第 1～4 章为规范性说明，说明该标准的适用范围、规范性引用文件、关键术语和定义、制定标准的目的和指标分类等。第 5～21 章为评价指标，每一章从不同角度衡量城市可持续发展状态，包括经济、教育、能源、环境、财政、火灾与应急响应、治理、健康、休闲、安全、庇护、固体废弃物、通信与创新、交通、城市规划、废水、水与卫生等 17 个方面，设置了 100 项指标，其中核心指标 46 项，辅助指标 54 项。许多指标与低碳城市建设密切相关，核心指标和辅助指标的划分为城市根据自身实际进行指标取舍留出了空间。

2014 年 5 月开始，ISO/TC 268 组织各国共同开展 ISO 37120 的试点工作，试点城市包括北美洲美国的纽约、加拿大的多伦多，南美巴西的圣保罗，欧洲英国的伦敦，非洲南非的德班，亚洲中国的上海、印度的孟买、阿拉伯联合酋长国的迪拜，大洋洲澳大利亚的墨尔本等 9 个大型城市。此外，世界城市数据协会（World Council on City Data，WCCD）与 ISO 一起建立了城市数据平台，在国际层面上推进城市数据的标准化工作，已有初步成效。中国的上海参加了 ISO 37120 的试点，但网站上有关上海的数据大部分缺失。

2015 年 9 月，联合国通过 2030 年可持续发展议程，核心是一套覆盖 17 个领域 169 个具体目标的可持续发展目标（SDGs）。第 11 个领域有关城市发展，提出建设包容、安全、韧性、可持续城市和人类居住区，包含 10 个具体目标。随后，联合国第三次人居大会通过了"新城市发展议程"，对该目标进行了分解和细化。联合国统计委员会和专家组制定了全球层面可持续发展目标的统计监测指标体系，有关城市的统计指标大约有 13 个。尽管联合国制定的指标体系并不具备国际标准的地位，但对各国落实可持续发展目标具有重要的指导意义。在后续 ISO 城市相关标准的修订中也会有所体现。

（三）以标准化为抓手推动低碳城市创新发展

我国无论是国家批准的低碳试点城市实施方案，还是地方自发提出的低碳城市建设规划，均由各地方政府自主规划和实施，缺乏统一的指导和衡量标准。这种分散化、个性化的低碳城市建设模式，在试点早期有利于鼓励地方大胆尝试和探索不同的低碳发展道路，随着越来越多的城市掀起低碳城市建设的热潮，绿色、低碳、生态、宜居、可持续城市名目繁多，不少地方官员对这些概念的认识存在一些模糊和误区，各地不同程度出现了以绿色、生态为名盲目大拆大建、贪大求新、反复折腾，结果成了以低碳名义走高碳老路。

在全球化时代，标准化已成为世界发展的潮流和趋势。标准化早已不局限于产品、技术、企业或行业层面，而是拓展到城市可持续发展的新领域。应充分认识和把握国际标准化趋势，以标准化为抓手，多层面积极推进低碳城市创新发展。

1. 加强宣传和培训，提高认识

要使各级政府对标准化国际趋势，特别是对城市可持续发展领域标准化国际动态有更多的了解和认识，将标准化作为国家和城市治理的重要手段加以重视，认识到标准化与尊重地方发展实际、突出地方特色并不矛盾，标准化有利于推进低碳城市建设。

2. 加强 ISO 37120 研究和借鉴，指导低碳城市创新发展

ISO 37120 作为评价城市可持续发展的国际标准，未来在大城市试点的基础上，可在更大范围推广认证，具有国际权威性。企业通过 ISO 9000 质量管理体系认证、ISO 14000 环境管理体系认证是企业国际竞争力的体现，同理，城市执行 ISO 37120 也是城市可持续发展的靓丽标签。低碳城市创新发展的目标，应从核心指标入手，特别是与低碳关系密切的能源、环境、城市规划、交通、治理等方面的指标。

3. 改进与完善统计体系

明确统计监测方法，争取与国际接轨。我国现有统计体系不能满足低碳城市创新发展的需求。行业碳排放核算和报告要求以及工业企业核算和报告通则国家标准刚刚实施，城市碳排放核算方法和排放清单还不完善，低碳城市建设相关指标数据严重缺失。应参考 ISO 37120 相关指标的定义和统计监测方法，尽快改进和完善城市统计体系，便于进行国际比较和经验借鉴。

4. 加强指标的动态监测和分析评估，为低碳城市建设决策提供科学依据

低碳城市创新发展是一个转型发展的动态过程，城市碳排放与自然禀赋、人口和城镇化发展水平、产业和能源结构等因素密切相关。指标体系的作用不仅在于描述现状，更需要基于标准进行城市之间的比较，以及城市自身的动态监测和分析评估，从而发现差距和薄弱环节。标准化为国际比较和经验借鉴提供了便利，经过深入研究和分析评估，可以为科学决策提供依据。

5. 有效参与国际标准化活动，推广厦门低碳城市创新发展的经验

国际标准制定就是国际话语权的竞争。在低碳城市创新发展方面，厦门市取得了令人瞩目的成绩，也有不少好的经验和做法。2012 年 6 月，国家标准化管理委员会批准中国标准化研究院、中科院生态环境研究中心和中国城市科学研究会为 ISO/TC 268 的国内技术对口单位，并成立了专家工作组，但参与力度仍有待提高，社会认知程度也非常有限。应加强参与和社会宣传，一方面在国际标准化制定过程中充分反映我国低碳城市建设的关切和需求，另一方面，也输出和推广厦门的经验，宣传城市可持续发展的文化和理念。

第十六章　厦门市低碳创新发展
保障措施

一　组织保障

建立低碳城市创新发展领导机构，负责组织、指导和推动城市低碳发展工作，统筹解决在推进低碳发展中遇到的重大问题，研究低碳发展的扶持机制，加强对低碳发展工作的宏观指导。同时要明确责任，将低碳创新发展的各项任务分解落实到有关部门和相关单位。成立低碳城市创新发展专家咨询组，为低碳创新发展提供技术指导和支持。设立厦门低碳创新发展政府门户网站，成为整合相关资源的平台特别是低碳创新发展的信息服务平台。尽快界定低碳创新企业标准，依托低碳创新发展政府门户网建立全市低碳企业信息库，统筹推进低碳创新项目开发和建设。设立具有政府背景的低碳创新发展促进会，整合相关的研究力量、投资力量和民间促进力量，形成多元多层推动低碳创新发展态势。不断推动政府由管理、审批型向服务、监管型转变，增强政府的服务意识，尤其要加快审批制度改革，通过建设服务高地，使厦门成为集聚低碳创新发展资源的集中地。

二　制度保障

一是建立完善温室气体排放统计、核算和考核制度。探索建立低碳城市发展统计指标体系，加强温室气体统计核算工作，组织编制温室气体排放清单。探索试行控制温室气体排放的目标责任制，以温室气体清单为依据，将减排任务分配到各区、部门、重点行业及企业，分解落实碳排放控制目标。

二是建立健全促进低碳发展的体制机制。完善促进产业低碳化、城市建设低碳化、居民生活低碳化的体制机制，重点创新节能减排、低碳技术研发、碳汇培育等方面的体制机制；探索建立两岸低碳发展合作促进机制，深化对台合作交流；探索开展低碳产品认证和碳交易改革试点。建立节能环保产业培育评估机制，依托厦门市产业技术研究院，成立由政府、技术专家、产业专家组成的节能环保产业发展专家咨询委员会，定期和产业集群对话，把脉节能环保产业发展过程中存在的问题和可能出现的技术和市场风险，为培育新兴产业提供具有针对性、价值性、建设性的指导报告。

三是完善低碳相关法规，探索构建低碳城市发展的政策法规体系。制定促进低碳发展的地方技术规范，总结推广体制机制创新的有益经验，充分运用特区立法权，加强低碳立法，为全国低碳法律法规建设探索经验，提供示范。

四是加快制定低碳产品、低碳行业标准体系。设立低碳产品认证标准，如绿色有机食品标识，支持 GAP（农业良好操作规范）、HACCP（危害分析与关键控制）、有机食品、绿色食品和无公害农产品认证，以及 ISO 9000、ISO 14000 认证。

五是鼓励并支持社区社会组织建设。每一个社区都可以成为一个低碳细胞聚合体，进行能源自生产。厦门市可以继续探索其社区社会组织，并将其作用发挥到"低碳细胞工程"的建设中。在已有的低碳社区建设成果基础上，鼓励社区自治，能源低碳自生产。鼓励支持社区发展超市垃圾零碳中和等低碳细胞工程，发挥社区的自组织和宣传带动能力，将每一个社区建设成一个能源自生产的低碳细胞聚合体。同时，要规范社区管理体制，加强社会组织监管。建立具有孵化和服务功能的社会组织培育服务平台，为社会组织提供资金、场地、项目和技术支持。引进专业指导，创新扶持引导机制，培育社会组织能力，激发社会组织活力。

三　资金保障

一是加大财政对低碳创新的支持力度。采用补助、奖励、贷款贴息等方式，加大财政基本建设投资对低碳创新项目的倾斜力度。研究建立相对稳定的财政投入机制，扶持低碳科技的开发和推广应用。建立地方绿色税收制度，适时开征碳税、环境税，鼓励企业增加节能减排投资。

二是建立和申报低碳创新发展专项资金。积极申报国家级和省级低碳发展专项资金，推动低碳发展体制机制及低碳发展管理等方面的研究工作。建立地方政府低碳发展基金，支持碳排放检测、环保项目、环境监管信息系统建设。鼓励企业开展国际合作，争取清洁发展机制（CDM）以及国际货币基金组织的可再生能源发展资金支持。

三是强化银行信贷融资的支撑作用。加大政策性银行的融资力度，重点支持低碳创新发展基础设施建设。贯彻落实国家绿色信贷政策，扩大商业银行绿色信贷业务，建立节能减排贷款的绿色通道。加强低碳投资产品及金融服务创新，通过开发新的金融工具，如碳贸易产品服务、碳权金融服务、碳减排额交易等，吸引金融资本参与发展低碳经济。

四是积极拓宽商业融资渠道。积极发展 CDM 项目融资，通过政府多边基金、银行以及多边组织为 CDM 项目融资。充分利用国际金融市场融资，争取国际金融机构贷款，争取外商投资设厂。合理运用项目融资方式，鼓励与低碳生态相关的优质企业通过多层次资本市场，在国内外主板、中小板、创业板上市或场外交易市场挂牌融资。鼓励发展风险投资基金，吸引民间资本投资低碳创新发展项目。

五是在社会投资融资方面，鼓励绿色债券、绿色信贷、绿色股权融资等绿色金融手段的引入，加大对传统制造业更新改造、节能环保项目、循环经济项目、新能源汽车等的支持；建立多层次的资本市场，集合银行、保险机构、企业三方力量共担责任，设立低碳技术研发风险资金池，重点为中小微高新技术企业提供贷款，弥补低碳项目研发的资金缺口。

四　技术保障

发展低碳技术方面，技术创新能力是低碳城市创新能力得以提升的最原始力量，理应得到优先发展与进一步提高。

一是构建低碳创新技术体系。研究提出厦门低碳技术发展的路线图，采取综合措施，引导企业目标更加明确地推进低碳技术创新，不断促进工业、建筑、交通、能源等各个领域高能效、低排放技术的研发和推广，逐步建立节能和提高能效、清洁能源和新能源以及碳汇等领域的多元化低碳技术体系，为低碳创新发展提供有力的技术支撑。扶持科研单位、高等院校、生产企业围绕循环经济模式和生态绿色理念，建立产学研创新体系，发挥低碳技术孵化器作用。加强企业与厦门大学、清华大学海峡研究院、北京大学厦门创新研究院、中科院城市环境研究所、清华紫光集成电路设计中心、中船重工725所厦门材料研究院、快速制造国家工程研究中心厦门分中心等科研机构的合作，共同建立低碳技术数据库、技术创新信息服务平台、低碳技术交易中心，为低碳技术创新构建知识网络，促进低碳关键技术的研发和产业化应用，尽快实现新能源产品更新、推进工业产品的低碳设计等。

二是建设面向全市的低碳技术库。通过原始创新和集成创新，重点攻关中短期内可望有较大效益的低碳技术，尤其是针对目前高碳排放行业降低能耗的新技术。积极开展国际合作，通过清洁发展机制（CDM）引进发达国家的成熟低碳技术。

三是强化网络信息安全管理。保障基础信息网络和涉及国计民生的重要信息系统安全可靠，强化信息资源和个人信息保护。提高网络安全风险抵御和应急能力，提升信息基础设施的支撑承载能力。建立网络信息安全责任制，实行企业级和政府级两级应急保障机制，明确网络信息安全责任，建立责任追究机制。

五　人才保障

充分发挥厦门市"海纳百川"和"双百计划"等人才政策优势，依托重大科研和工程项目、央企及其技术研发机构，通过实行个人所得税优惠政策吸引一批拥有核心技术、产业带动力强的创新创业团队和高端领军人才。引导和鼓励高校、科研院所、科技园区和企业联合引才,建立"柔性引才"机制,推动国内外高端人才和智力资源更好地为厦门市低碳创新服务。

完善低碳人才培养使用机制。着力加强高素质管理人才、高层次科技人才、高科技实用人才的培养、引进和提升。注重低碳行业内部再教育、再提升,不断优化低碳领域人才队伍结构,培养一批熟悉低碳理论及实务,拥有较强创新能力和业务水平的高层次复合型人才,提升低碳创新发展的驱动力。

注重与科研机构以及企业的合作。由厦门市政府联合厦门大学等研究机构以及一些重点企业发挥比较优势,在低碳支柱行业争取设立国家级产业研究中心,争取设立国家级绿色建筑研究中心,设立博士后工作站。尤其应加强低碳支柱产业的基础研究、应用研究、产业化研究、新产品开发研究,以尽快实现关键技术的突破和主要设备国产化,构筑研发平台。设立专项基金,高薪聘请全球最前沿的低碳支柱产业科学家、专家团队来厦门进行科研,开发新产品,使厦门成为全球最前沿的相关低碳支柱产业研发基地。

六 监督保障

建立健全低碳发展绩效动态评估考核机制。出台厦门市节能减碳的相关考核指标及评分细则,将节能减碳完成情况纳入市—区—镇经济社会发展综合评价体系,落实各级人民政府、市人民政府各部门低碳发展的目标责任。分年度动态监测各责任主体主管低碳建设项目的减排效益,视低碳发展绩效的变化进行必要的调整和时序安排。低碳评价与考核对于各地方来说，仍然属于一个全新的课题，因此作为低碳建设的排头兵之一的厦门市可以探索式地建立"低碳评估体系"，将各个部门的碳排放指标任务具体化，并建立细化的评估准则，将低碳和节能工作成效同各部门的政绩以及相关管理人员的工作表现挂钩，成为考核各部门工作、评估低碳发展实际进展与效果的关键指标之一。

健全项目节能评估审查制度。结合《福建省固定资产投资项目节能评估和审查实施办法》，建立石化、电力、水泥等重点耗能行业能效"对标"体系。严把项目验收，禁止高污染、高耗能项目投入生产，强化环评审批向上级备案制度和向社会公布制度。

健全城市碳排放核算体系。开展全市碳排放统计、监测和评价工作，建立完整的数据收集和核算体系，构建城市碳排放动态监控管理信息平台，将城市内所有供电、供气、供水系统集成到统一信息平台上，实时监控，及时发现用电、用气、用水浪费现象，逐步建立完善的城市碳排放评估、报告、监管体系。

加大节能减排监督检查力度。定期组织节能减排专项检查和监察行动，加强对重点耗能企业和污染源的日常监督检查，严肃查处各类违法违规行为；开设节能环保违法行为和事件举报电话及网站，发挥社会监督作用。

完善监管制度，建立环境风险监管体系。对低碳项目的研发、投入、运营进行全过程监督。建立企业产品和服务标准自我声明公开与监督制度，支持企业提高质量在线检测控制和产品全生命周期质量追溯能力。提升计量检测能力，完善质量监管体系，加强检测与评定中心、检验检测公共服务平台建设。健全温室气体排放监测体系，编制企业温室气体减排清单，推动碳交易市场的建立。

参考文献

City of Copenhagen, the Technical and Environmental Administration, "Copenhagen European Green Capital 2014—A Review".

Department of Trade and Industry, "Energy White Paper: Our Energy Future – Creating a Low Carbon Economy", 2003, https: // www. gov. uk/government/publications/our – energy – future – creating – a – low – carbon – economy.

Greater London Authority, "Action Today to Protect Tomorrow: the Mayors Climate Change Action Plan", http: //www. doc88. com/ p – 2837307346684. html, February 2007.

London Development Agency, "Green Enterprise District – A concept for East London", http: //lda. odgers. com/docs/090511 _ GED_ Booklet. indd, February 2009.

Miao – Shan Tsai, Ssu – Li Chang, "Taiwan's 2050 Low Carbon Development Roadmap: An Evaluation with the MARKAL Mode", *Renewable and Sustainable Energy Reviews* 49, 2015.

San Francisco Department of the Environment & SanFranciscon

Public Utilities Commission，"Climate Action Plan for San Francisco：Local Actions to Reduce Greenhouse Gas Emissions"，https：//pdfs. semanticscholar. org/0d70/a5738dcb9d1ade028749d206cd21f6d5f570. pdf，September 2004.

The United States Conference of Mayors，"Taking Local Action Mayors and Climate Protection Best Practices"，https：//pdfs. semanticscholar. org/0d70/a5738dcb9d1ade028749d206cd21f6d5f570. pdf，June 2009.

Xiao，G.，L. Xue，J. Woetzel，*The Urban Sustainability Index：A New Tool for Measuring China's Cities*，Beijing：the Urban China Initiative，2010.

《低碳生态城市案例介绍（八）：芝加哥中心区"脱碳"规划》，《城市规划通讯》2012年第4期。

《厦门：规划先行构建低碳新城》，《中国投资》2011年第4期。

《新城市议程（New Urban Agenda）草案》，中国城市规划网，http：//www. planning. org. cn/news/view? id = 5270，2016年10月13日。

IPCC：《IPCC第五次评估报告：气候变化2014综合报告》，http：//www. ipcc. ch/report/ar5/syr/，2014。

宾晓蓓、余倍、曹宏：《武汉市生活垃圾收集处理的低碳管理模式探讨》，《环境保护与循环经济》2011年第10期。

蔡萌：《低碳旅游的理论与实践》，华东师范大学博士学位论文，2012。

曹小琳、柳云状：《我国发展低碳建筑的障碍因素及对策研究》，《建筑经济》2010 年第 3 期。

陈鹤尹、常荣平、孟维娜：《企业创新低碳管理模式探究》，《山东社会科学》2015 年第 S2 期。

陈柳钦：《低碳城市发展的国外实践》，《环境经济》2010 年第 9 期。

陈韶龄等：《关于低碳生态城市建设中指标体系的若干思考——以南京河西低碳生态城为例》，载《城乡治理与规划改革——2014 中国城市规划年会论文集（07 城市生态规划)》，2014。

陈迎：《中国低碳经济的挑战与转型策略》，《环境保护》2009 年第 24 期。

程麟：《基于低碳厦门规划的节能建筑分析》，《福建建筑》2011 年第 5 期。

仇保兴：《我国低碳生态城发展的总体思路》，《建设科技》2009 年第 15 期。

仇保兴：《兼顾理想与现实——中国低碳生态城市指标体系构建与实践示范初探》，中国建筑工业出版社，2012。

崔博、李金卫、郑仰阳、钟杨燕：《低碳城市理念在城市规划中的应用与实践——以厦门市为例》，《城市发展研究》2010 年第 11 期。

丁丁、蔡蒙、付琳、杨秀：《基于指标体系的低碳试点城市评价》，《中国人口·资源与环境》2015 年第 10 期。

董小君：《低碳经济的丹麦模式及其启示》，《国家行政学院学报》2010 年第 3 期。

樊建强：《以新加坡模式为参考规划城市交通低碳发展》，《环境保护》2013 年第 11 期。

方良吉等：《2010 年能源产业技术白皮书》，台湾"经济部能源局"财团法人中卫发展中心，2010。

冯亮洪、傅工范：《建设具有商城特色的交通网络系统以缓解交通拥堵》，《交通标准化》2011 年第 20 期。

付丽丹：《深圳市交通工程建设政府监管研究》，大连海事大学硕士学位论文，2012。

公欣：《低碳城市"路线图"未来还需落得更实》，《中国经济导报》2017 年 2 月 24 日。

郝文升：《低碳城市过程创新与评价研究》，天津大学博士学位论文，2012。

黄海：《长株潭城市群低碳管理体系研究》，《城市观察》2010 年第 2 期。

黄俊凌：《台湾低碳产业的现状及其发展前景》，《台湾研究》2011 年第 3 期。

霍明连、李知渊、王新澄：《区域低碳创新系统自组织演化过程研究》，《科技与管理》2017 年第 4 期。

暨佩娟、倪涛：《推动低碳城市发展领域务实合作——第二届中美智慧型/低碳城市峰会综述》，《人民日报》2016 年 6 月 10 日。

江亿、彭琛、胡姗：《中国建筑能耗的分类》，《建设科技》2015 年第 14 期。

姜波、刘长滨：《国外建筑节能管理制度体系研究》，《生产力研究》2011 年第 2 期。

姜波、刘长滨：《我国建筑节能管理制度策略研究》，《中国流通经济》2011 年第 3 期。

康艳兵、李亚平：《我国建筑节能的障碍及对策研究》，《暖通空调》2006 年第 8 期。

李刚：《企业低碳管理研究综述与展望》，《科技创业月刊》2012 年第 3 期。

李秀芳、傅庆阳：《厦门市建筑节能措施对建筑成本的影响研究》，《厦门理工学院学报》2010 年第 3 期。

梁中、李小胜：《欠发达地区区域低碳创新能力评价研究》，《地域研究与开发》2013 年第 2 期。

梁中：《低碳产业创新系统的构建及运行机制分析》，《经济问题探索》2010 年第 7 期。

林剑艺、孟凡鑫、崔胜辉等：《城市能源利用碳足迹分析——以厦门市为例》，《生态学报》2012 年第 32 期。

林树枝、李长太：《低碳城市建设的指标体系构建》，《福建建设科技》2013 年第 6 期。

林树枝：《推进厦门市建筑节能工作的几点探索》，《福建建筑》2006 年第 4 期。

林姚宇、吴佳明：《低碳城市的国际实践解析》，《国际城市规划》2010 年第 25 期。

刘贵文、李青：《我国大型公共建筑节能政策效能比较研究及政策设计》，《建筑节能》2009 年第 3 期。

刘金萍：《未来"绿巨人"——芝加哥》，《海洋世界》2010 年第 8 期。

刘斯斯：《深圳发力新兴产业促进碳试点》，《中国投资》2011 年第 4 期。

刘志林：《低碳城市理念与国际经验城市发展研究》，《城市发展研究》2009 年第 6 期。

柳云状：《中国发展低碳建筑的障碍因素及对策研究》，重庆大学硕士学位论文，2010。

卢婧：《中国低碳城市建设的经济学探索》，吉林大学博士学位论文，2013。

卢晓彤：《中国低碳产业路径研究》，华中科技大学博士学位论文，2011。

陆小成、刘立：《区域低碳创新系统的结构 – 功能模型研究》，《科学学研究》2009 年第 7 期。

陆小成：《低碳创新是建设美丽中国的战略选择》，《中国国情国力》2013 年第 5 期。

鹿英姿、李胜毅、鹿道云：《城市低碳消费模式的构建与推广》，《天津经济》2011 年第 11 期。

罗勇：《低碳创新——我国可持续城市化的新契机》，《学习与实践》2012 年第 1 期。

马林、黄夔：《政企低碳管理的内外驱动因素协同演进机制研究》，《企业经济》2015 年第 6 期。

马勇：《我国城市低碳经济治理体系研究——基于苏州发展低碳经济模式的经验借鉴》，《商业时代》2011 年第 18 期。

马正友：《推进绿色建筑进程中的政府职能定位及对策分析》，《建筑节能》2009 年第 9 期。

潘安敏、胡海洋、李文辉：《城市低碳消费模式的选择》，《地域研究与开发》2011 年第 2 期。

潘家华、庄贵阳、郑艳等：《低碳经济的概念辨识及核心要素分析》，《国际经济评论》2010 年第 4 期。

潘家华、庄贵阳、朱守先：《低碳城市：经济学方法、应用与案例研究》，社会科学文献出版社，2010。

潘家华、庄贵阳等：《低碳城市：经济学方法、应用与案例研究》，社会科学文献出版社，2012。

裴秀英、章少剑、陈立敏、张晓东、陈剑仙：《厦门市公共建筑能耗现状及节能潜力分析》，《集美大学学报》（自然科学版）2008 年第 1 期。

气候组织：《国际视角的城市低碳发展——国际城市气候变化行动综述》，http://jz.docin.com/p638208166.html，2010 年 8 月。

秦旋、王敏、刘艳刚：《制约发展绿色建筑的障碍因素研究》，《华侨大学学报》（哲学社会科学版）2015 年第 1 期。

任家华：《低碳管理提升企业价值的作用机制研究——基于利益相关者视角》，《科技管理研究》2012 年第 13 期。

阮跃国：《厦门：推进建筑节能，建设低碳城市》，《城乡建设》2010 年第 12 期。

厦门市人民政府节约能源办公室：《厦门市"十三五"节能专项规划（2016~2020 年)》，2016 年 12 月 28 日。

厦门市统计局：《2015 年厦门市规模以上工业能源消费情况》，2016 年 3 月 24 日。

宋琪、印保刚、杨柳：《我国发展被动式建筑的障碍因素及对策分析》，《建筑经济》2014 年第 1 期。

宋伟：《低碳政府建设的主要障碍》，《天水行政学院学报》2011 年第 6 期。

宋扬：《低碳消费理念的伦理解析》，东北大学硕士学位论文，

2011。

孙二伟：《贵州构建低碳消费方式的对策研究》，贵州财经学院硕士学位论文，2011。

台湾"经济部"：《经济统计指标电子书》，www. moea. gov. tw，2017 年 1 月 1 日。

谭志雄、陈德敏：《中国低碳城市发展模式与行动策略》，《中国人口·资源与环境》2011 年第 9 期。

王洁：《我国低碳创新面临的问题与对策分析》，《投资研究》2012 年第 3 期。

王岩：《国外低碳城市建设模式与经验——以哥本哈根和东京为例》，《现代商业》2016 年第 5 期。

吴重农：《为深圳经济的绿色、低碳转型提供标准化支撑——技术性贸易措施研究助力构建低碳化产业体系的两个着力点》，载《经济发展方式转变与自主创新——第十二届中国科学技术协会年会（第一卷）》，2010 年 11 月。

夏堃堡：《发展低碳经济 实现城市可持续发展》，《环境保护》2008 年第 2 期。

肖文：《哥本哈根 50 项措施建低碳城市》，《建筑时报》2009 年 7 月 6 日。

徐全红：《厦门能源战略研究》，《市场论坛》2008 年第 6 期。

薛冰：《中国低碳城市试点计划评述与发展展望》，《经济地理》2012 年第 1 期。

杨洁：《区域低碳产业协同创新体系形成机理及实现路径研究》，《科技进步与对策》2014 年第 4 期。

张平：《国内外综合交通枢纽站地下空间开发利用模式探讨》，

载《生态文明视角下的城乡规划——2008 中国城市规划年会论文集》，中国城市规划学会，2008。

赵楚婷、冯四清：《基于多中心空间结构的城市交通模式探究——以厦门城市交通为例》，《青岛理工大学学报》2016 年第 1 期。

郑少春：《发展低碳经济与福建省产业结构优化》，《中共福建省委党校学报》2012 年第 6 期。

郑瑶兵等：《城市低碳发展的产业策略及政策措施》，《2010 中国可持续发展论坛 2010 年专刊》2010 年第 6 卷。

中国科学院可持续发展战略研究组：《2009 中国可持续发展战略报告：探索中国特色的低碳道路》，科学出版社，2009。

周健、崔胜辉、林剑艺等：《厦门市能源消费对环境及公共健康影响研究》，《环境科学学报》2011 年第 31 期。

周柯、曹东坡：《低碳经济下的产业创新及其形成机制研究》，《中州学刊》2013 年第 7 期。

朱瑾、王兴元：《中国企业低碳环境与低碳管理再造》，《中国人口·资源与环境》2012 年第 6 期。

诸大建：《低碳经济能成为新的经济增长点吗》，《解放日报》2009 年 6 月 22 日。

庄贵阳：《中国：以低碳经济应对气候变化挑战》，《环境经济》2007 年第 1 期。

庄贵阳、朱守先等：《中国城市低碳发展水平排位及国际比较研究》，《中国地质大学学报》（社会科学版）2014 年第 2 期。

庄贵阳等：《中国城市低碳发展蓝图：集成、创新与应用》，社会科学文献出版社，2015。

图书在版编目（CIP）数据

厦门市低碳城市创新发展研究 / 潘家华等著 . -- 北
京：社会科学文献出版社，2018.6
（中国社会科学院院际合作系列成果 . 厦门）
ISBN 978 - 7 - 5201 - 2133 - 0

Ⅰ . ①厦… Ⅱ . ①潘… Ⅲ . ①节能 - 生态城市 - 城市
建设 - 研究 - 厦门　Ⅳ . ①X321.257.3

中国版本图书馆 CIP 数据核字（2017）第 328149 号

中国社会科学院院际合作系列成果·厦门

厦门市低碳城市创新发展研究

著　　者 / 潘家华　庄贵阳 等

出 版 人 / 谢寿光
项目统筹 / 邓泳红　吴　敏
责任编辑 / 张　超

出　　版 / 社会科学文献出版社·皮书出版分社（010）59367127
　　　　　　地址：北京市北三环中路甲 29 号院华龙大厦　邮编：100029
　　　　　　网址：www. ssap. com. cn
发　　行 / 市场营销中心（010）59367081　59367018
印　　装 / 三河市尚艺印装有限公司

规　　格 / 开　本：787mm × 1092mm　1/16
　　　　　　印　张：25　字　数：293 千字
版　　次 / 2018 年 6 月第 1 版　2018 年 6 月第 1 次印刷
书　　号 / ISBN 978 - 7 - 5201 - 2133 - 0
定　　价 / 98.00 元

本书如有印装质量问题，请与读者服务中心（010 - 59367028）联系

▲ 版权所有 翻印必究